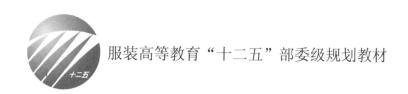

服装高等教育"十二五"部委级规划教材

服装生产工艺与流程

（第2版）

陈 霞 主 编

张小良 副主编

U0208361

中国纺织出版社

内 容 提 要

本书围绕服装批量生产流程的实际工作，以研究服装工业化生产理论与实践为中心，系统、全面地介绍了服装生产过程各环节的生产工艺与技术要求。全书共十一章，包括服装工艺基础知识、服装生产准备、服装裁剪工艺、缝制工程、熨烫塑型工艺、服装质量控制与分析、成衣后整理及包装储运、服装辅料的应用、特殊面料生产工艺处理、成衣缝制工艺与流程等内容。

本书对服装生产工艺进行了全面细致的分析和阐述，以适应服装高等教育改革和服装工业化生产发展的需要。本书适合作为服装高等教育专业教材，也可作为服装职业教育或成人教育专业教材，也可供从事服装生产技术和管理等工作的各类服装企业人员学习参考。

图书在版编目（CIP）数据

服装生产工艺与流程／陈霞主编. —2版. —北京：中国纺织出版社，2014.9（2019.7 重印）

服装高等教育"十二五"部委级规划教材

ISBN 978-7-5180-0796-7

Ⅰ. ①服… Ⅱ. ①陈… Ⅲ. ①服装—生产工艺—高等学校—教材 Ⅳ. ①TS941.6

中国版本图书馆CIP数据核字（2014）第154822号

策划编辑：华长印　　责任编辑：华长印　　责任校对：梁　颖
责任设计：何　建　　责任印制：何　建

中国纺织出版社出版发行

地址：北京市朝阳区百子湾东里A407号楼　邮政编码：100124

销售电话：010—67004422　传真：010—87155801

http://www.c-textilep.com

E-mail：faxing@c-textilep.com

中国纺织出版社天猫旗舰店

官方微博 http://weibo.com/2119887771

北京玺诚印务有限公司印刷　各地新华书店经销

2011年1月第1版　2014年9月第2版　2019年7月第6次印刷

开本：787×1092　1/16　印张：25.5

字数：400千字　定价：45.00元

出版者的话

《国家中长期教育改革和发展规划纲要》中提出"全面提高高等教育质量""提高人才培养质量"。教育部教高[2007]1号文件"关于实施高等学校本科教学质量与教学改革工程的意见"中,明确了"继续推进国家精品课程建设""积极推进网络教育资源开发和共享平台建设,建设面向全国高校的精品课程和立体化教材的数字化资源中心",对高等教育教材的质量和立体化模式都提出了更高、更具体的要求。

"着力培养信念执着、品德优良、知识丰富、本领过硬的高素质专门人才和拔尖创新人才",已成为当今本科教育的主题。教材建设作为教学的重要组成部分,如何适应新形势下我国教学改革要求,配合教育部"卓越工程师教育培养计划"的实施,满足应用型人才培养的需要,在人才培养中发挥作用,成为院校和出版人共同努力的目标。中国纺织服装教育学会协同中国纺织出版社,认真组织制订"十二五"部委级教材规划,组织专家对各院校上报的"十二五"规划教材选题进行认真评选,力求使教材出版与教学改革和课程建设发展相适应,充分体现教材的适用性、科学性、系统性和新颖性,使教材内容具有以下三个特点:

(1)围绕一个核心——育人目标。根据教育规律和课程设置特点,从提高学生分析问题、解决问题的能力入手,教材附有课程设置指导,并于章首介绍本章知识点、重点、难点及专业技能,增加相关学科的最新研究理论、研究热点或历史背景,章后附形式多样的思考题等,提高教材的可读性,增加学生学习兴趣和自学能力,提升学生科技素养和人文素养。

(2)突出一个环节——实践环节。教材出版突出应用性学科的特点,注重理论与生产实践的结合,有针对性地设置教材内容,增加实践、实验内容,并通过多媒体等形式,直观反映生产实践的最新成果。

(3)实现一个立体——开发立体化教材体系。充分利用现代教育技术手段,构建数字教育资源平台,开发教学课件、音像制品、素材库、试题库等多种立体化的配套教材,以直观的形式和丰富的表达充分展现教学内容。

教材出版是教育发展中的重要组成部分,为出版高质量的教材,出版社严格甄选作者,组织专家评审,并对出版全过程进行跟踪,及时了解教材编写进度、编写质量，力求做到作者权威、编辑专业、审读严格、精品出版。我们愿与院校一起，共同探讨、完善教材出版，不断推出精品教材，以适应我国高等教育的发展要求。

中国纺织出版社

教材出版中心

第2版前言

　　秉着在教学方面要紧跟企业实际生产步伐的宗旨，从"培养服装高级应用型人才"的教学角度出发，本教材在专业内容的广度、深度、实用性和科学性等方面进行了必要的整合，希望既能让学生学到系统的专业理论知识，又能培养学生实际生产的管理能力。本教材凝聚了几位作者在服装生产工艺方面多年来的教学、课题研究和在服装企业实践的成功经验，紧紧围绕服装批量生产流程的实际工作，对服装生产过程的主要环节及各环节的生产工艺与技术要求进行了讨论，并结合服装企业的发展状况，介绍相关的新工艺、新技术，使教材更能体现时代的发展。本书所述的生产工艺，均适用于工业化生产加工的实际操作，如成衣缝制工艺与流程的内容，均是在实践生产中广泛适用的实例，具有较强的指导性。

　　为了使教材更适应教学的需要，我们对第1版《服装生产工艺与流程》进行了修订，对原书内容进行了删除、更正和重编，特别对服装工艺技术方面的内容和工艺制作图的表达方式作了修改，使教材更适应服装专业的教学需求。

　　本教材主要作为服装高等教育的专业教材及服装职业教育或成人教育的服装专业教材，也可作为从事服装生产技术和管理等各类服装企业人员的学习和参考用书。

　　本教材由陈霞任主编，并负责全书的统稿和定稿工作。教材内容共十一章，具体编写分工如下：第一章、第二章、第五章、第六章、第九章、第十一章由惠州学院服装系陈霞编写，第三章、第七章由惠州学院服装系张小良编写，第四章由惠州经济职业技术学院陈文焰编写，第八章由惠州学院服装系袁赛南编写，第十章由惠州学院服装系冯麟编写。

　　教材在编写过程中参阅了一些国内外相关书籍和网上文献资料，在此向有关作者表示诚恳谢意！

　　本书由于编者研究水平和实践经验有限，难免有疏漏不足之处，敬请读者批评指正，并提出宝贵意见和建议。

编　者
2014年5月

第1版前言

秉着在教学方面要紧跟企业实际生产步伐的宗旨，从"培养服装高级应用型人才"的教学角度出发，本教材在专业内容的广度、深度、实用性和科学性等方面进行了必要的整合，希望能综合地培养学生的专业理论知识和实际生产的管理能力。教材的很多内容凝聚了几位作者在服装生产工艺方面多年来的教学、课题研究和在服装企业实践的成功经验，紧紧围绕服装批量生产流程的实际工作，对服装生产过程的主要环节及各环节的生产工艺与技术要求进行了讨论，并结合服装企业的发展状况，介绍相关的新工艺、新技术，使教材更能体现时代的发展。本书所述的生产工艺，均适用于工业化生产加工的实际操作，如成衣缝制工艺与流程的内容，均是在实践生产中被广泛应用的实例介绍，具有较强的指导性。

本教材主要作为服装高等教育的专业教材及服装专科教育或成人教育的服装专业教材，也可作为从事服装生产技术和管理等各类服装企业人员的学习和参考用书。

陈霞、张小良为本教材主要编写者，陈霞负责全书的统稿和定稿工作。教材内容共十一章，具体编写分工如下：第一章、第二章、第五章、第六章、第九章、第十一章由惠州学院服装系陈霞编写，第三章、第七章由惠州学院服装系张小良编写，第四章由惠州经济职业技术学院陈文焰编写，第八章、第十章由惠州学院服装系冯麟编写。

教材在编写过程中参阅了一些国内外相关书籍和网上文献资料，在此向有关著者表示诚恳谢意！同时，陈俊林、田华清同学对本书部分图片的制作付出了辛勤的劳动，在此表示衷心感谢！

本书由于编者研究水平和实践经验有限，难免有疏漏不足之处，敬请读者批评指正，并提出宝贵意见和建议。

编　者
2010年12月

《服装生产工艺与流程》教学内容及课时安排

章/课时	课程性质/课时	节	课程内容
第一章 绪论（2课时）			服装工业生产要求与流程
第二章 服装工艺基础知识（20课时）	基础理论	一	缝针与缝线
		二	线迹结构性能及应用
		三	缝型的分类及应用
		四	基础缝纫工艺
第三章 服装生产准备（6课时）	产前准备	一	进料准备
		二	材料的检验与整理
		三	产前样品试制
		四	用料预算
第四章 服装裁剪工艺（8课时）	应用与实践	一	排料工艺
		二	铺料工艺
		三	裁剪工艺
		四	验片、打号与捆扎
第五章 缝制工程（18课时）		一	缝制设备
		二	缝纫辅助器的应用
		三	缝制加工方式
		四	缝制工序的划分和工序编制
		五	缝纫作业的改进
第六章 熨烫塑型工艺（8课时）		一	熨烫的作用和分类
		二	熨烫要素和定型机理
		三	手工熨制作业
		四	机械蒸汽熨烫作业
第七章 服装质量控制与分析（6课时）		一	服装质量控制表述与疵点界定
		二	成衣质量控制内容
		三	服装尺寸量度操作
		四	成衣疵病分析
第八章 服装后整理及包装、储运（10课时）		一	服装后整理
		二	包装工艺
		三	服装的储运

章/课时	课程性质/课时	节	课程内容
第九章 服装辅料的应用 （18课时）	应用与实践	一	衬布的应用
		二	里料与支撑物
		三	服装紧扣材料的应用
		四	服装标志
第十章 特殊面料生产工艺处理 （12课时）		一	轻薄面料
		二	绒毛面料
		三	弹性面料
		四	皮革面料
		五	涂层面料
第十一章 成衣缝制工艺与流程 （150课时）		一	裙类服装的缝制
		二	上衣类缝制
		三	裤类缝制
		四	西式上装的缝制

注 各院校可根据具体的教学特点与需求对课程内容和时数进行相应调整。

目录

绪论

课题内容： 服装工业生产要求与流程

课题时间： 2课时

教学目的： 让学生初步了解组成服装工业化生产流程的主要环节与内容，加深学生对服装工业化生产概念的认识。

教学方式： 以教师课堂讲述与分析为主，以视频展示为辅。

教学要求： 使学生了解服装工业化生产的流程与组成内容。

第一章　绪论

一、工业生产的要求

工业化生产的服装产品服务对象是广大的消费者，一般按服装标准号型进行生产，其产量较大。所以，在批量生产时，除了要考虑产品应满足消费者的使用要求外，还应考虑工业生产要求。服装工业生产的要求，主要包括经济要求和加工要求两个方面。

（一）经济要求

经济要求是指通过合理利用材料和减少服装制作的劳动量，确保服装制作的经济合理性，即尽可能降低成本。

1. 合理利用材料

这是减少产品成本最重要的途径之一。在批量生产的服装成本中，基本材料如面料、缝线、衬料、纽扣、拉链约占成本的80%，而在基本材料的花费中，面料约占成本的90%。所以，合理利用材料是降低服装成本首要考虑的因素：

（1）所设计款式尽量采用简单结构：不同的款式结构面料耗用量相差较大，如款式复杂，面料耗用量便随之增加。

（2）合理排料：运用各种技术和方法紧密排料，尽可能提高面料利用率，降低面料的损耗。

2. 减少服装制作的劳动量

在确保服装质量的前提下，应尽量减少服装加工所耗用的时间：

（1）设计较为简单的款式结构：款式复杂的服装，制作时所需的劳动量较大，企业用于工时工资的支出较多。另外，生产时间加长也使其他成本增加。

（2）制订合理的加工工艺：同一服装结构，可使用许多不同的制作方法，要选用加工方便、省时且符合本企业习惯的加工工艺。

（3）采用先进的设备：自动化、机械化程度较高的生产设备，不仅能提高服装的质量及生产效率，而且能减少劳动量，降低成本。

（二）加工要求

1. 成衣系列化

成衣企业通过市场预测，应在产品定位的基础上，使一批或几批产品具有相近或相似的外观特征，同时注重成衣的整体搭配方式，并在销售环节中，注重这种成衣要素的组成配套关系，从而形成一品多种、互有关联的产品格局和市场格局。成衣系列化在增强企业活力、降低产品成本、提高企业竞争实力、促进销售等方面有着巨大的积极作用。

2. 注重成衣规格设计

投入市场的成衣，其尺寸的设计应根据穿着对象和产品风格具有一定的标准和规范，使消费者购买成衣时"有据可依"，且穿着合适。目前工业化生产中确定成衣规格的主要依据有国家标准、地区标准、企业标准、客供标准和实测规格等。

3. 工艺制作适合批量生产

企业技术人员设计的服装款式，应高度概括各种生产因素，打出的样板，应尽可能结构简单，工艺制作的方法和流程设计应更多地考虑加工的方便性，多考虑现有专用设备和工具夹的使用，使批量加工容易操作，以降低生产成本。

4. 重视工序编制与平衡生产

服装工业生产多采用将服装产品分解成多个工序且多人合作的生产方式，所以，工序编制的工作必须做到将不同的工序合理分配给有能力做相应工序的人，且每个工人所完成的工作量需大致相当，以保持生产线平衡，使生产效率有效提高。

二、服装生产流程

在服装工业化生产中，必须根据服装的品种、款式和要求来制定特定的加工手段和生产流程。服装的加工方法和流程的设计对生产效率和产品质量影响很大。虽然，由于材料、款式的不同生产形态会有所区别，但从整体上说，服装的生产过程和生产环节基本是一致的。服装工业化生产流程主要由以下几个环节组成。

（一）产品规划与设计

应根据市场销售情况及流行预测情报等确定企业的生产品种，并做出相应规划。

从狭义上说，服装设计是指服装的款式造型设计；从广义上说，它包括服装造型、性能、选料、配色、规格、结构、工艺、包装等全过程的设计工作。

为了保证产品投入市场后具有良好的销售市场，服装商品设计一般要经过市场调研、款式设计和样品试制三个阶段。

（二）生产准备

生产准备是指在生产前根据被认定的服装商品做好物质和技术等方面的准备工作。

1. 采购材料

采购材料是指对生产某一产品所需要的面料、辅料、缝线等材料进行搭配选购，同时做出预算。

2. 材料检测

材料检测是指对各种材料进行必要的物理和化学的检验及测试，包括材料的染色牢度、缩水率试验、耐热度试验等，这些性能与服装的样板制作、加工工艺及成品性能有很大的关系，可作为重要的参考指标，以保证服装成品有较高的质量。

3. 纸样设计与绘制

纸样设计与绘制是指按照设计的款式和产品规格，绘制出服装各部位衣片的纸样样板，以作为裁剪的依据。目前，纸样绘制方法主要有原型法、比例分配法和立体裁剪法等。

4. 样品制作

样品制作是指制作出服装样衣，然后进行技术鉴定。企业通过样品制作来检验服装设计、纸样设计和规格设计等方面是否符合要求，以使样品在大量生产时作为参照的标准。

5. 制订技术文件

制订技术文件就是制订服装生产过程中所遵照的各种技术文件等，例如对服装的成品规格、技术要求、工艺流程、工时与材料定额、质量标准、质量检验措施等做出规定，使制作过程有规可循，从而使产品达到计划质量与目标质量相统一。

6. 生产流水线的设计

生产流水线的设计是指按照产品的结构和工艺程序及各工序的工艺加工量组织生产线的设计，包括计算流水线生产节拍、计算每道工序的工作量和设备数量、工序同步化设计、工作地的布置等方面。其目的是使加工对象在各工作地之间如流水般地朝着指定的方向有节奏地被加工和流转，使生产线连续不断地、高效率、高质量地生产产品。

（三）裁剪工艺

裁剪工艺是进入服装生产阶段的第一道工序，是指将面料、里料、衬料和其他材料等按纸样要求剪切成合格衣片，包括验布、预缩水、制订排料方案、铺料、剪切以及对裁好的衣片进行检验、做标记并进行分类编号，对需要黏合的面、里辅料等在黏合机上进行黏合。

（四）缝制工艺

缝制是服装制作中很重要的工序，是按照不同的材料、款式，采取科学合理的方法，将裁剪好的衣片缝合成为成衣。缝制工艺技术较复杂，除了要选择好线迹、缝型、机器设备和工具外，还要在工业化生产中体现出合理的工序编制。

缝制工艺的设计是造型设计、结构设计、规格设计和工序编制设计的综合体现。

（五）熨烫塑型工艺

熨烫塑型是指将裁片、半成品或成品在施加一定的温度、湿度、压力和时间等条件下操作的工艺，使织物贴服、平整、在制作过程中容易处理，并可使衣服塑形美观，进一步改善服装立体外形。

熨烫在制作过程中包括有布料预缩、裁片熨烫、半成品熨烫、成品熨烫等。

（六）质量检验

质量检验的工序分为裁剪过程的质量检验、缝制过程的质量检验、成品检验和出厂检验四大类，即运用规定的手段和方法测定被检对象的质量特性，然后把测定的结果与质量标准作比较，做出是否合格的判断，从而决定被检对象能否投产并转入下一道工序或能否出厂。

质量检验的数据分两大类：

1. 计量数据

凡可以用尺度或仪器测定的质量数据称为计量数据，如尺寸、重量、缩水率等。

2. 计数数据

凡无法以尺度或仪器测定，只能以计数来取得数据的称为计数数据，如外观质量、不合格数、返修数、破损数、报废数等，此数据可折合成百分比来表示。

（七）后整理

后整理是成衣缝制完成后至出货前的生产环节，包括检验、折叠、包装储运等后续生产工作。服装后整理工序必须根据服装的材料、款式和特定的要求选择不同的整理形式，同时研究不同产品所选用的包装、储运方法，还需要考虑在储藏和运输过程中可能发生的产品损坏和质量受损而采取的防御措施，以保证产品的外观效果和内在质量。

服装工业生产流程见下页图。

从整个服装生产过程分析，由于计算机和自动化技术被广泛地运用于服装工业中，使款式设计、裁剪、熨烫、包装等工序因大量使用CAD、CAM及多功能的组合型设备，使服装生产逐步从劳动密集型转变到技术密集型，但缝纫工序还大量地使用人工劳动，其使用的机械设备占整个服装生产需要的大部分，生产员工数亦占总生产员工数的60%~80%。因此，目前我国的服装生产形态的总体特征还是劳动密集型，主要是指缝纫工序的生产形态。这种生产形态极大地制约了服装生产中其他工序的高效发挥，所以，提高缝制工序的科技含量是服装企业技术攻关的主要方向之一。

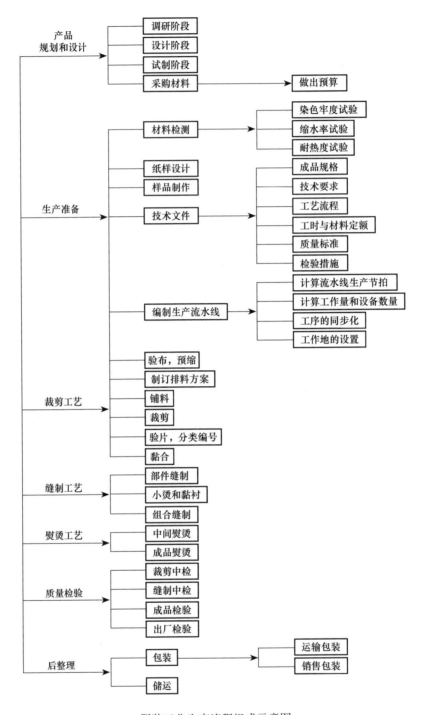

服装工业生产流程组成示意图

思考题

1. 学习服装工业化生产流程的不同环节，并分析各个生产环节之间的关系。

2. 分析服装工业化生产在加工方面有何要求。

基础理论——

服装工艺基础知识

> **课题内容：**缝针与缝线
>
> 　　　　　线迹结构性能及应用
>
> 　　　　　缝型的分类及应用
>
> 　　　　　基础缝纫工艺
>
> **课题时间：**20课时
>
> **教学目的：**通过本章的学习，使学生掌握关于服装缝纫的基础知识，了解缝纫机针和缝线在缝纫过程中的应用，认识各类线迹的国际分类和特性，掌握服装缝口的缝型结构，为成衣化生产工艺的学习打下基础。
>
> **教学方式：**以教师课堂讲述和学生实践操作为主，以教学样板分析为辅，结合讨论的方式进行教学。
>
> **教学要求：**1. 使学生了解机针的型号、结构和用途。
>
> 　　　　　2. 使学生认识常用缝线的特点、规格和选配。
>
> 　　　　　3. 使学生学习各类型线迹的结构、特点和应用。
>
> 　　　　　4. 使学生掌握缝型的分类标准、各类缝型的配置和应用。
>
> 　　　　　5. 使学生能对几款基础缝型进行实践缝制。

第二章　服装工艺基础知识

第一节　缝针与缝线

缝针与缝线的主要作用是形成线迹并连接服装衣片。由于缝针和缝线在缝纫过程中与面料直接接触，对服装缝纫质量的好坏有重要影响，因此在工艺应用上应合理选择。

一、缝针

缝纫机针是各种缝纫机的主要构件之一，它与缝线配合形成各类线迹和缝型。由于机针在缝纫过程中与面料直接接触，如运用不当，会发生跳线、断线、缝口缩皱、抽纱、针眼粗大、针尖受损及熔断缝线等不良问题。因此在工业化服装生产中，必须全面了解缝纫机针的形状、规格、材质、硬度、弹性以及适用范围，针对不同的服装款式、不同的面料和不同的缝纫部位，正确地选用机针，保证生产顺利进行。

缝针由优质工具钢丝经冲压或铣磨而成，表面一般镀镍或镀铬，针的任何部位不得有毛刺，其表面粗糙度Ra＜0.08，针尖要求锋利，缝针经过特殊热处理（淬火、焖火处理），其硬度应达到洛氏硬度HRC60以上（在针杆中间部位测量）。

一般缝纫机多使用直针，个别包缝机及缲边机使用弯针。直针的基本结构如图2-1所示，由针柄①、针杆②和针尖③组成。针杆两侧有深针槽④和浅针槽⑤，针杆的下端有针孔⑥和凹口⑦。深针槽的作用是将缝线容于槽内，运线时使线在槽中滑动，减少缝线与缝料之间的摩擦；浅针槽的作用是为了退针时缝线与缝料发生摩擦以形成面线线圈（针圈），同时进针时还可借助它来收紧前一个线迹。针孔用于穿缝线并将线带过面料；凹口

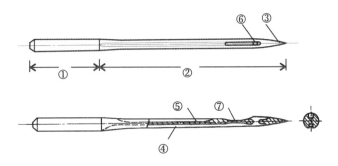

图2-1　直针的基本结构

的作用是使缝纫机运作时梭尖能够准确无误地钩取线圈。

（一）缝针种类和型号

随着服装工业的发展，缝纫机种类越来越多，机针型号也随之增多，目前约有15000种。

根据缝纫机种类，工业用机针可分为平缝机针、绷缝机针、包缝机针、链缝机针等。

由于缝纫机的种类和型号很多，不同种类缝纫机要用不同长短的针，因此缝针的型号也很多。而对于同一种缝纫机型，在缝制不同厚薄、不同质地的面料时，又要选用不同型号的针。

1. 针型

是某缝纫机种所使用机针的代码，是对缝纫机的种类而言的。目前，世界各国针型标号不统一，但对于同型机针，其针杆直径和长度是一致的，见表2-1。

2. 针号

是机针针杆直径的代码，是为适用于不同种类缝制物而分的。常用的针号表示方法有三种，即：公制、英制和号制，见表2-2。

（1）号制：用代号表示针杆的粗细，其代码本身没有特殊的含义，号数越大，说明针杆直径越粗。中国针、日本"风琴"针和"胜家"针均采用号制。

（2）公制：以百分之一毫米作为基本单位测量针杆的直径，并以此作为针号。从50开始，针号间隔以5为单位递增，最大可至380。如65号针，针杆直径D=65/100=0.65mm。德国多采用公制。

（3）英制：以千分之一英寸作为基本单位测量针杆的直径，并以此作为针号，用3位数表示。如022号针，针杆直径D=22/1000=0.022英寸。美国"於仁"公司采用英制。

不同类型的面料，需要选择适当针号的机针，表2-3列举了缝纫机针与面料的对应关系，生产中可参照使用。

表2-1　各国针型标号

缝纫机种类 ＼ 针型	中国针型	日本针型	美国针型	机针全长/mm	针柄直径/mm
平缝机	88	DA×1 DB×1 DC×1	88×1 16×231 214×1	33.4～33.6	1.62
包缝机	81	DC×1 DC×27	81×1	33.3～33.5	2.02
人字车，绣花机	96	DB×1 DP×17	135×17	37.9～40.2	2.00
单线链缝机	24KS	DT×1	—	31.8～32.0	1.95

缝纫机种类＼针型	中国针型	日本针型	美国针型	机针全长/mm	针柄直径/mm
双线链缝机	121	TV×7 DM×1 DM×3 UO×113	82×1 82×13 81×5 2793	43.9	2.00
绷缝机	121,GK16,62×1	DV×1 DV×21	121 62×21	44.0	2.00
锁眼机	96	DP×5 DL×1 DG×1 DO×5	135×7 71×1 23×1 142×1	37.1～39	1.60
钉扣机	566，GJ4	TQ×1 LS×18 DP×17 TQ×7	175×1 2851 29—18LSS 175×5	40.8×50.5	1.70
套结机,双针平机	—	LQ×3 LQ×5 DP×5 DP×17	135×5 68×5 68×3 —	37.9～40.2	2.00
缲边机	—	LW×6T （弯针）	LW×2T 29—34	44.4	2.02

表2-2　针号对照表

号制	7	8	9	10	11	12	13	14	16	18	19	20	21
公制	55	60	65	70	75	80	85	90	100	110	120	125	130
英制	022	—	025	027	029	032	034	036	040	044	047	049	—

表2-3　缝纫机针与面料的关系

针号（号制）	针尖直径/mm	面料种类
9，10	0.67～0.72	薄纱，上等细布，塔夫绸，泡泡纱，网眼织物
11，12	0.77～0.82	缎子，府绸，亚麻布，凹凸锦缎，尼龙布，细布
13，14	0.87～0.92	平纹织物，粗缎，天鹅绒，法兰绒，灯芯绒，女士呢，劳动布
16，18	1.02～1.07	粗呢，拉绒织物，长毛绒，防水布，涂塑布，粗帆布
19～21	1.17～1.32	帐篷帆布，防水布，睡袋，毛皮材料，树脂处理织物

（二）针尖形状的选择

针尖的作用是推开面料纱线纤维或切开缝制物，使针体穿过缝料将针线送到缝料下部，以实现上下线的交结和串套。针尖的形状种类繁多，以便适应各种面料的特性和达到理想的缝纫效果。有些缝料需要锐利的针尖才容易穿过，但有些缝料用锐利针尖反会把缝料纱线破坏。因此，对于不同缝料，应选择合适的针尖形状，否则会影响缝制的质量和效果。下面介绍两种机针针尖的使用情况。

1. 圆形针尖

圆形针尖的尖端呈半圆形，横截面为圆形。圆形针尖主要用于机织物、针织物或其他纺织物的缝合。根据机针尖端直径的大小，圆形针尖可分为几种，如图2-2所示。

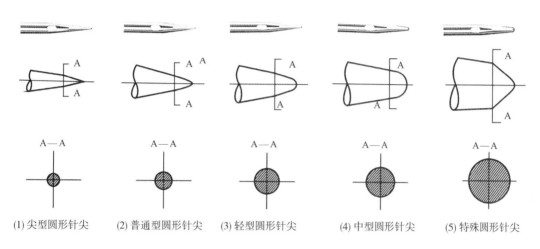

(1) 尖型圆形针尖　(2) 普通型圆形针尖　(3) 轻型圆形针尖　(4) 中型圆形针尖　(5) 特殊圆形针尖

图2-2　圆形针尖

（1）尖型圆形针尖：从针孔到针尖的形状比普通型要细长些，针尖端横截面直径很小，只在特殊情况下使用。如缝纫暗线迹时，机针必须穿过一两根纤维，但不能穿透面料，就需使用尖型圆形针尖。此外，缝纫细薄面料（极细薄针织物）而且服装缝口要求较高时，衣领、袖口等重要部位的缝制，应使用该型针尖，以避免缝口出现不平、错位等疵病。

（2）普通型圆形针尖：是最常用的一种针尖，用于缝制轻薄到中等厚度的机织物及精细的经编针织物。

（3）轻型圆形针尖：针尖的尖端直径约为针杆直径的1/4，用于缝制较厚的化纤织物、伸缩性较大的针织物或纱线容易损坏的纺织品。

（4）中型圆形针尖：针尖的尖端直径约为针杆直径的1/3，穿透能力比尖型、普通型和轻型圆形针尖强，但对织物的破坏也较大。该类针尖可用于缝制各类型的粗厚面料，特别适合女士内衣的弹性面料的缝制。

（5）特殊圆形针尖、粗型圆形针尖：此两类针尖在圆形针尖中最为坚固，针尖的尖端直径约为针杆直径的1/2，穿透能力最强，对织物的破坏也最大。该类针尖可用于中等到厚重机织物或网眼较粗、非常稀松和伸缩性大的针织物的缝制。

2. 异形针尖（也称切割针尖）

这类针尖主要用于皮革或人造革面料的缝制。这类面料不是由纱线组成，而是呈天然的多层交错的网状结构，其组织紧密，若使用普通针尖强行推开针孔周围的物料，机针容易被损坏。使用异形针尖，便可利用针尖较锐利的边缘在缝制物上切开一个割口，让针杆顺利通过，提高机针的使用寿命。因此，异形针尖又被称为切割针尖。根据针尖的形状，异形针尖分为椭圆形、三角形及棱形针尖等。表2-4介绍了几款异形针尖的使用功能。

表2-4　异形针尖的用途

针尖名称	机针外形	针尖横截面	用途及功能
椭圆形针尖		45°	针尖切割物料的方向与穿线方向呈45°，与缝纫线迹方向也呈45°，缝纫出来的切口呈斜切型。适用于一般皮革的缝纫，是椭圆形针尖中最常用的一种
		135°	针尖切割物料的方向与穿线方向呈135°，与缝纫线迹方向呈45°，缝纫出来的切口呈斜切型。主要用于人字形线迹的缝纫
棱形针尖		45°	针尖主要切口与穿线方向及线迹方向均呈45°。棱形针尖的重心稳定性好，可轻易刺穿皮料，且摩擦升温较慢，适合缝纫坚硬和干性的皮革面料
三角形针尖			针尖横截面呈三角形，穿透力强。适合于厚或坚固的皮革料，用于针迹距较大的线迹缝制

（三）机针的性能与选择

工业用缝纫机针常处在高速、高温和高强力的情况下工作，为了保证被缝制的面料与缝纫线的质量及生产过程的顺利进行，一方面要求机针能适应它的工作条件，另一方面要求机针具有良好的加工能力。因此，对缝纫机针有一定的性能要求，同时，企业要根据具体的生产情况选择性能适合的机针。

1. 散热性

机针的高速运转及其与面料剧烈的摩擦容易使针身发热，缝线和纱线被熔化的残余会附着在针槽上，影响缝纫，服装面料也会受到严重的损伤。选择散热性良好的机针可以从以下两个方面考虑。

（1）机针表面镀层材料的选择：可选用不同材质的机针及不同表面镀层材料的机针，来适应工业用缝纫机的车速和被缝面料的热熔性。车速在1000～2000r/min时，可使用普通车针；车速在2000～3000r/min时，选用镀镍的车针，镍有降低摩擦热量及防止生锈的功能；车速在3000r/min以上时，选用镀铬的车针，铬的特性是坚硬，外层光滑，可抵抗磨损及黏着残余熔料。如果是缝制化纤面料，可选择化纤用超级针如图2-3所示，这类经特氟隆特殊处理和陶瓷复合镀金的机针，其滑润的特性可减小针在高速车缝时与面料产生的摩擦力，抑制针热，因此可防止针热引起的纤维熔融、断线、跳针等现象发生。

（2）机针结构的选择：机针升温主要是摩擦引起的，除了注意机针表面光滑和镀层材料选择外，还可选择在造型和结构上较特殊的机针。通过实验发现，针尖的轮廓线如果是直线，针在工作时温度就高；若采用抛物线，使针尖部的直径略大于针杆部的直径（一般大5%～7%），这样，针尖穿透面料时产生较大的孔，针杆经过面料时就可以有效地减小摩擦，有利于散热。如图2-4所示的突眼机针，其针杆的中央部位内凹减细，针孔部位加大的设计，可减小与面料的摩擦，抑制针温的上升，使缝纫顺利进行。此外，空心结构的机针，也具有良好的散热性。

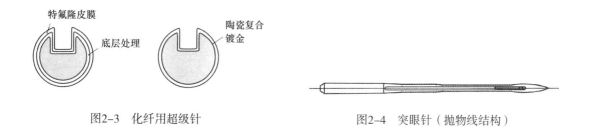

特氟隆皮膜　底层处理　陶瓷复合镀金

图2-3　化纤用超级针　　　　　　　　　　图2-4　突眼针（抛物线结构）

2. 强度与韧性

缝纫机针工作时会受到连续不断的冲击力，如果没有足够的强度抵抗外力破坏的能力，工作时就会经常被折断，影响生产的顺利进行。

缝纫机针如果缺乏韧性，当它受外力作用时就容易变弯，不能保持原状，因此会失去正常工作的能力。一般要求机针弯曲10°以下时不应有疲劳变形。

为了使缝纫机针具有足够的强度和良好的韧性，必须选用硬度高、弹性好、耐磨性强的材料。

（1）选材质优质的针：目前国内缝纫机针选用的材料是特制T9A优质碳素工具钢丝、特制GCr6滚珠轴承钢丝等。这些材料制造的机针不易断、不易弯，使用寿命长；要采用先进的加工技术，如"风琴"公司开发的一种"钛膜针"（PD针），运用物理蒸发沉积技术在针的表面形成一层金光闪闪的氮化钛膜，其表面硬度为镀铬针的3倍，威氏硬度

（HV）达2000以上，而且针尖处也能均匀成膜，使针的使用寿命大幅度提高。

（2）机针造型结构的选择：缝纫机针的造型设计对其强度和韧度影响很大。例如针尖夹角为18°~20°，适合缝纫轻薄面料，但易折断或弯曲，针尖夹角增大到40°时，即可增加针尖的强度，保证针尖的正常工作，如图2-5所示。

图2-5　针尖的夹角

为了适应目前缝纫机的高速化要求和提高机针的强度，机针针杆的结构也有了新设计。如图2-6所示为变径针杆的设计，其针杆部位分上粗下细两节，粗节直径一般比细节大10%，上部粗节可以减少针的振动，增加针的强度，下部细节是为了减少针与缝料的摩擦，使缝针的温度降低。这种双节杆机针用在5000r/min的高速缝纫机上可保持其良好的强度。

图2-6　变径针杆机针

二、缝纫线

缝纫线作为一种很重要的服装加工材料，既具有缝合功能，当用于明线时又富有装饰性。缝纫线用量和成本在整件服装中所占的比重并不大，但其所影响的缝纫效率、缝纫质量和外观品质却与服装的质量关系重大。什么样的面料在何种情况下适合用什么样的缝线，这是需要合理选择的。生产加工时，应根据面料的性能、种类等因素，合理地选用相应的缝纫线。

（一）常用的缝纫线种类

1. 棉线

棉线的强度、尺寸稳定性较好，耐热性优良，适用于高速缝纫与耐久的压烫，但其弹性和耐磨性稍差。除了普通的软棉线外，还包括经过上浆、上蜡处理后的蜡光线和经丝光处理的丝光线。蜡光线表面光滑、硬挺，捻度稳定，在强度和耐磨性方面有所提高，这样就可减少缝纫时的摩擦阻力，适用于硬挺面料、皮革面料或需高温整烫的衣物的缝纫。而丝光线质地柔软，纱线外观丰满、富有光泽，强度也有所提高，手感滑爽，多用于中高档棉制品的缝纫。

2. 丝线

丝线有极好的光泽，手感柔软，表面光滑，因而缝迹滑顺，耐热性也较好，其强度、弹性都优于棉线。丝线可以是长丝线或绢丝线，通常用来缝制真丝服装、羊毛服装、皮革服装等高档衣物，其中粗丝线用于羊毛服装的缝制，用于锁眼、钉扣，特别适合于缉明线；细丝线常用来缝制绸缎薄料。由于真丝缝线存在价格高、在使用时易磨损、缠绕在筒子上易脱落等劣势，目前除用于丝绸和一些高档服装的缝纫外，真丝线已逐步被涤纶长丝线所替代。

3. 涤纶线

涤纶线由于其强度高、耐磨性好、缩水率低、吸湿性及耐热性好，耐腐蚀、不易霉烂、不会虫蛀等优点而被广泛地应用于棉织物、化纤和混纺织物的服装缝制中。此外，它还具有色泽齐全、色牢度好、不褪色、不变色、耐日晒等特点。由于涤纶原料充足、价格相对较低，可缝性好，因此涤纶缝纫线已在缝纫线中占有主导地位。

涤纶分有长丝、短纤维和涤纶低弹丝线等几种。其中，涤纶短纤维主要用于缝制各类棉、涤棉、纯毛及其混纺等织物，是目前使用较为广泛的一种缝纫线。涤纶低弹丝线常用于针织服装，如运动服、内衣、紧身衣的缝制。另外涤纶与丝混合纤维制成的缝纫线，称为涤纶丝，由于在柔韧度与光泽度和韧性方面更胜单纯的涤纶一等，所以使用范围更广泛，常用于超薄面料的缝制。

4. 锦纶线

锦纶线耐磨性好、强力高、光泽亮、弹性好，常用在较结实的织物上。由于它的耐热性稍差，所以不用于高速缝纫和需高温整烫的织物。锦纶缝纫线分长丝线、短纤维线弹力变形线三种，锦纶长丝线适用于化纤服装的缝制和各类服装的钉扣、锁纽眼等工序。另外，锦纶单丝透明缝纫线适用于缲边工序，如裤口、袖头和纽扣等部位，还可用于装饰，如女性服装中的腰带扣襻处、中式服装的袖口和下摆处的明线装饰。

5. 混纺线

混纺缝纫线以涤棉混纺和包芯线为主，是当前规格较多、适用范围较广的一类缝纫线，有可挖掘的使用潜力。涤棉线是用65%的涤纶短纤维与35%的优质棉混纺而成，这种线形的强度、耐磨性、耐热性能都比较好，而且线质柔软、富弹性，适用于各类棉织物、化纤织物和针织织物的缝制和拷边。包芯线是一种新型的缝纫线，它常以合成纤维长丝（多是涤纶）作为芯线，以天然纤维（通常是棉）作包覆纱纺制而成，这种构造的线由于强力高、线质柔软而有弹性、缩水率小而兼具了棉与涤的双重特性，在一定程度上提高了缝线对针眼摩擦产生的高温及热定型温度的耐受能力，适用于高档服装及中厚型织物的高速缝纫。

6. 装饰线

许多服装为了强调造型和线条，都常用装饰线，如皮革和牛仔服装，常缉明线和绣花作为装饰。真丝装饰线的特性是色彩艳丽、色泽比较优雅柔和；人造丝装饰线是由黏胶纤维制成，虽然光泽度与手感均达到不错的效果，但在强力上较真丝线稍逊一筹。另外，金、银线装饰效果越来越受到重视。金、银线又称工艺装饰线，用于中式服装及时装的明线和局部图案装饰。

（二）缝纫线的规格

人们对各类缝线，依照其构成的股数、细度、捻度及捻向的不同而标有一定的规格。使用时，应针对不同的织物（品种、厚薄及花色的不同），选择规格相匹配的缝纫线。

1. 股数

缝纫线大多由几根单纱合并而成，单纱缝纫线很少被应用。组成缝纫线的单纱根数即为缝纫线的股数，如：双股线、三股线和多股线等。生产中多采用双股线或三股线，三股线比双股线成形好、强度高。但双股线价格低，一般链式线迹的下线采用双股线。

2. 细度

细度即缝纫线的粗细程度，有特[克斯]、英制支数、公制支数、旦尼尔等表示方法。其中，支数越大，缝线越细；旦尼尔和特[克斯]的数值越大，缝线越粗。

3. 捻向和捻度

缝纫线大多由两根以上的单股纱加捻而成，如不加捻，缝线松散，而且强度很低，无法使用。

捻向是指纱线捻回旋转的方向，加捻时纤维自左上方向右下方倾斜的，称S捻或叫顺手捻；加捻时纤维自右上方向左下方倾斜的，称为Z捻或叫反手捻，如图2-7所示。

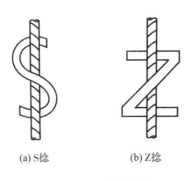

(a) S捻　　　　(b) Z捻

图2-7　缝线捻向

捻度是指单位长度内纱线的捻回数，单位为捻/m。即：

$$捻度=缝线捻回数（捻）÷缝线长度（m）$$

捻度大小对缝线的强度、柔软性、条干均匀度及光泽都有很大影响，且与服装的加工质量有直接的关系，所以捻度是缝线较重要的工艺参数。

综合股数、细度及捻向等内容，缝纫线的规格可表示为：单位线密度×股数　单纱捻向/股线捻向（单纱英支/股数 单纱捻向/股线捻向）。如：9.8 tex×2 Z/S（60/2 Z/S），因大部分缝线为Z/S或Z/S/Z捻，上例缝线规格的表示可简化为：9.8 tex×2(60/2)。

（三）服装用线技术指标与面料的选配

1. 规格的选配

缝纫线的种类繁多，要根据面料的特性与质量要求进行选择。缝线的粗细和合股数应根据所缝织物的纱支、组织密度、厚薄和重量的不同而定。由于缝纫线的单线强力要大于织物单根纱线的强力，所以线的细度应大于织物中单根纱或线的细度或与之相仿。此外，缝线的细度与织物的外观特性要相匹配，并且要根据服装的明线效果、锁边、锁眼、钉扣等用途的不同要求以及面料组织结构和缝型结构的变化综合考虑，选择不同规格的缝纫线。

缝纫线的规格是由单纱或单丝的特[克斯]数与合股数来表示的，如14.8tex×3涤纶线。它标志着线的粗细、强度和应用范围。线的粗细不当，会直接影响缝纫效果。例如，缝制丝绸等质地较薄的服装时，如果选用较粗的蚕丝线，将会使底面线的交锁点突出于缝料表面，使线迹有规则地歪斜，其偏斜的角度随线径的增大而加大；反之，质地较厚的缝料，如果线选得较细，则影响其线缝强度，或因针线不匹配而产生跳针等故障。但是另一方面，细缝纫线形成的缝迹比较紧密、光洁，不会导致接缝皱缩，线迹也不易磨损，而且有利于提高缝纫效率。因此，在缝制中要根据缝料的厚度等性能和缝纫工艺要求来合理选择不同的线，这是保证缝纫效果一个必不可少的条件。

通常织物越厚，用线会相应越粗，而且面线宜稍粗于或近似于底线。要根据接缝在服装穿着性能、外观上所起的作用，综合选定缝纫线。例如，中厚型丝绸料缝合时一般会选用9.8tex×3丝线或涤纶线；中厚型的毛质服装应选用14.8tex×3丝线或涤纶线缝制；而牛仔服装应用29.5tex×2涤纶线缝制。

2. 断裂强度的选配

缝纫线的使用寿命、可靠性和安全性必须高于衣物本身，并且还应适应现代高速缝纫机的需求。各种缝纫线的断裂强度均以单线强力指标来表示，单位为cN/50cm。作为服装用面线的单线强力一般不应低于490cN/50cm，底线的单线强力不低于295cN/50cm。

从纤维材料与缝纫线的强度关系看，长丝线的强度比短纤维线大。从不同纤维材料与线的强度关系看：长丝线中的锦纶强度最大，涤纶次之，维纶最弱；短纤维线中的维纶强度最大，涤纶次之，而棉最弱。

各种线的耐磨损性程度比较，锦纶的耐磨损性能最佳，涤纶和维纶次之，棉最差。

3. 捻向和捻度的选配

加捻的作用是为了提高缝纫线的强度，并影响缝纫线的柔软性、均匀度和光泽度。如果捻度太小，将出现断线现象；如果捻度太大，缝线在形成线环的过程中，线环绕机针垂向轴心回转，就会使梭尖钩不住线环而引起跳针的故障，也会使缝纫线在缝纫过程中产生绞接现象，从而影响缝纫机正常供线，造成线迹不良和断线等故障。在面线方面，无论是Z捻还是S捻，其捻度均不能太大，否则将减小面线线环的胖度，增加其线环对机针中心的斜度，这样缝线线环的稳定性就差，容易产生跳针，线环就不能正常地相互套进。

4. 颜色和色牢度的选配

如果企业中缺少测色仪器，则应保留织物面料、缝纫线及辅料样板，以便大量生产时可以用原样在标准光线下进行比较，使线与织物的颜色相匹配。在选择缝纫线的颜色时，要经常察看所选用的缝纫线在织物样板上缝制时的配色情况。传统的配色，讲究的是"配深不配浅"，即缝纫线颜色宜比面料深0.5～1级。但现代服装因时尚变化的需要，在不同面料的拼接、服装结构线的突出处理和明线装饰等方面，关于配色的问题似乎已无章可循了。

缝纫线色牢度有耐洗色牢度和耐摩擦色牢度（包括干摩擦和湿摩擦色牢度），这是必须考核的指标。目前市场上绝大多数缝纫线的色泽牢度已不成问题，但对于纤维素纤维而言，应注意其色牢度级别。对一些作为特殊用途的缝纫线，需要增加相应的考核项目指标，如沙滩装要测其耐光色牢度，而且应将此指标作为保证指标进行考核。

5. 耐腐蚀性的选择

耐腐蚀性是衡量缝纫线能否承受各种化学材料侵蚀的一个重要指标。如涤纶线等会受到萘制樟脑丸的侵蚀，从而降低缝线的强度，所以应选用耐蚀性好的线进行缝制。

缝纫线耐酸性的顺序是：涤纶线＞维纶线＞锦纶线＞棉线；

缝纫线耐碱性的顺序是：维纶线＞棉线＞锦纶线＞涤纶线；

缝纫线耐老化性的顺序是：涤纶线＞维纶线＞棉线＞锦纶线。

6. 吸湿性弹性的选配

任何缝纫线都应具有一定的弹性，缝制皮革制品时，应使用弹性较大的高强涤纶长丝线或锦纶长丝线。涤纶短纤维线在弹性针织物缝纫方面是较理想的线种。另外，如果制线后整理工艺不合理，棉、丝、麻缝线的吸湿性将影响到缝纫线的柔软性。阴雨天，线易吸收空气中的大量水分，导致缝纫中产生湿针现象和线环的成型不良，从而发生跳针故障。吸湿性较强的缝纫线如果保管不善，还会造成霉蚀变质，使其强度下降。

总之，缝纫线对服装的质量、美观和穿着寿命有着重要影响，所以缝纫线的可缝性是一个综合性的质量指标。而缝纫线要同时具备以上全部性能优点，往往是很困难的，因此，在技术上或外观装饰要求上选配时，只要综合选定其中较多的优点，便能达到较好的缝纫要求，达到较理想的用线与面料的配置效果。

第二节　线迹结构性能及应用

服装的成形技术有缝合、黏合、编织等形式。目前，服装的主要成形技术仍为缝合工艺。缝合型服装，其组成部件均是由缝纫线所形成的各类不同性能的线迹缝合在一起的，线迹是构成服装重要因素之一。线迹不仅为缝合衣片所必需，还具有装饰、加固等作用。

一、线迹类型

线迹是缝制物上两个相邻针眼之间所配置的缝线形式，是由一根或多根缝线采用自链、互链、交织等配置形式在缝料表面或穿过缝料所形成的一个单元，如图2-8所示。自链是指同一根缝线将形成的线环依次相互串套；互链是指一根缝线的线环穿入另一根缝线的线环；交织是指一根缝线穿过另一根缝线的线环，或者围绕另一根缝线。形成线迹的几种情况主要有：无缝料形成、在缝料内部形成、在缝料表面形成、穿过缝料形成。

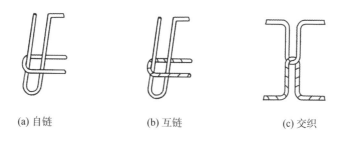

(a) 自链　　　　　　　　(b) 互链　　　　　　　　(c) 交织

图2-8　线迹配置形式

缝纫机种类繁多，不同的缝纫设备可形成不同的线迹结构，为使用方便，必须根据线迹的形成方法和结构上的变化，将线迹分成各种类别和型号。

对线迹类型的统一规定，国际标准化组织（International Organzation For Stand-ardization）拟定了线迹类型标准ISO 4915—1991《纺织品与服装缝纫型式分类和术语》，将服装加工中较常用的线迹分为6大类、共计88种不同类型。

1. **100类——链式线迹**（Chain Stitches）

这是由一根或一根以上针线自链形成的线迹。其特征是一根缝线的线环穿入缝料后，依次与同一个或几个线环自链，包括101型～108型共8种。

2. **200类——仿手工线迹**（Originated as Hand Stitches）

该类线迹可用手工或缝纫机设备形成，其特征是由一根缝线穿过缝料，把缝料固定住，包括201型～220型共20种。

3. **300类——锁式线迹**（Lockstitches）

这是由一组（一根或数根）缝线的线环穿入缝料后，与另一组（一根或数根）缝线交织而形成的线迹，包括301型～327型共27种。

4. **400类——多线链式线迹**（Multi-thread Chain Stitches）

这是由一组（一根或数根）缝线的线环穿入缝料后，与另一组（一根或数根）缝线互链形成的线迹，包括401型～417型共17种。

5. 500类——包缝链式线迹（Overedge Chain Stitches）

这是由一组（一根或数根）或一组以上缝线以自链或互链方式形成的线迹，至少一组缝线的线环包绕缝料边缘，一组缝线的线环穿入缝料以后，与一组或一组以上缝线的线环互链，包括501型~514型、521型共15种。

6. 600类——覆盖链式线迹（Covering Chain Stitches）

这是由两组以上缝线互链，并且其中两组缝线将缝料进行上、下覆盖的线迹。第一组缝线的线环穿入固定于缝料表面的第三组缝线的线环后，再穿入缝料，与第二组缝线的线环在缝料底面互链，包括601型~609型共9种。

线迹种类数较多，为便于掌握，关键要了解线迹的三要素：

① 缝纫线数量：线迹由几根缝纫线组成；

② 线迹结构特点：结构缝纫线在服装面料上形成何种状态；

③ 线迹密度：在规定长度内缝迹的线迹数，通常以2cm或3cm为单位长度。

线迹在服装生产中的主要功能是按一定结构规律连接衣片，其他功能还包括加固作用、保护作用、辅助加工作用和装饰作用。

二、常用线迹的结构性能与用途

按照我国使用的习惯，服装生产中常用的线迹可以分为以下四种类型。下面结合图示说明常用线迹的结构性能与用途，图中字母N表示针线（面线）、B表示梭芯线（底线）、C表示覆盖线（或装饰线）、L表示钩子线。

（一）锁式线迹（300类）

1. 锁式线迹结构特点

（1）至少有两根缝线，有穿入直针的面线（N）和由旋梭引导的底线（B）。

（2）线与线之间以交结的方式形成线迹。

（3）交结点位于面料的中部或底部。

（4）线迹在面料正反面呈相同形状，均为虚线。

根据锁式线迹在面料表面的几何形态，可将其分为直线形锁式线迹、曲折形锁式线迹和锁式暗线迹。

2. 常用锁式线迹结构及用途

（1）直线形锁式线迹（301型）：其外形为直线形虚线，如图2-9（a）所示，根据直针的针数可分为单针和双针。从结构中可以看出，该款线迹表面平整、牢固，在服装生产中应用最为广泛，常用来缝制衣服的衣领、口袋、门襟、商标、滚边等工序。由于它的用线量较少，线迹的拉伸性较差，因此不适合缝制有弹性的面料及需受力大的部位。

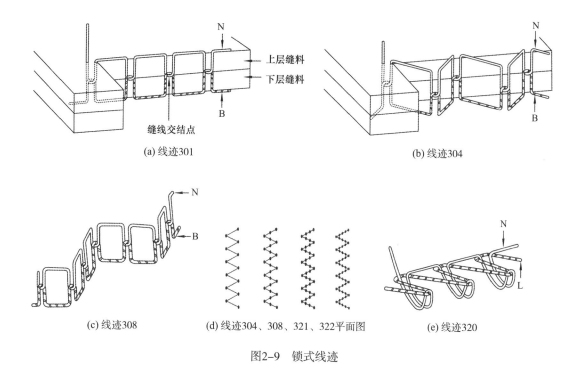

图2-9　锁式线迹

（2）曲折形锁式线迹（304型、308型、321型和322型）：其外形为曲折形虚线，如图2-9（b）~（d）。其线迹的形成方式有两种：

①直针除做上下运动外，还作垂直于线迹方向的摆动；

②直针做上下运动，而缝料被模板控制做垂直于送料方向的横向摆动。

304型、308型、321型和322型线迹常被称为两点人字线迹、三点为字线迹、四点人字线迹和五点人字线迹。曲折形锁式线迹缝线用量相对于直线形锁式线迹要多，其拉伸性也明显提高，还可作简单的包边之用，可防止织物脱散，并具有一定的装饰作用。该类线迹较多用于有弹性要求的内衣裤、胸罩、袖口、裤口等的缝制加工以及打结、锁纽眼和装花边等。

（3）装饰缲边线迹（320型）：也称为暗线迹，其外形在缝料的反面为直线形虚线和三角形线迹，在缝料的正面看不见线迹，如图2-9（e）所示。机针在缝料的同一面穿入、穿出，而不对穿缝料，其交结点在缝料的反面，缝料正面不露明线，该线迹专门用于缝制大衣、上衣、裤口的底边缲边。由于它用线量较多，具有一定的拉伸性，因此尤其适用于针织外衣的生产。缝制缲边线迹的缝纫机统称为缲边机。

（二）链式线迹（100类、400类）

1. 链式线迹结构特点

（1）可由一根或多根缝线构成线迹。

（2）缝线以自链或互链的方式形成线迹。

（3）套结点位于缝料表面。

（4）缝迹正反面外观不同：一面为虚线状直线，另一面为新旧线环依次相互穿套的锁链状。

2. 常用链式线迹结构及用途

单线链式线迹：仅有针线，由新的针线线环穿入自身的旧线环，自链成线环。所形成的缝迹不牢固，易于拆散。

双线链式线迹：由针线线环和钩线线环相互穿套形成，针线与钩线线环又相互制约固定，线迹即牢固又富弹性。按其外形分有直线形、曲折形双线链式线迹及双线链式暗线迹。

（1）直线形单线链式线迹（101型）：只有一根面线，在缝料表面形成虚线，缝料另一面为新线环穿入旧线环，并将旧线环套住固定，线迹呈链状，如图2-10（a）所示。当缝线断裂时，单线链式线迹会发生连锁性脱散。该线迹一般用于缝制面粉袋、水泥袋和一些临时固定缝等，在缝制针织服装时一般与其他线迹结合使用，例如，缝制厚绒衣时必须用绷缝线迹加固。

（2）单线链式暗线迹（103型）：由一条针线组成，针线在上层物料的表面自链，外形呈横向锁链状，缝料另一面看不见线迹，如图2-10（b）所示。该线迹主要用于衣片下摆的缲边缝制及领里、驳头等的纳缝加工。

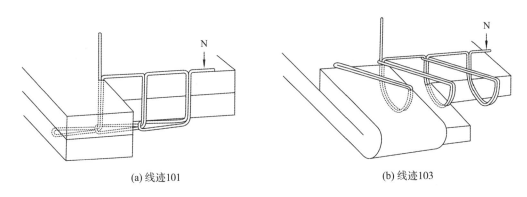

(a) 线迹101　　　　　　　　　　　　　　(b) 线迹103

图2-10　单线链式线迹

（3）直线型双线链式线迹（401型）：缝料正面线迹形态与锁式线迹301型相同，缝料另一面呈链状，如图2-11（a）所示。该线迹弹性和强力均比锁式线迹好，因此常被用在弹性较强的面料和拉伸较大的部位。如：针织料、弹性机织料，领圈、贴身式袖口、后裆弧线等部位。又因缝制该线迹时，不用常换缝线，所以一些长度较长的部位也常使用该线迹，如衬衫侧缝、袖缝等。缝制401型线迹的缝纫机一般以其直针数量和用途来命名，如：单针滚领机、双针滚领机、四针松紧带机、十六针缉塔克机。这类机种拥有的直针数量最多已可达到三十多根针，而且多数带有装饰线，缝迹美观，是缝制女装、童装及装饰缝效率极高的机种。

（4）曲折形双线链式线迹（404型）：缝料正面线迹为人字形虚线，缝料反面为人字形锁链线，如图2-11（b）所示，常用来缝制服装的饰边。

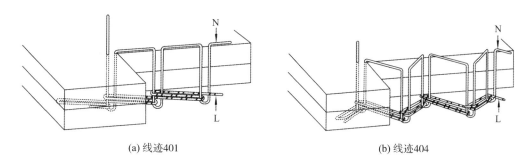

(a) 线迹401　　　　　　　　　　　　(b) 线迹404

图2-11　双线链式线迹

（三）包缝线迹（500类）

1. 包缝线迹结构特点

（1）可由一根或多根缝线自链或互链构成线迹。

（2）最少有一根缝线会绕过缝料的边缘包住缝边。

（3）缝线结构呈空间化配置，线迹外观为立体网状。

2. 常用包缝线迹结构及用途

（1）单线包缝线迹（501型）：由一根针线穿过缝料形成线环，该线环被下线钩钩住，绕过缝料裁边并送到进针处，从而被新的线环穿入，如此不断自链循环形成线迹，如图2-12（a）所示。由于是自链成环，线迹不够牢固，一般用于毯子边缘的包缝或裘皮服装的接缝等简易工序上。

（2）双线包缝线迹（503型）：由一根针线和一根钩线组成，两线线环相互串套，交结点位于缝料的边缘，起锁紧布边纱线的作用，如图2-12（b）所示。双线包缝适宜缝制弹性大的部位，如弹力罗纹衫的袖口、底边等。

（3）三线包缝线迹：504型、505型和509型线迹都称作"三线包缝"，是由一根针线（N）和两根钩线（L_1、L_2）通过互链的形式构成线迹。在504型线迹的结构中，两根钩线（L_1、L_2）在缝料边缘形成相互紧扣的结构，如图2-12（c）所示，覆盖效果强，弹性良好，主要用于衣片边缘的包缝加工；505型线迹比504型线迹拉伸性更好，从图2-12（d）所示中可以看出，L_2分别和针线及L_1在面层缝料和底层缝料的边缘互相紧扣，线迹结构的空间更宽，使其拉伸性更好，因此，505线迹常被用于包缝厚重缝料的边缘、弹性的面料和需受拉伸较强烈的部位。

三线包缝线迹的共同特点是使缝制物的边缘被妥善包住，起到防止面料边缘纱线散脱的作用。从线迹结构上可看出，当缝迹受到拉伸时，三根线之间可以有一定程度的互相转移，因此缝迹的弹性较好，也被广泛地应用于针织品的缝制中。

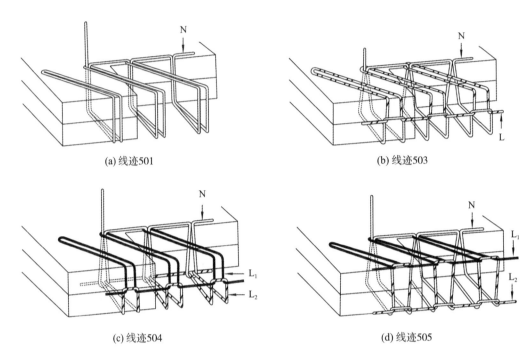

图2-12　三线包缝线迹

（4）四线包缝线迹：如507型、512型、514型号线迹是由四根线组成，被称作"四线包缝"。如图2-13（a）~（c）所示。由两根针线（N_1、N_2）和两根钩线（L_1、L_2）共同构成线迹，其中N_2起防止其他缝线被拉断脱散的作用，使整个缝迹的牢度提高，因此也可叫作"安全缝线迹"。这三种线迹由于结构上有微小的差异，因此从弹性和外观上有所区别，可根据缝制的要求加以选用，一般多用于针织外衣的缝合加工，在内衣、T恤衫加工中，也常用于受摩擦较强烈的肩缝或袖缝等处的缝合，起加强强度作用。

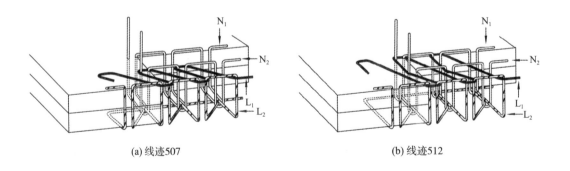

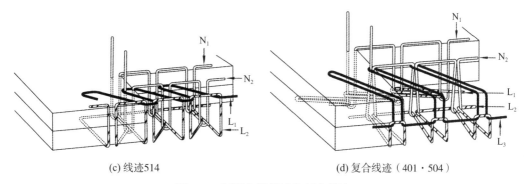

(c) 线迹514　　　　　　　　　(d) 复合线迹（401·504）

图2-13　四线包缝线迹和复合线迹

（5）复合线迹：除上述四种包缝线迹外，服装加工中还常用到"复合线迹"，它是由"双线链缝+包缝"两个独立线迹复合组成，并各自保持其独立性。按组成线迹的线数分，有五线包缝线迹（双线链缝+三线包缝）[见图2-13（d）]和六线包缝线迹（双线链缝+四线包缝）。复合线迹的最大特点是强力大，能简化工序，从而可提高缝迹的牢度和缝制的生产效率，因此多用于外衣的缝合，如男衬衫的袖缝和侧缝、牛仔服及调整内衣（胸罩）等的缝制。

（四）绷缝线迹（400类、600类）

1. 绷缝线迹结构特点

（1）绷缝线迹由两根以上针线和一根弯钩底线互相串套而成，如图2-14（a）、（b）所示。

（2）有时在正面可加上一根或两根装饰线，如图2-14（c）、（d）所示。

（3）缝线结构呈空间化配置，线迹外观为立体网状，覆盖性强，平服美观。

绷缝线迹有很多款式，一般由针数和缝线数加以命名，如406型线迹被称为"两针三线绷缝"，605型线迹被称为"三针五线绷缝"。所以绷缝线迹的命名特点是：如果在没有装饰线的情况下，线数比针数多一个数。如两针的一定是三线，三针的一定是四线，四针的必然是五线，以此类推。如果有装饰线时，再加上装饰线的数量命名即可。

在国际标准中，把没有装饰线的绷缝线迹归属于400类，而把有装饰线的绷缝线迹归属于600类，这是与我国的习惯分类方法是不一致的地方。

绷缝线迹的特点是强力大，拉伸性能好，覆盖性强，因此该类缝迹能使被缝部位牢固、保持弹性及外观平整，在针织衣片的拼接缝等部位还可起到防止线圈脱散的作用。如果装饰线使用光泽性好的人造丝线或彩色线，将使缝迹外观非常漂亮，似有花边的效果。

2. 绷缝线迹的用途

绷缝线迹多用于针织服装的滚领、滚边、折边、绷缝、拼接缝和饰边缝等。

在国内均把缝制绷缝线迹的缝纫机统称为绷缝机。

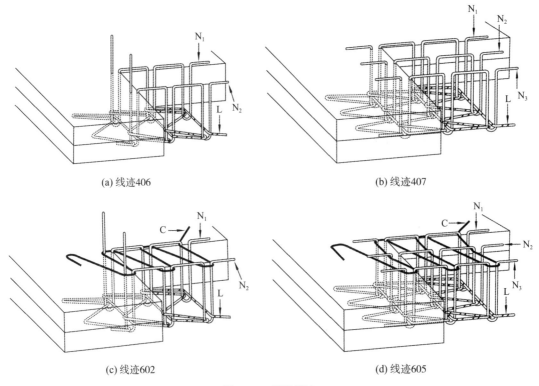

(a) 线迹406

(b) 线迹407

(c) 线迹602

(d) 线迹605

图2-14　绷缝线迹

三、200类线迹结构与应用

按ISO 4915线迹分类标准规定，200类为仿手缝线迹，常用的仿手缝线迹有20种。

1. 线迹201——隔色缝线迹

如图2-15所示，201型线迹是由两根不同颜色的缝线组成。201型线迹外观与301型线迹相似，结构牢固，主要目的是隔色，用来作装饰之用，如绣花时的"阴阳色"就是用此线迹。

图2-15　线迹201

2. 线迹202——钩针和回针

线迹202是由一根缝线形成，如图2-16所示。缝料正面的线迹形成虚线段，另一面为重叠状，结构牢固而有弹性。主要用于西裤的内裆加固、缝制毛料西装的袖窿等。

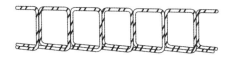
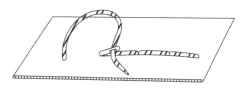

图2-16　线迹202

3. 线迹203——链条针线迹

线迹203是由一根缝线形成链状结构，如图2-17所示。该线迹具有较好的弹性，但线迹容易散脱。主要用于服装装饰。

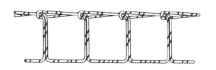
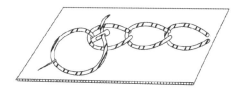

图2-17　线迹203

4. 线迹204——三角针和花绷针

线迹204是由一根缝线由左至右、里外交叉、呈等腰三角形结构形成线迹，缝料正面不露线迹，如图2-18所示。主要用于衣边处的缲缝，如衣下摆的暗线缲边。

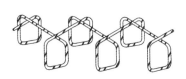
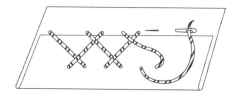

图2-18　线迹204

5. 线迹205——又称倒钩针

如图2-19所示，线迹205线迹牢固，具有一定的弹性，主要用于缝制毛料服装如西装的领圈、袖窿部位。该款线迹可防止缝料部分拉长和变形，可起到归拢作用。在线迹密度方面要求横纱部分疏，斜纱部分密。

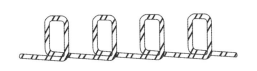
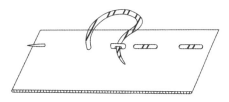

图2-19　线迹205

6. 线迹206——又称毛毡针迹

线迹206是由一根缝线横向绕过缝料边缘，起收边效果，如图2-20所示。该线迹固牢、有弹性，主要用于衣下摆、收口处的收边处理。

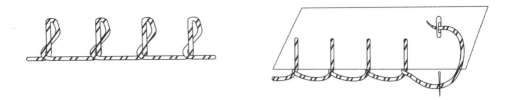

图2-20　线迹206

7. 线迹207——假缝或粗缝，又称搔针

线迹207是由一根缝线在缝料上进行长短绗针，缝料正面长绗，反面短绗，如图2-21所示。可用于服装的临时缝合，如搔袖口、搔挂面、搔腰头等，尤其是毛料服装的制作时，一般先用207线迹绗针再进行正式缝合。线迹207也可以作衣边的装饰线迹。

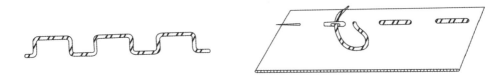

图2-21　线迹207

8. 线迹208——另一种假缝、粗缝

线迹208是由一根缝线在面料上进行一长一短的绗针，如图2-22所示。其作用与线迹207相同。

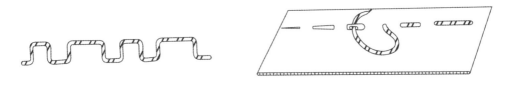

图2-22　线迹208

9. 线迹209——拱针手缝线迹

线迹209是由一根缝线在缝料上形成较细小且均匀的线迹，如图2-23所示。该线迹主要应用于缩碎褶和袖山部位的容缩，如毛料服装的袖山容缩。

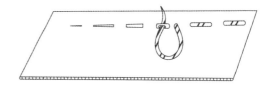

图2-23 线迹209

10. 线迹210——绕缝

线迹210是用一根缝线在一层缝料的布边绕缝，线迹由左边斜向右边操作，如图2-24所示。该款线迹结构平服而牢固，常被用于毛料服装各省道边缘的收边整理。

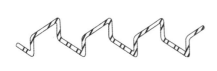

图2-24 线迹210

11. 线迹211——包缝针迹

线迹211是先将缝料的边缘折边，再用线迹由右向左将折边缲牢，如图2-25所示。该线迹多用于高级成衣布边的处理。

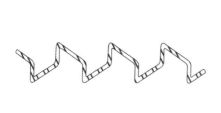
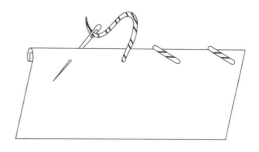

图2-25 线迹211

12. 线迹212——边缘缲针

线迹212是把其中一缝料边缘折进，用一缝线缲在另一缝料边缘上，线迹的形成是由右向左，由里向外操作，针距相隔约0.2cm，形成斜偏形线迹，如图2-26所示。该线迹主要用于毛料服装下摆、袖口、衣边等处。

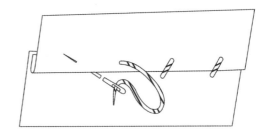

图2-26　线迹212

13. 线迹213——滑行、隐藏式边缘缲针

线迹213是先把缝料边缘折边，用一缝线由右向左、由上至下缲牢折边处，针迹间隔约0.5cm，线迹不外露，如图2-27所示。该线迹多用于高级服装的边缘，如毛料服装的下摆。

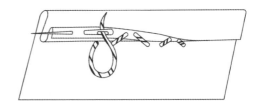

图2-27　线迹213

14. 线迹214——缲针

线迹214是把其中一缝料边缘折进，用一缝线缲在另一缝料边缘上，线迹的形成是由右向左、由里向外操作，针距相隔约0.3cm，线迹牢固不易脱散，如图2-28所示。该线迹主要用于毛料服装下摆、袖口和领底里衬等处。

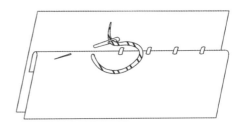

图2-28　线迹214

15. 线迹215——抽缝针拼缝

线迹215是将两块缝料边缘折边后用线迹合拼在一起，如图2-29所示。该线迹主要用于厚重缝料的拼接。

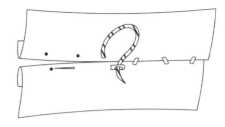

图2-29　线迹215

16. 线迹216——拼缝

线迹216是将两块缝料的布边用线迹拼接在一起，如图2-30所示。该线迹多用于厚重平绒布料的拼缝，可减少布料的厚度。

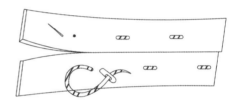

图2-30　线迹216

17. 线迹217——暗针拱针

线迹217是将两块缝料边缘先平缝翻出，按要求整理成外层吐出、里层折进，再使用线迹将里层边缘固定，如图2-31所示。该线迹起固定止口、防止内层布料外露的作用，常用于毛料服装的门襟边缘、止口、驳头等处的缝制。

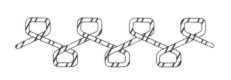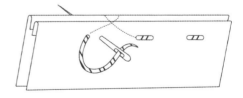

图2-31　线迹217

18. 线迹218——打线丁

线迹218是用白棉纱线在裁片上做出缝制标记，如图2-32所示。该线迹一般用作毛呢服装上的缝制记号，如缝份量、扣眼位置、省位记号等。

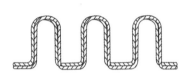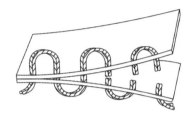

图2-32　线迹218

19. 线迹219——纳针

线迹219是使用一根缝线在缝料上纵向操作，线迹正面形成"八"字或"倒八"字结构，反面为点状结构，通常其线迹量会比较多，上下层缝料纳针后形成自然弯曲状，如图2-33所示。该线迹主要用于毛料服装的纳驳头，此处纳针后衣领门襟处会形成胸部的曲面状态，并自然平服。

20. 线迹220——锁眼线迹

线迹220是用一根或两根缝线在开纽眼处的边缘连续绕线并锁结，使布边被线迹包覆不散脱，并可形成一定的所需造型，如图2-34所示。该款线迹牢固并具有立体感，是毛料服装常用的锁纽眼线迹。

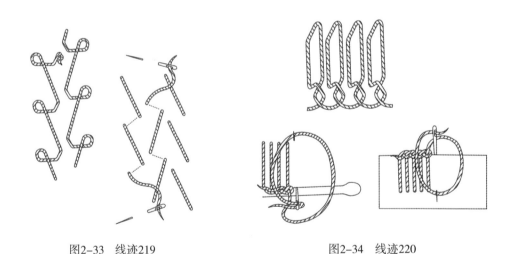

图2-33　线迹219　　　　　　　　图2-34　线迹220

四、影响缝迹牢度的因素

缝迹牢度是指缝迹在服装穿着过程中经反复拉伸和摩擦而缝迹不受破坏的最大使用期限。缝迹牢度主要与以下几个因素有关。

（一）缝迹的拉伸性

在缝制服装时，如果缝迹的拉伸性与缝料的性能不匹配，则穿着时容易将缝线拉断而开缝、脱线。缝迹的拉伸性决定于线迹的结构和缝线的弹性，因此在做产品的缝制工艺设计时，应注意，经常受拉伸的部位一定要选用有弹性的线迹结构和缝线。另外，缝迹密度也影响缝迹的拉伸性，缝迹密度越大，线迹弹性越好，缝迹抗断裂性也越高。

（二）缝迹的强力

缝迹的强力直接与缝线强力有关，缝线强力越大，缝迹的强力就越大，它们之间成正比关系。缝迹密度对缝迹的强力也有影响，可以通过试验方法得出。例如，在15.3tex（38英支）棉毛布试样（5cm×10cm）的横列方向用7.3tex×3（80/3英支）漂白棉线缝一道三线包缝缝迹，沿缝迹方向进行拉伸试验，得出如表2-5所列的数据。

表2-5 缝迹拉伸试验结果

缝迹密度（线迹个数/2cm）	6	8	10
试样断裂强力（N）	41.16	61.74	72.52
试样断裂伸长率（%）	75	96	110

由此可见，在一定范围内，缝迹密度越大，其拉伸性和强力也就越大。但缝迹密度过大，对缝迹牢度反而产生不利影响。这是因为缝迹过密，单位长度缝料中的针迹数增多，容易使面料的纱线被扎断，如果是针织物，线圈的纱线被针扎断而造成的"针洞"，会影响缝迹的牢度。而且，缝迹密度过密，势必降低缝制的效率和增加不必要的缝线消耗。

因此，缝迹密度应有一定的范围，它要根据缝制材料的种类和线迹的用途而决定。表2-6是各种不同面料适应的缝迹密度参考。

表2-6 面料适应的缝迹密度参考　　　　　　　　　　　　单位：线迹个数/2cm

面料种类	缝迹密度
薄纱，网眼织物，上等细布，蝉翼纱	11~15
缎子，府绸，塔夫绸，亚麻布	9~11
女士呢，天鹅绒，平纹织物，法兰绒，灯芯绒，劳动布	10
粗花呢，拉绒织物，长毛绒，粗帆布	8~10
帐篷布，防水布	6~8

（三）缝线的耐磨性

服装在穿着过程中，几乎所有缝迹都要受到肌肤和其他衣服的摩擦，尤其是拉伸大的部位，缝线与缝料本身也会产生频繁的摩擦。实践证明，服装穿着时缝道开裂，多是因为磨断缝线而使线迹发生脱散所致，因此缝线的耐磨性对缝迹牢度影响很大。

第三节　缝型的分类及应用

服装缝口是指各裁片相互缝合的部位。缝型即缝口的结构形式，是指一定数量的布片和线迹在缝制过程中形成的配置形态。不同部位的缝口，其缝型的结构形态也各不相同，使服装具有实用和审美的价值。所以，缝型的结构形态对于缝制品的加工方法、品质（外观和强度等）具有决定性作用。

由于在缝制时，衣片的数量和配置方式及缝针穿刺形式的不同，使缝型变化相对于线迹更为复杂。为有利于开展服装生产和进出口贸易，国际标准化组织拟订了缝型分类的国际标准ISO 4916—1991，作为简便的工程语言，便于信息的交流、指导生产及贸易。

一、缝型的分类

为了便于各国服装业的相互交流，国际标准化组织拟订的标准将缝型分成八大类，分类时参照以下几种情况：

（1）缝合的布片数量：不同的缝型要求缝合布片的数量是不同的，有一片、两片、三片……

（2）缝合时布片的配置关系：这是指缝合布片时，布片与布片之间连接的形式，例如对齐、重叠、搭接、拼接、包卷、叠加、夹芯等形式。

（3）布片布边缝合时的形态：有三种形态，即一侧为有限布边、一侧为无限布边，两侧为无限布边以及两侧为有限布边，如图2-35所示。

注："有限布边"指缝迹直接配置其上的布边，在图示上用直线边表示。在同一缝型上，有时只一侧布边是有限布边，有时两侧都是。

"无限布边"指远离缝迹的布边，在图示上用波浪线表示。它可延伸至任何长度，且不影响缝型的结构。在同一缝型上，有时只一侧布边是无限布边，有时两侧都是。

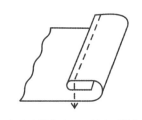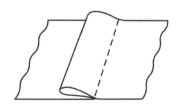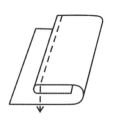

(a) 一侧为有限布边，一侧为无限布边　　　(b) 两侧为无限布边　　　(c) 两侧为有限布边

图2-35　布边缝合时的形态

1. 一类缝型

一类缝型由两片或两片以上缝料组成，其有限布边全部位于同一侧，其中包括两侧均为有限布边的缝料，如图2-36所示。这类缝型常见的有平缝、来去缝等。

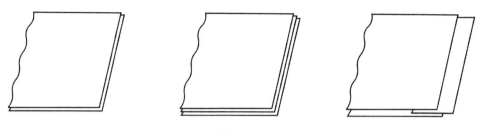

图2-36　一类缝型缝料配置示意图

2. 二类缝型

二类缝型由两片或两片以上的缝料组成，其有限布边相互对接搭叠，无限布边分置两侧。若再有缝料时，其有限布边可随意位于一侧，或者两侧均为有限布边，如图2-37所示。这类缝型常见的有包缝、搭缝等。

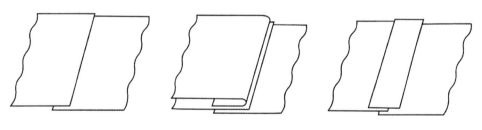

图2-37　二类缝型缝料配置示意图

3. 三类缝型

三类缝型由两片或两片以上缝料组成，其中一片缝料的一侧是有限布边，另一片缝料的两侧都是有限布边，并把第一片缝料的有限布边夹裹住。如再有缝料时，可类似第一片或第二片缝料，如图2-38所示。这类缝型常见于滚边、绱腰头等。

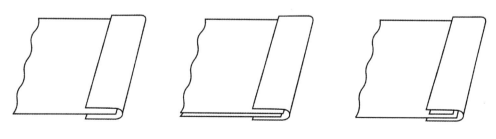

图2-38　三类缝型缝料配置示意图

4. 四类缝型

四类缝型由两片或两片以上缝料组成，其有限布边在同一平面上有间隙或无间隙地对接，无限布边分置两侧；如再有缝料，其有限布边可随意位于一侧，或者两侧均为有限布边，如图2-39所示。这类缝型常见于拼缝、装拉链等。

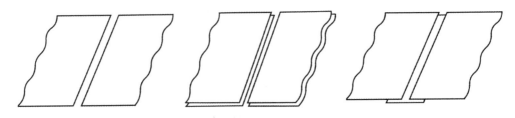

图2-39　四类缝型缝料配置示意图

5. 五类缝型

五类缝型由一片或一片以上缝料组成，如缝料只有一片，则其两侧均为无限布边。如再有缝料时，其一侧或两侧均可为有限布边，如图2-40所示。这类缝型常见于钉口袋、打裥等。

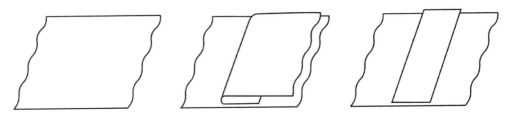

图2-40　五类缝型缝料配置示意图

6. 六类缝型

六类缝型只有一片缝料，其中一侧（左或右）可为有限布边，如图2-41所示。这类缝型常见于折边、缲边等。

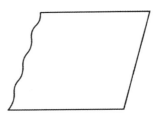

图2-41　六类缝型缝料配置示意图

7. 七类缝型

七类缝型由两片或两片以上缝料组成，其中一片的一侧为无限布边，其余缝料两侧均为有限布边，如图2-42所示。这类缝型常见于缝带衬裤腰、缝松紧带等。

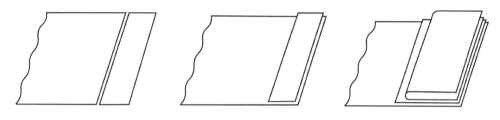

图2-42 七类缝型缝料配置示意图

8. 八类缝型

八类缝型由一片或一片以上的缝料组成，不管片数多少，所有缝料两侧均为有限布边，如图2-43所示。这类缝型常见于缝裤带襻、缝肩章等。

图2-43 八类缝型缝料配置示意图

二、国际标准缝型标号及图示

在缝制时，由于衣片的数量和配置形式以及缝针穿刺布料形式的不同，因此缝型有比线迹更多的变化，用术语已不能正确表达某种缝型，必须采用代号才能正确完整地说明缝型。缝型标号已成为现代服装行业的一种工程语言。

1. 缝型的标号

国际标准ISO 4916中，缝型标号由斜线前五位阿拉伯数字和斜线后的线迹代号组成：

$$×.×××.××/×××$$

第一位数字表示缝型的类别，用数字 1 ~ 8 分别表示八类缝型；第二位、第三位数字表示缝料布边的配置形态，用01~99两位数字表示；第四、五位数字表示缝针穿刺缝料的部位和形式，用01~99两位数字表示。标准中规定用竖线表示缝针穿刺部位和形式，如图2-44所示的几款缝型。

缝制所用的线迹编号放在缝型代号后面，用斜直线分开，如果一个缝型要用几种线迹，则线迹编号自左向右排列，如：缝型2.04.06/401+301。

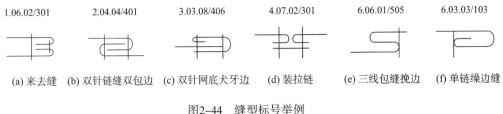

图2-44　缝型标号举例

如图2-44所示的缝型标号6.03.03/103表示：该类缝型为第六类缝型，即只有一片缝料；其中一侧为有限布边，有限布边折两次；缝针未穿透所有缝料；使用103款线迹缝制。

2．国际标准中缝型的图示

国际标准中缝型的图示描绘主要注意以下三点。

（1）缝针穿刺缝料有两种可能，一种是穿透所有缝料，如图2-45（a）所示；另一种是缝针不穿透所有缝料或成为缝料的切线，如图2-45（b）、（c）所示。

图2-45　缝针穿刺缝料的形式

（2）用一个大圆点表示衬绳的横截面，如图2-46所示。

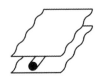

图2-46　衬绳的横截面

（3）所有缝型示意图都应按机上缝的情况绘出，如果缝料是经多次缝合，则应绘制最后一次缝合情况。

三、缝型的形态

在国际标准ISO 4916中，八大类缝型根据缝料配置形式、缝针穿刺形式及所用线迹种类等情况可以有许多的表现形态，表2-7就对此进行了举例介绍。

表2-7 缝型形态表现形式

类别	缝型构成形态	缝型形态表现形式及标号			
第一类	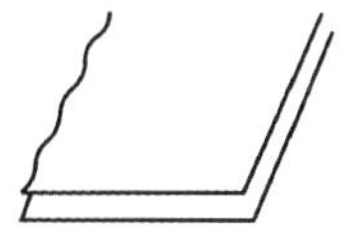 1.01	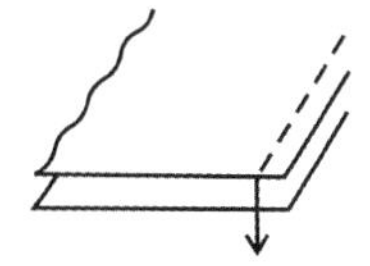 1.01.01	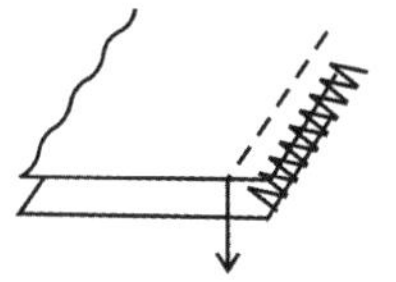 1.01.02	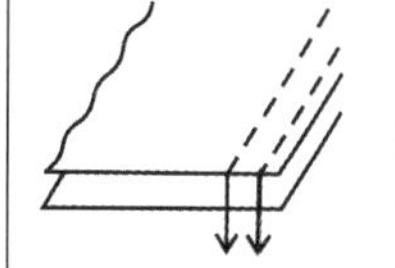 1.01.03	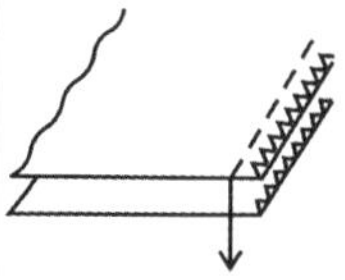 1.01.05
第二类	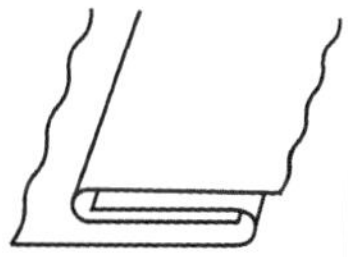 2.04	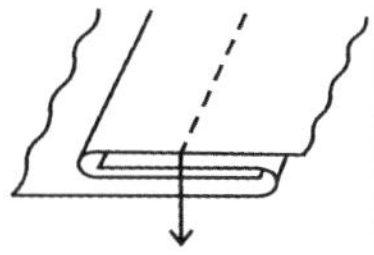 2.04.01	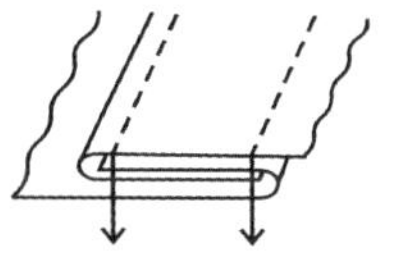 2.04.03	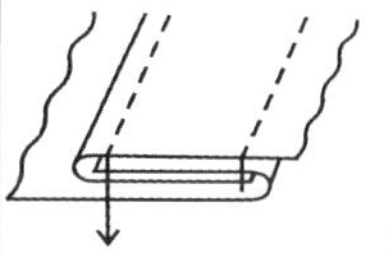 2.04.05	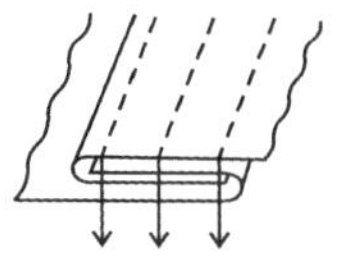 2.04.07
第三类	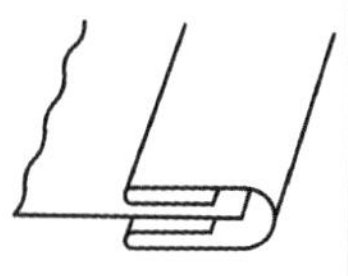 3.05	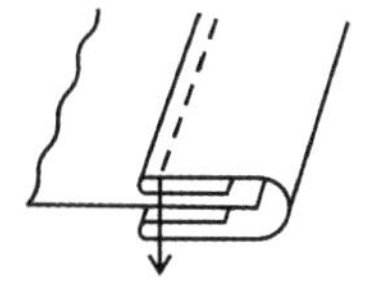 3.05.01	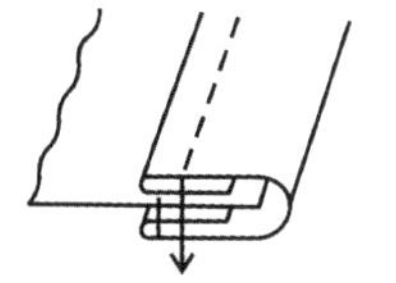 3.05.06	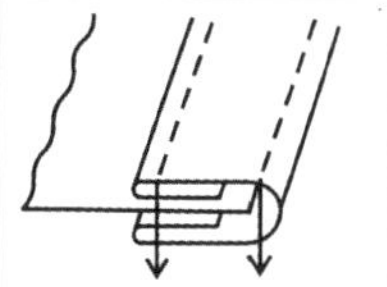 3.05.11	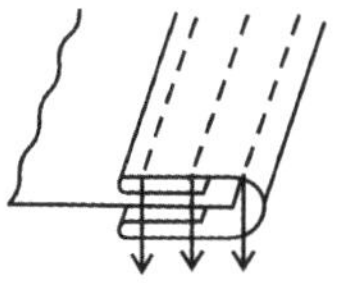 3.05.12
第四类	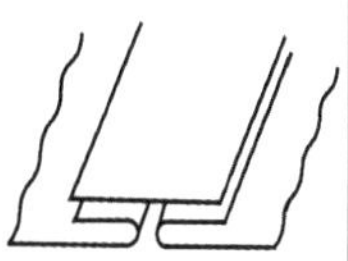 4.07	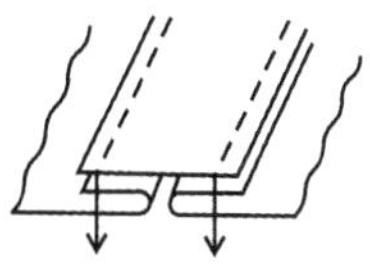 4.07.01	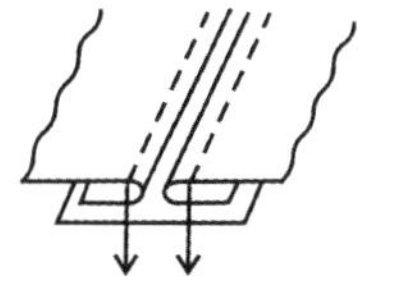 4.07.02	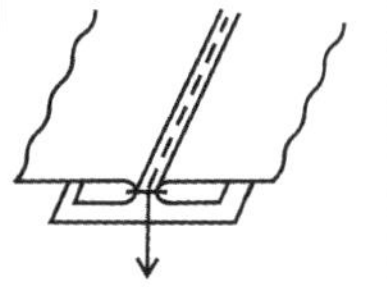 4.07.03	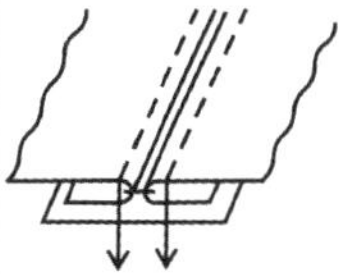 4.07.04
第五类	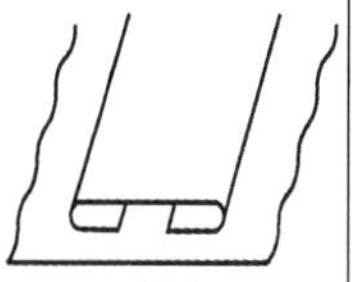 5.06	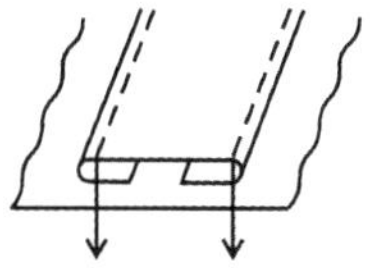 5.06.01	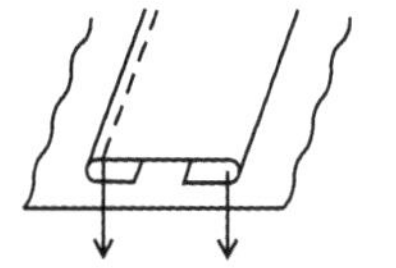 5.06.02	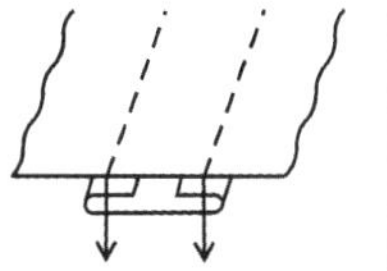 5.06.03	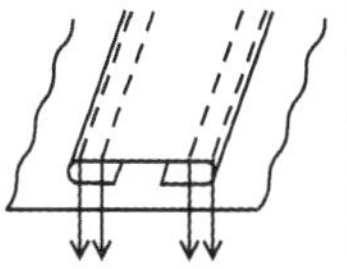 5.06.04
第六类	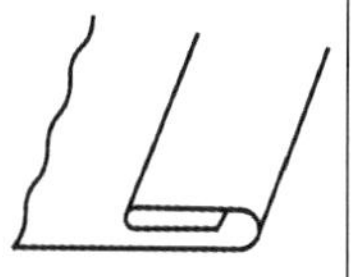 6.03	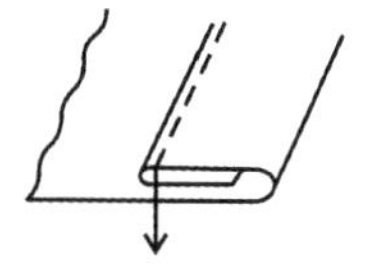 6.03.01	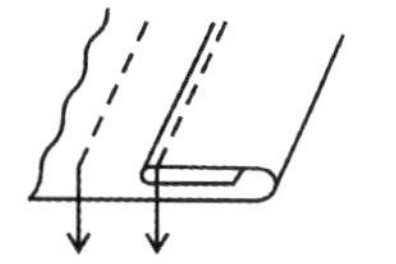 6.03.02	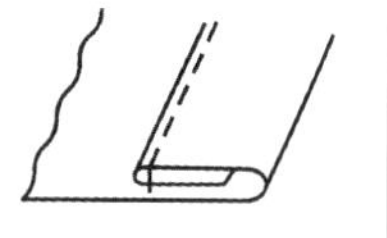 6.03.03	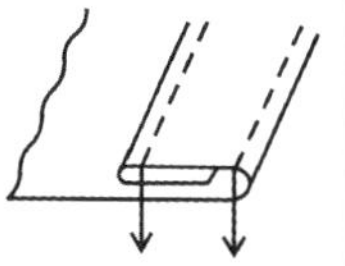 6.03.08
第七类	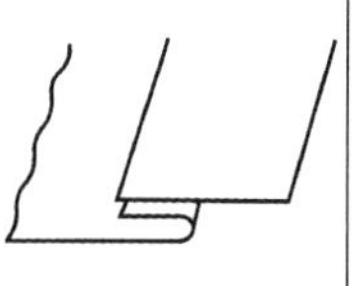 7.12	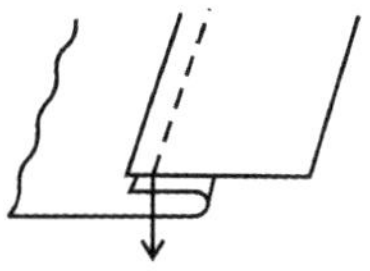 7.12.01	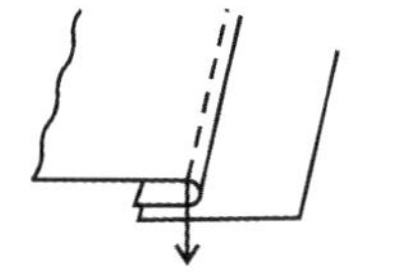 7.12.02	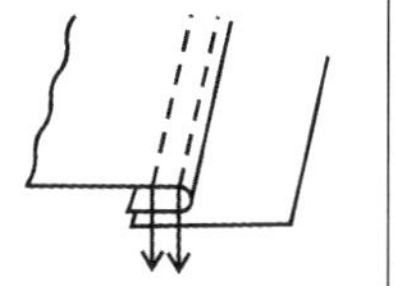 7.12.03	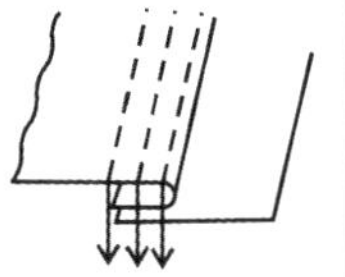 7.12.05
第八类	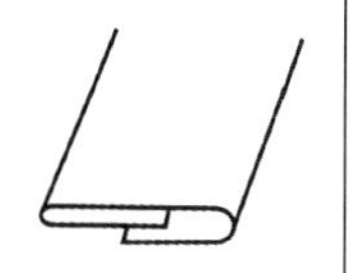 8.03	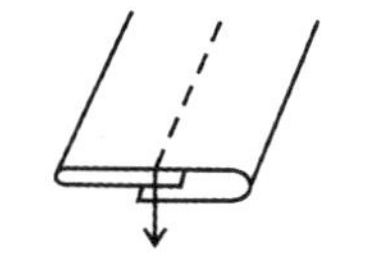 8.03.01	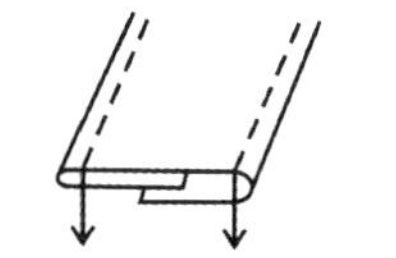 8.03.02	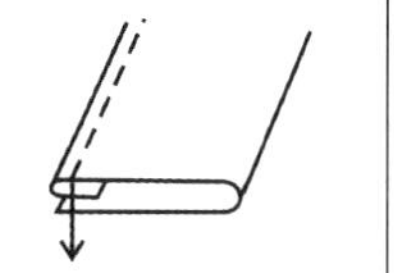 8.03.04	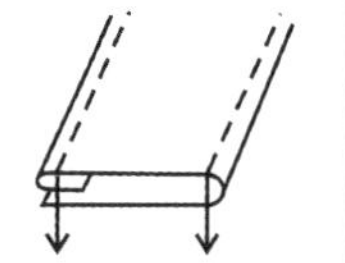 8.03.06

四、缝口的质量要求

服装外观质量很大程度上是由缝口质量决定的，缝纫加工时，对缝口质量应严格要求和控制。一般来说，服装缝口应符合以下几个方面要求：

1. 牢度

缝口应具有一定的牢固度，能承受一定的拉力，以保证服装缝口在穿用过程中不出现破裂、脱纱等现象。特别是活动较多、活动范围较大的部位，如袖窿、裤裆部位，其缝口一定要牢固。决定缝口牢度的指标如下：

（1）缝口强度：指缝口在垂直于线迹方向拉伸破裂时所承受的最大负荷。影响缝口强度的因素有缝线强度、缝型、面料的性能、线迹种类、线迹收紧程度及线迹密度等。

（2）缝口的延伸度：指缝口在沿着线迹方向拉伸破坏时的最大伸长量。缝口延伸的原因是缝线本身具有一定的延伸度，此外线迹也具有延伸度。对于经常受到拉伸的服装部位，如裤子后裆部，首先要考虑选用弹性较好的线迹种类及缝纫线，否则，缝口的延伸度不够，会造成相应部位的缝口纵向断裂开缝。

（3）缝口耐受牢度：由于服装在穿着时，常受到外力的反复拉伸，因此，需测定缝口被反复拉伸时的耐受牢度，它包括两个方面。

① 在限定拉伸幅度（3%左右）的情况下，缝口在拉伸过程中出现无剩余变形时的最大负荷或最多拉伸次数。

② 在限定拉伸幅度为5%~7%的情况下，平行或垂直于线迹方向反复拉伸使缝口破损时的拉伸次数。

实验结果表明，缝口耐受牢度在评价线接缝口的牢度方面是比较能接受的指标。因此，一般通过耐受牢度试验来确定合适的线迹密度，以确保服装穿着时缝口具有一定的强度和耐受牢度。

（4）缝线的耐磨性：即缝线被不断摩擦发生断裂时的摩擦次数。服装在穿着时，缝口要受到皮肤或其他服装及外部物件的摩擦，特别是拉伸大的部位。实际穿用表明，缝口开裂往往是因为缝线被磨断而发生线迹脱散。因此，缝线的耐磨性对缝口的牢度影响较大。选用缝线时，需用耐磨性较高的缝线。

2. 舒适性

缝口在人体穿用时，应比较柔软、自然、舒适。特别是内衣和夏季服装的缝口一定要保证舒适，不能太厚、太硬。对于不同场合与用途的服装，要选择合适的缝口，例如，来去缝只能用于软薄面料；较厚面料应在保证缝口牢度的前提下，尽量减少布边的折叠。

3. 对位

对于一些有图案或条格的衣片，缝合时应注意缝口处对格、对条、对图案及对缝口。

4. 美观

缝口应具有良好的外观，不能出现皱缩、歪扭、露边、不齐、跳针、针洞等现象。

5．线迹密度及线迹收紧程度

（1）缝口处的线迹密度，应按照技术要求执行。

（2）线迹收紧程度可用手拉法检测，垂直于缝口方向施加适当的拉力，应看不到线迹的内线；沿缝口纵向拉紧，线迹不应断裂。

五、缝型用工具夹

为了保证产品质量，较好地实现缝型设计意图，优质高产地完成缝纫工艺，企业不仅要研究缝型的设计，更要研究缝型的应用，例如如何使用先进的工具夹，以保证在高效的生产中使缝口的顺直、止口宽度一致。由于大多数服装企业技术基础较差，工种之间存在隔阂，造成服装技术人员不熟悉设备以及工具夹的应用，而设备专业人员又不懂服装生产工艺，因此在设计缝纫工艺时，先进的工具夹经常得不到应用。而服装生产先进的国家和企业非常重视工具夹的应用，利用率常高达70%～80%。

工夹具在缝型应用中的作用是不可忽视的，比如：加工衬衫明门襟，采用先进的工具夹配以双针机或四针机一次成型，其效率是传统单针平缝机作业效率的5倍。专用胸袋折烫机的效率是手工折烫的3倍。折三角形琵琶襻定型模具配以滚动热压机折烫袖口开口，其效率是人手折烫的6倍。不少缝型都可以采用先进的工具夹，在掌握服装工艺技术的同时，也应掌握工具夹的应用。表2-8是中国香港艺诚发展有限公司研制的工夹模具与国家标准规定的缝型相对照的部分内容。

表2-8　缝型与工具夹应用介绍

序号	缝型形态	缝型标号与图示	工具夹与编号	工具夹用途说明
1		7.82.01	F201	缉男女衬衫前衣片明门襟，含衬布，设备可以采用双针机或四针机
2		7.26.02	F203	缉男女衬衫前衣片明门襟，含衬布，设备可以采用双针机或四针机
3		7.37.01	F204	缉男女衬衫前衣片明门襟，含衬布，设备可以采用双针机或四针机

续表

序号	缝型形态	缝型标号与图示	工具夹与编号	工具夹用途说明
4	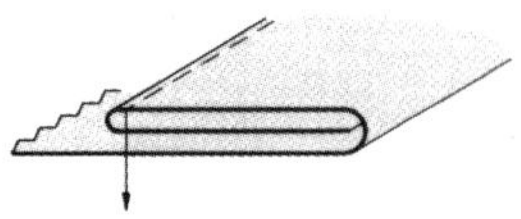	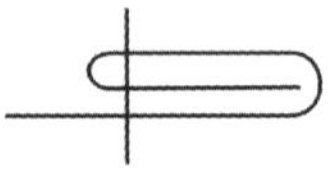 6.03.01	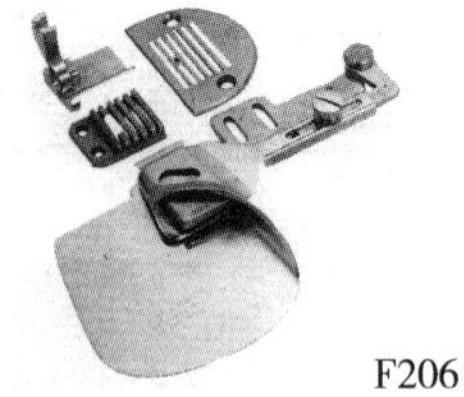 F206	缉男女衬衫里襟，里襟加宽代替衬布，设备使用单针平缝机
5	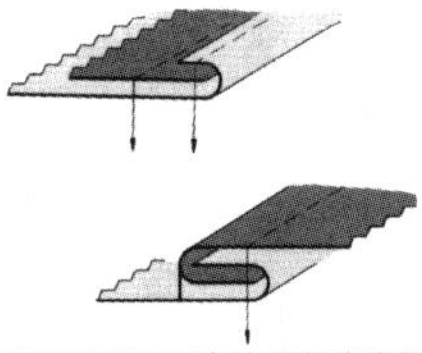	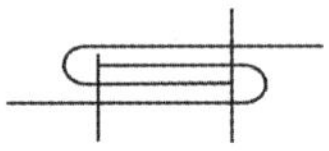 2.04.06	 F217	缉单针明线袖缝，先用双针链式机缉头道，后用单针平缝机压明线
6	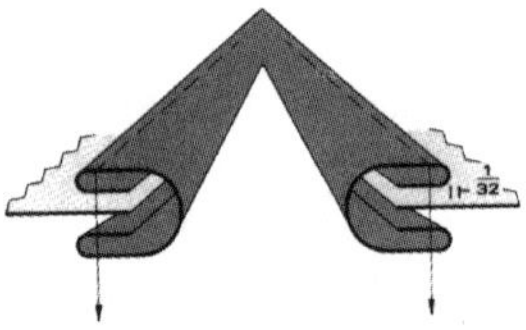	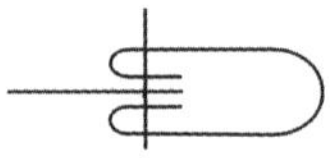 3.05.01	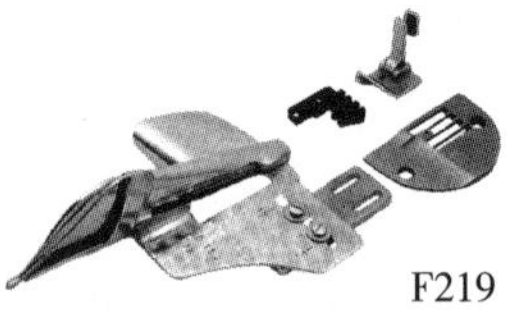 F219	缉袖衩缝，一次成型，设备采用单针平缝机
7	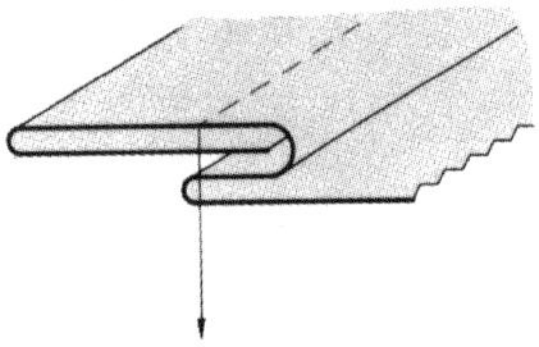	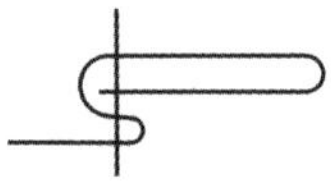 6.08.01	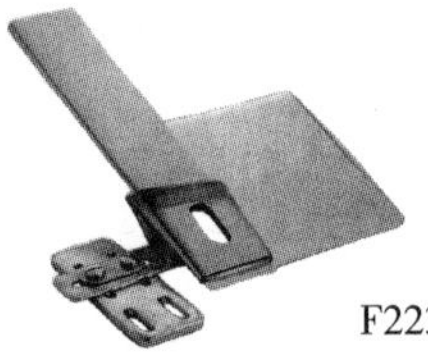 F223	假反袖口缝，设备可以采用单针平缝机
8	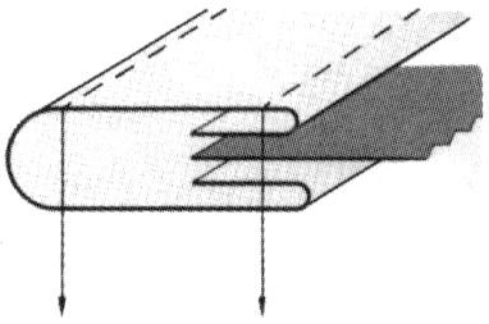	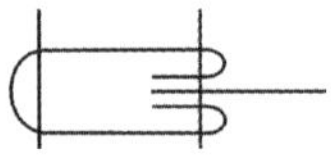 3.05.11	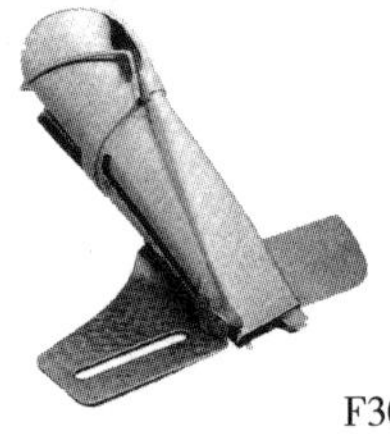 F301	绱无腰衬腰头，设备可以采用双针或四针绱腰头机
9	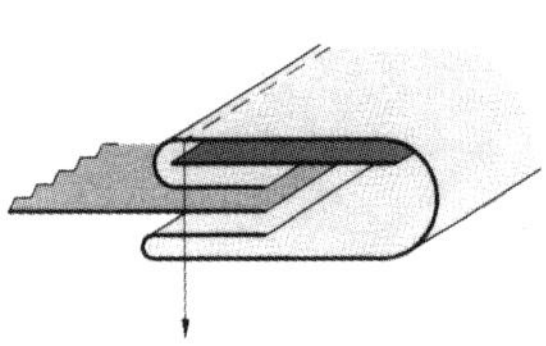	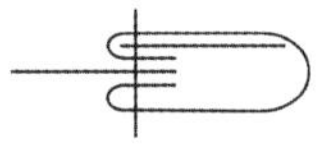 3.23.01	 F311	折缝裤腰头、裙腰头（含衬），一次成型，设备用单针平缝机
10	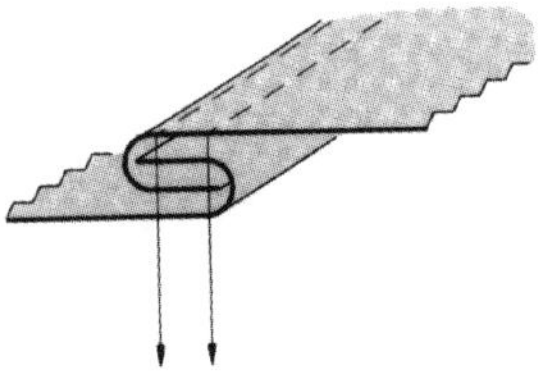	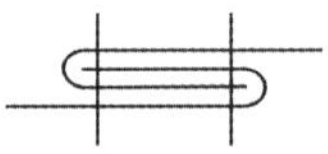 2.04.03	 F333	衬衫类薄料绱袖用，设备采用双针机

续表

序号	缝型形态	缝型标号与图示	工具夹与编号	工具夹用途说明
11	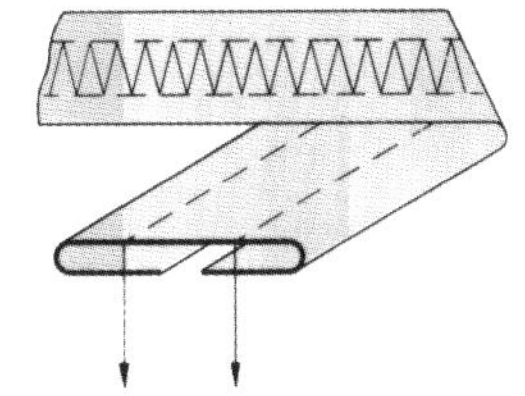	 8.02.02	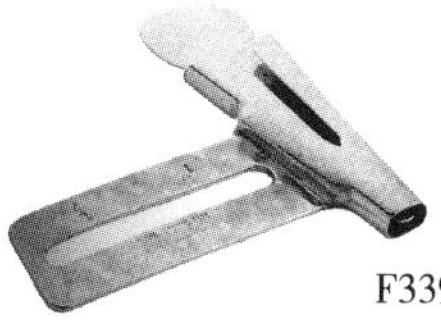 F339	缝缉腰头串带襻，设备采用双针串带专用机
12	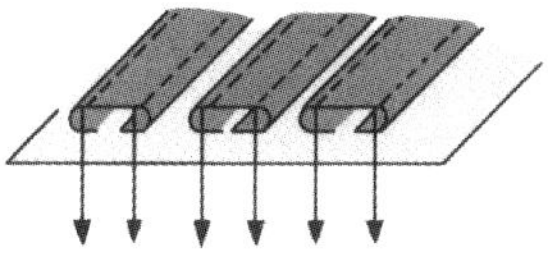	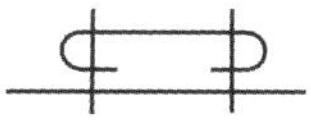 8.15.01	 F514	缉缝多条荡条，设备可采用多针机
13	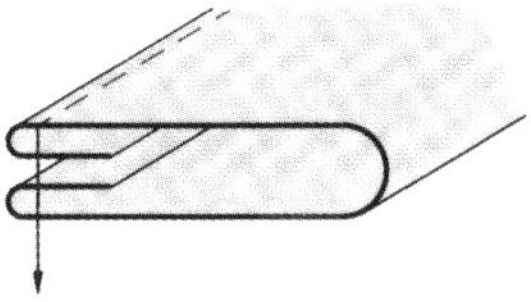	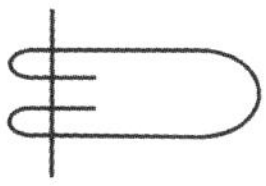 8.06.01	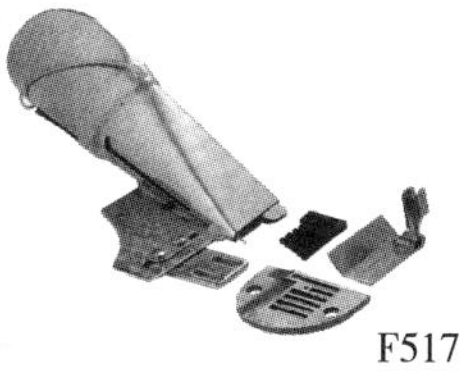 F517	缉缝带状部件，设备可采用单针平缝机
14	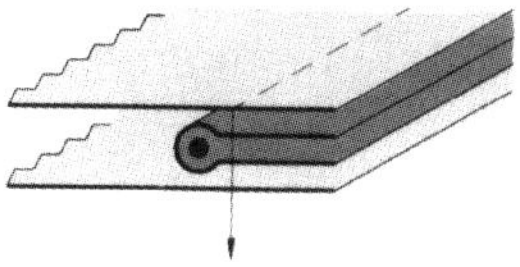	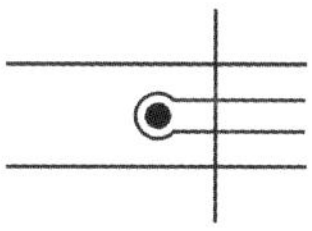 1.18.01	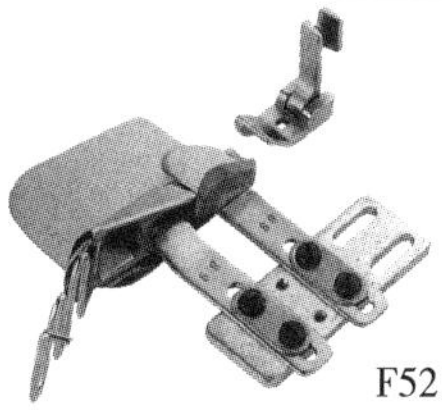 F521	缉缝内嵌绳子的嵌条，设备可采用单针平缝机
15	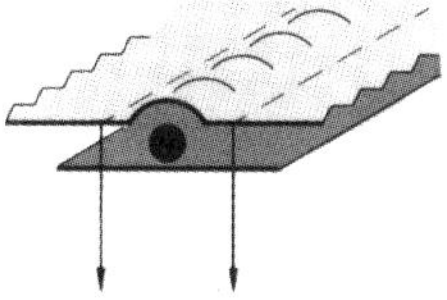	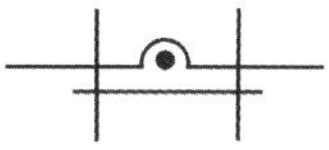 5.20.01	 F526	缉缝凸形嵌绳、装饰缝，设备可用双针机
16	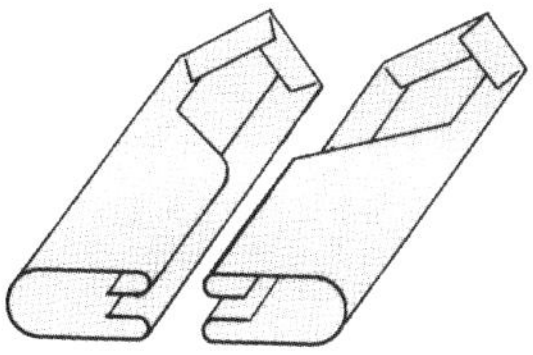	折三角模具	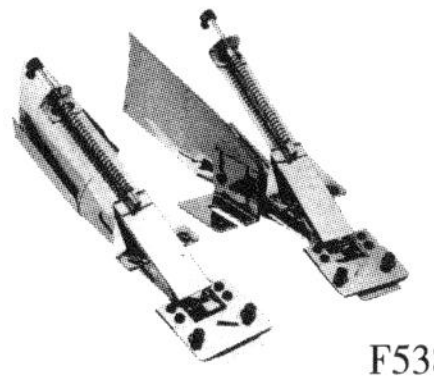 F538	折三角形琵琶襻定型模具，配合滚动式热压机

　　注　第一项是实物缝式形态；第二项是《纺织品与服装 缝纫型式 分类和术语》纺织行业标准规定的"缝针位置穿刺情况及途径"以及标准规定的缝型代号；第三项是缝纫可以使用的工夹具的图形及编号；第四项是使用说明。

六、缝型的设计与应用

缝型设计是服装工艺设计的主要内容之一。缝型设计为避免差错，必须图文并茂。由于服装款式的差异及服装适应范围的不同，在设计缝型时，必须考虑下面几点：

（一）面料的种类和特性

1. 面料纤维的成分和面料的组织

如面料所含纤维比较脆弱时，缝针穿刺后易造成纤维断裂现象。而组织紧密的物料，缝上缝迹后缝道易起皱，类似这样的物料，应尽量选择简单的线迹款式和缝型，减少缝迹的数量和缝针穿刺面料的次数。

2. 面料的厚度和重量

缝制较厚重的面料时，应尽量使缝份错开，减薄缝口的厚度。例如：使用缝份劈开熨烫的平缝或偏压缝等。

3. 面料的表面特征

有的面料表面特征比较特殊，正面呈起绒或毛头的外观，此类面料应避免正面缉线，以免损坏面料表面特征。在选择线迹款式和缝型时，宜使用暗线缝合的缝型。

4. 面料的形稳性

形稳性是指物料在受到外来压力时，形状因此而改变的程度。形稳性差的布料，应选择有弹性的线迹和简单的缝型，如平缝、拼接缝等，若同一缝口使用多道线迹，面料易被拉伸而变形。

5. 面料剪切边缘的形稳性

多数面料剪切后边缘都不稳定，需要使用包缝线迹包住衣料边缘或用滚条包住衣料边缘以加强其强度和美观。

（二）服装款式设计与种类

1. 款式设计

服装的款式风格各异，按款式风格所需，有的缝型表面不需体现线迹，但当款式要求有面线迹装饰时，要选择缉面线迹的缝型。

2. 服装种类

服装类别有大衣、衬衣、透明罩衣、内衣等类别，大衣是持久耐穿型的，可选择牢度较强的缝型，如外包缝、翻压缝、双线扣压缝等；透明罩衣，可选择整洁美观的来去缝、滚包缝等；内衣则可选择细薄型缝型。

（三）考虑可使用的设备机种和辅助件

确定缝型除了要考虑以上因素外，还应当了解企业当时是否有相应的设备机种和辅助件提供给大量生产时使用，以及工人所具有的生产技术能否达到良好的效果。例如，确定一道外包缝缝型，企业如果没有相应的特种设备来完成时，就要考虑使用其他工艺方法达到所需效果，缝型的设计就会有所变化。

第四节 基础缝纫工艺

根据款式设计和着装要求，服装衣片可由各种不同的缝型连接在一起，认识及了解各种缝纫工艺及特性对更好地使用缝型意义重大。下面介绍的基础缝纫工艺，学习者必须结合实际操作，才能更好地掌握各种缝型及其质量要求和工艺效果。

一、基础缝型的缝制

基础缝型的缝制，在工艺上主要注意缝份量的使用及衣片之间的配置方式，在外观上要注意保持线迹的均匀和顺直等。

1. 平缝

平缝是最常用的一款缝型，将两层缝料的有限布边正面相对对齐，以一定宽度的缝份量缉合。平缝缝份的常用宽度一般为0.8~1.5cm。衣片缝合后缝份可以扣烫坐倒，也可以将两缝份分缝熨烫，如图2-47、图2-48所示。平缝因结构简单、外观平服，常被用于各类服装衣片的合缝，如合肩、合侧缝、合袖缝等。

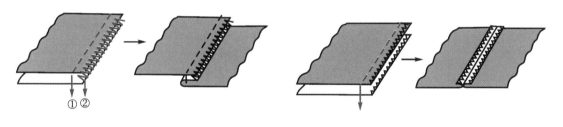

图2-47 平缝并扣烫坐倒　　　　　　　　图2-48 平缝并分缝熨烫

2. 翻压缝

翻压缝是在平缝的基础上将缝份同时倒向一边，在衣片的正面再缉一道明线迹。明线迹的宽度一般为0.1~0.8cm，如图2-49所示。翻压缝缝型结构简单、平服、牢固及有一定的装饰性，常用于服装的肩缝、育克、贴袋及裤侧缝等部位。

3. 分压缝

分压缝是在平缝的基础上将两缝份分开后，再在其中一缝份上缉一道明边线而形成的缝型，如图2-50所示。分压缝牢固平整，主要用于各类裤装的后裆缝和内袖缝等要加强强度的部位。

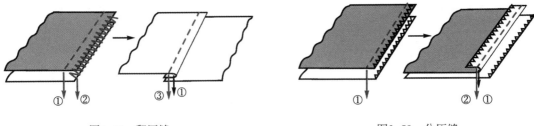

图2-49　翻压缝　　　　　　　　　　　　　　图2-50　分压缝

4. 扣压缝

将两层缝料面朝上各处一边，一层缝料的缝份扣烫后与另一缝料的缝份叠对平齐，再在正面缉压一道明边线，如图2-51所示。主要用于缝制贴袋、裤前裆、带条等。

5. 来去缝

这是能使缝份被包净的缝型。缝料先反面相对，在有限布边以一定宽度的缝份缉合后，将缝份修剪剩约0.5cm，再将两缝料正面相对，整理后沿边缉0.7cm宽的线迹，使第一次的缝份被包净而不外露，如图2-52所示。该缝型适用于细薄或透明材料的服装。

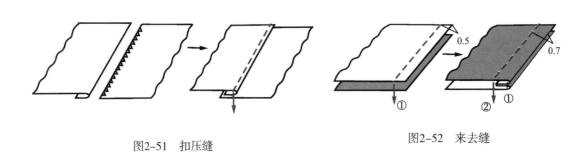

图2-51　扣压缝　　　　　　　　　　　图2-52　来去缝

6. 内包缝

将两层缝料的有限布边正面相对，下层缝份比上层移出一定的距离，下层缝份包住上层缝份并用缉线，翻出正面后再缉一道明线。内包缝的宽窄是按正面的缝迹宽度为依据，一般是0.4~1.2cm，如图2-53所示。内包缝的特点是正面可见一道线迹，反面可见两道线迹，常用于肩缝、侧缝和袖缝等部位。

7. 外包缝

将两层缝料的有限布边反面相对，下层缝份比上层移出一定的距离，下层缝份包住上层缝份并缉线，翻出正面后再缉一道明边线。外包缝的宽窄是按正面两缝迹的宽度为依据，常见宽度是0.5~0.7cm，如图2-54所示。其外观特点与内包缝相反，正面可见两道线迹，反面可见一道线迹。常用于牛仔裤、夹克衫等服装的拼接缝上。

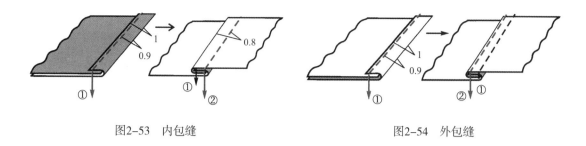

图2-53　内包缝　　　　　　　　　　　　　图2-54　外包缝

8. 滚包缝

将上下两层缝料的有限布边正面或反面相对，下层缝份比上层移出一定的距离（宽度大小由款式而定），下层缝份包住上层缝份连续包折两次后沿缝份边缘缉一道边线，将缝份固定，如图2-55所示。滚包缝外观整齐、饱满，可设在服装的正面或反面，具有一定的装饰作用，常用于薄料服装或上装公主线的缝制。

9. 单折边缝

这是整理衣服边缘的缝型。将缝料的有限布边按一定的宽度折向反面，以一道或一道以上的线迹将缝份缉缝，可明线或暗线整理，如图2-56所示。单折边缝对服装边缘起收边整理的效果，主要用于各类服装下摆、袖口等处。

10. 双折边缝

这也是整理衣服边缘的缝型。将缝料的有限布边按一定的宽度向反面折两折，以一道或一道以上的线迹将缝份缉缝，可用明线或暗线整理，如图2-57所示。双折边缝缝制效果较单折边缝整洁、平服，多用于各类无里上装、裤类及裙类等衣边部位。

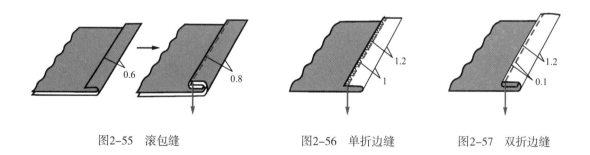

图2-55　滚包缝　　　　　　　图2-56　单折边缝　　　　　　图2-57　双折边缝

二、特殊缝型的缝制

镶、嵌、滚、荡，是服装行业特有的一种工艺技术。经过这些工艺加工装饰过的服装往往显得新颖、有活力，如果是童装，还能将儿童天真的心理特色加以体现。

（一）镶

镶，是指两种不同颜色的原料相拼接而成的工艺。

1. **镶色的目的**

（1）从实用角度讲，在浅色料上镶深色料的领头、袖口，能达到耐脏的作用。

（2）从美学角度上讲，镶能起到调和整件服装色彩的作用。

2. **镶料质地的选择**

镶边或镶拼时，单纯考虑色彩还是不够的，还必须注意镶料和大身料的质地。一般地，镶料和面料质地要求基本符合，如果相差悬殊，就会带来操作上的不便和外观上的欠缺以及后处理的不便等不良效果。

3. **镶的形式分类**

（1）大块面镶：镶大块面的操作与原料的操作相同。

（2）小块面镶：镶色的部位面积比较小。

（3）镶边：

嵌镶——镶料较细窄，并与面料对拼，或在面料中间镶一条，如图2-58所示。

夹镶——镶料夹在面料的边缘缝份上，如图2-59所示。

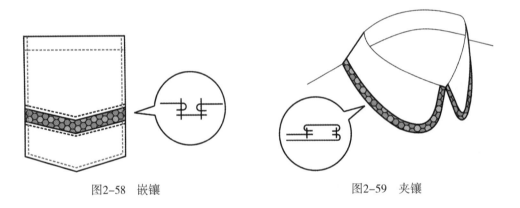

图2-58　嵌镶　　　　　　　　　　　图2-59　夹镶

（二）嵌

嵌，是用一根对折斜料嵌在部件的中间或边缘，达到美化线条、修饰整件服装造型的作用。

1. **嵌的形式分类**

按不同角度进行分类，嵌有以下几种常用的形式。

（1）里嵌：嵌线嵌在滚边、镶边、压条等里边或两块拼缝之间，如图2-60所示。

（2）外嵌：嵌线装在领、门襟、袖口等止口外面，是应用最普遍的一种嵌线，如图2-61所示。

（3）圆嵌：指嵌线内衬有线绳，因而呈立体的嵌线形式。圆嵌比扁嵌外观饱满，富有立体感。

（4）扁嵌：指嵌线内不衬线绳，因而呈扁形的嵌线形式。

（5）本色本料嵌：嵌料与服装面料完全相同。

（6）本色异料嵌：嵌料与服装面料颜色相同但材料不同。

（7）镶色嵌：嵌料与面料花色不同，其材质可相同或不同。镶色嵌大都是按主要图案的颜色进行嵌线配色，使服装整体色泽协调。

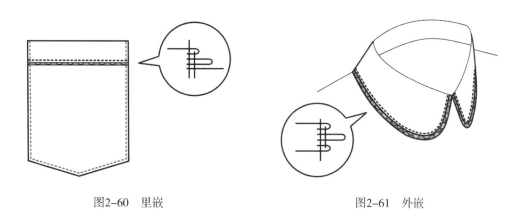

图2-60　里嵌　　　　　　　　　　　　　　图2-61　外嵌

2. 嵌料的裁剪

嵌料可根据设计的需要确定宽窄和粗细，再加上所需缝份。嵌料应用45°的斜料来做，大于或小于45°均会产生链形变形。

（三）滚（也称包边）

滚，是用一根滚条（称包边条）将需处理的衣片边缘包光，以增强立体感。若用镶色料滚，能起到工艺装饰美和调节服装色彩的作用。滚条料一般采用45°的斜料。滚的形式常为以下几种。

1. 顺驳滚

顺驳滚是最常用的滚边方法，操作时先将滚条加在需滚部件的正面车缝，再向反面驳滚，正面缉缝下溜线（一定要缉住反面的滚条），如图2-62所示。

2. 倒驳滚

操作时，先将滚条放在需滚部件的反面车缝，再折向正面驳滚，线迹压住正面滚条的边缘，但不压反面滚条，如图2-63所示。

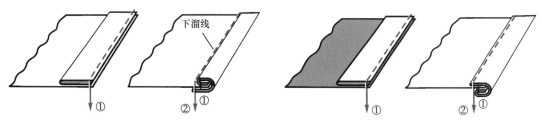

图2-62　顺驳滚　　　　　　　　　　　　　　图2-63　倒驳滚

3. 夹边滚

处理夹边滚时，常利用夹边工具，把滚条一次缝合后夹在面料边缘上，正反两面都有缉线可见（可参考第五章第二节的包边类辅助器的介绍）。

由于夹边滚借助于夹边工具，所以有其局限性。这种工艺能用于横、直、圆弧部位，夹边所用的滚条要比前两种稍宽，操作时必须先校正夹边工具，缝缉时，在圆弧部位要放慢车速。注意滚条上下止口和部件止口位置，防止滚条从夹边工具中滑出，或者部件止口滑出。

4. 混合滚

混合滚是指滚嵌结合、镶嵌滚结合的工艺，使服装边角的装饰性更强，如图2-64、图2-65所示。

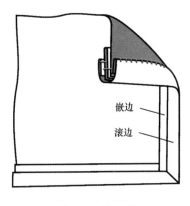
图2-64 滚嵌滚

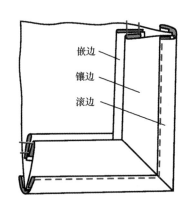
图2-65 镶嵌滚

（四）荡

荡也称"扒条"，是指在服装部件的表面添加斜条，用以修饰服装的外形。荡的形式分类常有以下几种。

1. 清止口荡条（均用单层斜料条）

（1）双边清止口荡条：先用专用工具将斜条两边进行扣烫，然后明针缉在部件上，如图2-66（a）所示。在工业化生产中，双边清止口荡条通常会使用辅件及多针链缝机缝制单条或多条荡条，以提高缝制效率和便于工人操作。

（2）单边清止口荡条：单层荡条先缉在部件上（暗缉），另一边折光止口后压明线缉牢，如图2-66（b）所示。

2. 半活络双层荡条

缝纫时将荡条对折，一边缝缉在部件上，再驳倒荡条，如图2-66（c）所示。

3. 辫子荡条

分固定辫子荡条和活络辫子荡条。

（1）固定辫子荡条：将辫子荡条直接缉在部件上。

（2）活络辫子荡条：用斜料暗缉线后翻出成光条，然后再缉荡在大身上，如图2-66（d）所示。

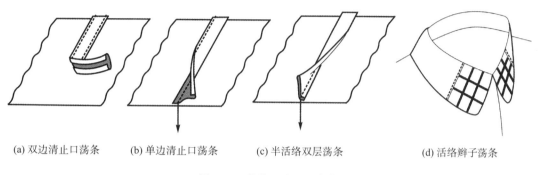

(a) 双边清止口荡条　　(b) 单边清止口荡条　　(c) 半活络双层荡条　　(d) 活络辫子荡条

图2-66　荡的几种工艺制作

思考题

1．说明目前国际上常用的机针针号的表示方法。

2．说明针尖结构对面料的缝纫有何影响。

3．选择机针时要考虑哪些因素？

4．如何选配缝纫用线？

5．请分别说明缝制机织面料和针织料常用的线迹种类，同时阐述其应用的原因。

6．请从加工性、经济性的角度分析锁式线迹301型和链式线迹401型的优劣之处。

7．将200类的各款手针以各自的设计方式缲缝在面料的不同部位上。

8．阐述缝迹的质量会受哪些因素影响。

9．在面料上缝制出十款常用缝型，并指出各种缝型常用于服装的哪些部位。

10．图文简述缝口缝型的缝份有哪几种整理方法。

11．包缝线迹不适用于整理组织粗疏的机织衣料边缘，请分析其原因并指出合适的工艺方法。

12．由于服装款式的差异及缝型适用范围的不同，在选用缝型时，必须考虑哪些因素？

13．对服装缝口有哪些质量要求？

14．说明如何可以提高缝型的使用效率和质量。

产前准备——

服装生产准备

课题内容： 进料准备
材料的检验与整理
产前样品试制
用料预算

课题时间： 6课时

教学目的： 让学生了解服装生产前的准备工作与要求，掌握产前样品的试制过程与要求以及服装用料预算与成本估算要点，重点掌握服装材料使用与配伍、服装用线量的估算方法与原理以及服装企业进料检验与整理工作。

教学方式： 以教师课堂讲述与分析为主，并采用网络等多媒体作为教学手段，理论与实践相结合的方式进行教学。

教学要求： 1. 使学生了解服装生产前的相关准备工作。

2. 使学生掌握服装材料使用与配伍的知识。

3. 使学生掌握服装材料的检验与有关的整理工作。

4. 使学生了解产前样品的试制过程与要求。

5. 使学生掌握服装用料预算与成本估算的方法与技巧。

第三章　服装生产准备

服装在批量生产之前，除了做好款式设计、结构设计、制板、推板、工艺设计等生产的技术准备外，还必须做好服装面辅料准备与检验、产前板试制、用料预算等各项准备与计划工作，以使服装生产过程更加科学合理，产品质量得到保证，从而达到最佳的经济效益。

第一节　进料准备

服装材料是构成服装美的基本物质要素，也是成衣化生产的基本条件，在服装成衣化生产前必须做好进料的准备工作，遵循进料原则，以保证正常生产和产品质量。

一、进料原则

由于服装材料的多样化，再加上数量小、品种多的订单需求，要做好完善的进料计划工作会有一定的难度，因此，生产前的进料工作必须遵循以下原则。

（1）切实做好原材料供应商的选择与评估工作，对供应商的价格、质量、交货期等做出正确评估，确保所需材料各项指标符合要求。

（2）进料要以"适时、适质、适量、适价、适应"为原则，既要注意生产节奏和市场动向，又要做到心中有数、经济合理。

（3）进料应根据企业生产能力的大小、生产品种的种类、库存量的大小、设备的先进性等情况进行。

（4）对进仓入库的原材料，必须严格检验材料的规格、品种和数量，对不符合要求的材料要按规定程序处理并及时纠正。

（5）原材料必须按照各类原材料的特性和要求存放，避免造成不必要的损失。

二、进料准备方法

正式投产前应提前将所需材料全部预备齐整，进料方法如下。

（1）成衣储存类企业在进料时要考虑实际生产能力、经营范围和产品销售对象以及产品的特点和要求，并根据产品技术要求，备齐面料和各种辅料，做到规格、花色齐全，使生产能顺利进行。

（2）来样加工型企业进料时要严格按照客户要求，按预定材料进料，做好进料的批复与确认工作。

（3）对产品的款式、结构、工艺、相关技术及生产人员情况进行分析、计划、组织，以备正式生产。

（4）设备的配件应预先订购，对于特种配件、专用机件，除必要储备外，还要与设备制造商签订长期的售后服务及长期供货协议。必要的低值易耗备件，凡属标准件一般可少备，凡属专用件除做好必要库存外，主要应与供货商保持联系，以便及时补充。

（5）各种油料、电料应随用随备，以不影响生产为原则。

三、材料选择标准

服装材料分为面料和辅料两大类，这些材料的成分不同，性能特点也各不相同，选择时必须扬长避短，区别对待，并合理匹配，才能保证产品的质量。

1. 选择面料

选择面料时要以服装风格为标准，可以从面料的功能、色泽、质感、工艺、价格、销售地区等方面进行选择。

（1）功能：不同种类的服装其穿着功能会有所区别，在选择面料时首先应考虑面料的特性是否符合该服装功能的要求。

（2）色泽：选择面料的色泽和图案必须与服装款式风格相符。如果是两种以上不同颜色拼接，则要考虑染色牢度。

（3）质感：经常在同一件服装中会采用两种面料以上进行组合，这时要考虑面料的厚、薄等质感是否协调，使用寿命和牢度是否一致。

（4）工艺：各种服装有不同的工艺特点，所以挑选面料时应分析面料是否适合该款式的缝纫、熨烫等工艺要求。

（5）价格：面料的价格应与服装的销售档次匹配，以免造成成本过高影响销售利润。

（6）销售地区：针对不同地区的穿着习惯，选择面料的品种。

2. 选择辅料

辅料种类繁多，选择辅料时，必须根据主面料的材料性能、组织结构、工艺处理情况、服装功能、服装款式、制作工艺条件等进行。在性能方面要注意收缩率、耐热度、质感、坚牢度、色牢度等的配合使用，合理选择。

第二节 材料的检验与整理

一、材料的检验

为了使成衣生产顺利进行，服装材料在入库时必须对品名、规格、数量等进行复查，以及对面辅料表面可能存在的质量问题进行检查，以便保证产品的质量。此外，在投产前还要对各种服装材料的性能进行检验和测试，以便获得材料性能的有关数据用于生产。

（一）规格与数量的复查

1. 布匹的复核

对于面料、里料、袋布等布匹，必须复核出厂标签上的品名、颜色、数量以及布匹两端的印章等资料是否与发货单相符。另外，还要做好布匹成分、经纬纱支数、密度以及染整加工等有关技术规格的检验工作，并做好入库登记。

2. 辅料的复核

对于里衬、纽扣、拉链、商标等服装辅料，必须核对品名、色泽、规格、数量、质量等与实际是否相符，如果发现短缺、差错或其他质量问题，必须采取相关措施及时纠正，以避免影响生产与产品质量。

（二）布匹长的复查

1. 圆筒包装布匹

对于圆筒包装的布匹，一般直接放在量布机上复查即可。

2. 折叠包装布匹

对于折叠包装的材料，首先量出折痕长度的平均值，并数出折叠数，再量出不足一个折叠长度的余端长度，然后计算出匹长，公式如下：

$$匹长=折叠长度平均值×折叠数+余端长度 \tag{3-1}$$

（三）门幅宽的复查

由于布料在印染或其他后整理过程中，受到一定的机械拉伸作用，如果受力不均匀或烘干不彻底，将引起织物收缩、变形，使幅宽发生变化。一般幅宽差距在0.5cm以上，必须在布匹上注明并分离开堆放，以便在铺料或裁剪工序能够做到窄幅窄用、宽幅宽用，节约用料。

（四）织疵的检验

织疵是指布匹在织造过程中产生的粗纱、断纱、漏纱、色纱、破损病疵等疵点以及在布匹染整等后整理过程形成的斑渍等疵点。根据布匹包装的方法不同以及企业的条件，面料疵点的检验可采用如下两种不同的方法。

1. 验布机检验

对于圆筒包装面料和双幅面料，一般在验布机对面料疵点进行检验。布匹在验布机的斜面玻璃台上慢慢前移，布匹前移速度可以根据布匹质量好坏情况，通过调节验布机滚筒速度来实现，一般验布速度为每分钟300～500转较为适合，边转边查。斜面玻璃台下装有日光灯，利用柔和的灯光透过面料，可以清楚地暴露疵点，检验者根据疵点类型与严重性，随即在布边做出相应记号，以便铺料画样时能避开布疵进行裁剪。如图3-1验布机所示，①为斜面玻璃台，②为复码装置，③为布匹前移方向，④为成卷装置。

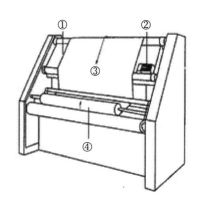

图3-1　验布机

2. 台板检验

针对折叠包装面料，采用检验台进行检验较为合适。检验台一般设在窗口位，检验时，将面料平放在台板上，光线柔和稳定，检验人员从上至下，逐页检查，发现疵点随即做出标示。

（五）色差的检验

面料色差是服装外观质量方面的重要考核项目之一,检验时一般采用目测评定方法,按照《染色牢度褪色样卡》对照评定等级。有时也使用测色仪器进行颜色测量,评定其等级，但如果仪器测定与目光测定有差异时，以目测为主。整匹布验完后，根据色差类型，按国家色差等级标准评定。如色差较严重者为疵品，应即时通知供应商，并提供损耗百分比，经供应商认可后才可以开裁生产。常见面料色差主要有如下几种。

（1）一匹中分为左、中、右色差，或者出现纬档色差,包括深浅边或色花等，检验时一般每隔10m左右比较两边和门幅中间的颜色。如发现左、中、右色差，应把色差布段剪下，按大货洗水方法试洗，判断色差程度能否接受。

（2）一匹中有前后色差,检验时一般在布头处剪下50cm，用于比较前后色差，当查到1/3、2/3与尾段布匹长度时必须核对色差，确定是否有前后色差。

（3）一批布中分为件匹之间色差,件匹之间不符色样，即产品与色样出现色差现象。

（六）纬弯与纬斜的检验

机织面料在织造与印染整理过程中会受到一定的张力，如果左右两边或中部所受力度不均，便会出现纬纱方向发生倾斜，出现丝缕不正，即纬弯或纬斜现象，其中薄织物更易产生。纬弯包括弓形纬弯、侧向弓形纬弯和波形纬弯三种形态，如图3-2所示为纬弯、纬斜的常见形式。由于纬弯或纬斜现象会影响服装的外观效果，如裤子侧缝歪斜现象的其中一个原因就是面料纬弯或纬斜问题造成。因此，面料必须根据实际情况，进行纬弯、纬斜度测试，以决定该批布料是否符合要求，一般平纹布料纬斜率不应超过5％，条格布纬斜率不应超过2％，印染条格布纬斜率不应超过1％。严重的纬弯或纬斜应采用机器进行调整。

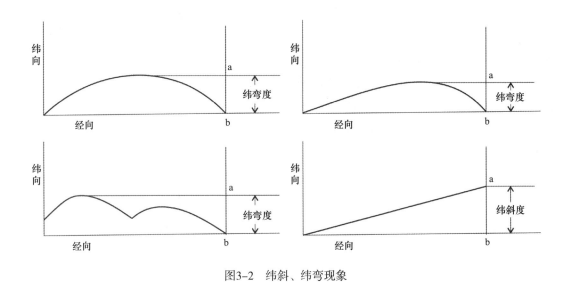

图3-2　纬斜、纬弯现象

二、织物测试

对于疵点、色差、纬斜等布匹外观质量，一般通过目视可以检测。但有关布匹收缩率、耐热性、色牢度、重量、纱线支数、弹性、吸湿性、保温性，耐磨性能等，只能通过物理或化学性能测试才能检测。本书重点介绍与服装产品质量密切相关的收缩率、色牢度、耐热度测试。

（一）收缩率测试

由于织物在加工过程中受到一定的张力作用，使纱线产生伸长变形，当受到熨烫的湿热作用或喷水、水浸等外部因素的作用时，这种变形会逐渐回复，使布匹发生收缩现象，这种收缩程度就以收缩率来表示。布匹收缩率的大小，是裁剪服装时放长和放宽的主要依据。布匹经向或纬向收缩率就是布匹的经向和纬向处理前后的长度差与处理前长度之比，计算公式表示为：

$$收缩率=\frac{试验前长度（或宽度）-试验后长度（或宽度）}{试验前长度（或宽度）}\times100\%　　　（3-2）$$

在成衣化服装生产中，布匹一般不进行预缩，因此，必须根据产品面料特性和客户要求不同，采用相应的测试方法进行收缩率测试。收缩率测试最佳标准环境为20±2℃的温度和65%±2%的相对湿度。由于织造时布匹头尾所受张力变化较大，为了确保测试准确，在测试采样时，一般除去布匹头或尾200cm左右，然后取50cm长布料进行测试，并记录好长度和宽度数据。常用的测试方法有如下几种。

1. 自然收缩率测试

指布匹在自然状态下受到空气、水分、温度与内应力影响所产生的伸缩变化。测试方法较为简单，只需将包装面料铺开，量出长度和幅宽，记录下数据，然后将整卷面料拆散抖松，在常温没有任何压力状态下，散放24h后，再次测量数据，即可计算出自然收缩率。

2. 干烫收缩率测试

指在干燥情况下，用熨斗熨烫面料，使其受热后产生收缩的程度。至于采用熨烫温度、时间等条件，必须根据不同的纤维织物而不同。

3. 湿烫收缩率测试

测试面料给予水分进行熨烫时所产生的收缩率，其测试方法按工艺不同，可分为喷水熨烫测试法和盖湿布熨烫测试法两种。温度与时间等熨烫条件也必须根据不同的面料特性而有所不同。

4. 浸水收缩率测试

将面料放入60℃左右的水中完全浸泡，使其充分吸湿，待15min后取出，测试其收缩程度。常用面料的缩水率见表3-1。

表3-1　常用面料的缩水率

单位：%

面料类别	经向缩水率	纬向缩水率
纯棉布料	3.5～6.5	2.0～3.5
真丝布料	3～10	2～3
精纺毛布料	3.0	2.5
粗纺毛布料	3.0	3.0
涤棉布料	1.5～2.0	1.0～1.2
黏胶纤维布料	5～10	3.0
合成纤维布料	1.0～3.0	1.0～3.5
涤纶针布料	3.0	2.5

通过测试与计算获得相关数据后，在制作服装样板时，可将收缩率考虑进去，给服装样板增加一个收缩量，使成品规格符合设计要求。

（二）色牢度测试

色牢度测试是对染色织物的一种化学性能测试，即织物内的染色原料在经过日晒、水洗、汗渍、摩擦、熨烫等试验后测试其染色牢度，了解染色织物在穿着或加工过程中经受各种外力作用时，出现褪色或变色的程度。染色织物的色牢度以纺织工业部颁发的GB-250-64《染色牢度褪色样卡》为标准进行评定等级，标准共分五级，五级色牢度最好，一级色牢度最差。在成衣化服装生产过程中，一般可对织物的水洗、摩擦、熨烫等项目进行色牢度测试。

（三）耐热度测试

耐热度测试主要测试织物试样在经过它所能承受的最高温度熨烫后，观察其物理或化学性能是否出现老化或损害现象，从而测得织物的耐热程度。耐热性能好的织物应保持以下几个特点。

（1）不泛黄、不变色，或受热时泛黄、变色但冷却后能恢复测试前织物色泽。

（2）织物不降低各种物理或化学性能，保持原来规定的断裂、撕破等强度指标。

（3）织物不发硬、不熔化、不变质、不皱缩以及不改变织物原有的手感程度。

三、材料的预缩与整理

（一）材料预缩

织物经过织造、精炼、染色、整理等加工与处理工序后，受到强烈的机械张力，易发生纬向收缩、经向伸长等变形现象，外力消除后，纤维的残余变形仍不易得到很好的回复。如果用含有残余变形的织物来加工服装，在熨烫或洗涤后织物的变形会逐渐回复，以致产生服装变形或尺寸变小等问题。为了使织物在加工前保持稳定的尺寸与形状，必须在裁剪前对服装材料进行预缩，消除或缓和各种使织物变形的不良因素。织物预缩是保证服装质量的重要措施，通过预缩整理可使缝制成的服装在洗涤、熨烫后保持稳定的外形和尺寸。目前一些大型服装生产企业已经使用一些比较先进的预缩机对织物进行预缩处理，而一般服装生产企业均采用以下几种预缩方法。

1. 自然预缩

对于收缩率不大的织物，在裁剪前将织物拆开、抖散，在无张力情况下放置24h左右，使织物自然回缩，消除张力。对于里料和衬料也应采用此种方法处理。

2. 湿预缩

对于收缩率较大的织物或质量要求较高的服装，如机织棉麻面料、棉麻化纤面料等，可将织物用清水浸泡一段时间，然后摊平晾干。对于毛呢织物，可采用喷水熨烫法预缩，熨烫温度可控制在160～170℃。对于收缩率较大的辅料也可采用此种方法。

3. 热预缩

针对一些在温度作用下收缩率较大的织物，可采用干热预缩的方法缓和织物内部的热应力。简单的热预缩可采用电烫斗直接与织物表面接触熨烫加热，达到预缩效果。有条件的企业可采用烘房、烘筒、烘箱，以热风方式或者红外线辐射热能等方式进行预缩。

4. 蒸汽预缩

这是一种湿热预缩方法。织物在蒸汽给予湿和热作用下恢复纱线平衡弯曲状态，达到预缩目的，预缩时间可根据材料性能决定。然后，经过晾干或烘干方法进行干燥处理。

另外，对针织物的轧光和定型，化纤料的拉幅整理，色织布的退浆、漂洗、烧毛、砂洗等后整理工序，也均能起到自然预缩效果。

（二）材料整理

服装材料经过检验发现的织疵、色差、纬弯或纬斜等各种缺陷，如果能通过补救、矫正处理，或者通过生产技巧进行规避的操作，必将提高成衣质量与材料应用率，也将大大降低生产成本，提高企业经济效益。

1. 织补

对于成本较高的材料，如果裁片或成衣存在断经、断纬、粗纱、竹节纱、大肚纱、漏针、破洞等疵点，可按照织物组织结构采用手工织补的方法进行修补。经织补后成品或半成品材料表面的色织、纱支和布纹要与周围的材料相同，织物两面要清洁、平整。

2. 整纬

正常织物的经纬纱应保持垂直状态，否则织物将出现纬弯或纬斜现象。一般横条或格子织物的纬弯或纬斜度不能超过1%，平纹织物的纬弯或纬斜度不能超过5%。对出现纬弯或纬斜现象的织物可通过手工矫正方法或机械整纬装置进行整理矫正。手工矫正就是将织物喷湿，然后两人在纬弯斜的反方向对拉，把纬弯斜纠正，再用电熨斗烫干使其保持形态的稳定。该方法劳动强度大，速度慢，质量也难以保证。如果采用专业的机械整纬装置，则能更好地调整织物纬纱歪斜，改善织物外观质量。操作时，将织物放在整纬装置的平台上，织物布头放在传动滚筒上，经过蒸气装置喷蒸气湿润，调节拉纬，然后传送到熨烫部位烫平，再由卷布滚筒卷好，即可完成纬纱矫正。

3. 污渍洗除

织物在生产加工、贮存、运输或成衣生产加工过程中，都有可能沾染上各种污渍。服装生产企业必须根据污渍的特征，采用清水或化学剂清洁方式对污渍进行洗除，以提高材料应用率，避免浪费。污渍洗除工序可以根据需求与可操作性，安排在生产前的织物检验阶段、生产中的半成品阶段或生产后的成品阶段中进行。

4. 采用生产技巧避让织疵或色差

针对一些无法通过织补工序修补的织疵，可以在铺料排板时对有规则的织疵或色差进行避让，或放在裁片允许范围。对于无法避让的织疵或色差，可冲断除去或进行裁剪后的裁片调片。另外，对于一些无法织补的疵点，还可采用换片、绣花、贴花等方法给予补救。

第三节　产前样品试制

服装样品是企业取得订单生产的技术资料，也是应客户要求为客户提供审核、评价和确认的依据。为了确保产品符合要求，样品缝纫车间在服装投产前必须按要求进行样品的试制工作。通过样品试制，一方面可以检验样品的款式、板型等是否适合设计师或客户要求，另一方面，也可测试缝纫制作方法是否适合批量生产。同时，通过样品试制，还可以对面料、里料、衬料及其他辅料的性能进行最优化的搭配。

一、样品试制分类

在服装行业，样品的分类五花八门，但成衣投产前的产前样品试制一般包括以下两个内容。

1. 实样试制

在自产自销的服装企业内，纸样师根据服装款式图与要求画出纸样，然后由样品制作师完成样品的制作，经过反复修改，最后制作出满足设计师设计意图的样品，而且该样品符合批量生产的要求。

2. 确认样试制

服装加工企业根据客户来样与要求以及生产操作的可行性，在投产前必须重新进行样品试制，经过客户确认，方可进行批量生产，目的是为了确立最佳生产方案和保证产品质量。

二、产前样品试制的原则

样品试制过程包括实样试制、试产、技术数据测定与收集三个阶段，实际上是一个探索和总结一套省时省力、保证质量、科学合理的生产工艺方法的过程。生产前的样品试制一般应遵循以下几项原则。

1. 合理使用材料

服装每个部位所使用的材料，必须做到物尽其用，要尽可能考虑各种材料的合理使用与经济性。

2. 合理设计工艺

采用的工艺方法必须尽可能简单，方便操作，能适应该使用材料的特性，不能损害或影响材料的特性和风格。

3. 合理编排工序，确保流水作业的操作可行

试制样品时，除了考虑制作工艺与客供原样的一致性外，必须合理编排工序流程以及

各种辅助操作，确保流水作业生产的操作可行性，使服装生产秩序稳定进行，将生产效率提高到最大。而且，样品试制所涉及的所有生产方式和工艺规格、使用的设备均要得到生产部门的认同，以防止生产现场混乱不堪。

4. 确保设计效果

在样品试制时，不管采用何种面料、何种工艺方法和工序流程，都必须首先确保产品的设计效果，不能为了节约材料或者简化工艺和流程而影响服装的设计效果。考虑改良工艺时，必须在不影响服装外观效果的前提下，可将做工繁杂的工艺简单化，提高生产效率，降低成本。

5. 确保产品质量

样品的内在质量和外观质量都必须按照有关规定与要求严格实现。而且，选用替代面辅料试制样品时，应选用组织成分、质感、重量、悬垂性、色泽等与要求尽量一致的面辅料，以免在后整理后的产品效果与面料质量发生变化。

6. 数量合理

尽量控制首次试制的样品数量，以免试制效果不理想而需要太长的返工重做时间。控制初样的数量还可以减少制作成本。待到样品试制成功后，再按照各个不同的尺码和颜色加大制作的数量。

7. 合理测定与收集技术数据

在样品试制过程中，除了收集相关面辅料实物标样与属性资料以及与生产相关的技术文件资料外，还要合理测定材料消耗、工序工时以及线迹密度、熨烫温度等有关技术数据，以便合理制定生产定额，并对生产成本进行合理预算，同时也为流水线的工序安排与生产效率计算提供重要依据。

三、样品试制程序

1. 准备工作

（1）紧密配合设计师，清楚每份设计稿的制作要求，包括织造、特殊工艺等配对情况。

（2）检查已经完成的纸样、客人来样以及相关制板资料，查看是否齐全、正确。

（3）检查订单所需的面料、里料和辅料是否入仓，如果规定的面辅料已经到厂，必须选用正确的材料进行试制样品。如果订单面辅料未到厂，可考虑是否采用可替代的面辅料进行试制。

2. 样品工艺单绘制

成衣样品工艺单是试制成衣样品的工艺技术依据，是服装企业的重要技术资料，样板试制前，只有保证准确编写成衣样品工艺单，才能确保样品符合要求。样品工艺单一般包括如下详细内容：

（1）订单资料：一般订单的基本资料包括订单编号、款式名称与编号、客户名称、订单数量、订单日期等。

（2）尺码分配表：必须包括详细的尺码规格、数量分配、颜色分配以及总数量等。

（3）面料资料：包括布料名称、组织、成分等技术与标准资料，例如：97%棉、3%人造丝混纺，纱线支数为16支，经纬密度为51×36的16坑灯芯绒机织面料。

（4）生产辅料：生产辅料一般由设计公司提供信息，加工企业负责采购，一般包括纽扣、缝纫线、花边、绳、丝带、拉链、里衬、里布、罗纹织物等，在工艺单内必须显示出各自的基本信息与要求，例如具体规格、颜色、材质等要求。

（5）包装辅料：包括吊牌、衣架、价钱牌、袋卡、胶针、胶袋、纸箱等。

（6）商标：工艺单内应详细标明主商标、成分商标、洗水商标、产地商标、尺码商标、皮牌等内容与位置。

（7）工艺制作图：结合专业制图软件的应用，提供款式图、主要制作工艺图、各零部件制作要求、各部件尺寸要求等资料，以便指导企业的具体制作。

（8）工艺要求：即缝份止口、折边的份量及工艺说明。

（9）缉花型图案：即所缉花型的颜色搭配、尺寸、位置、效果。

（10）收尾制作：套结、一般纽眼、纽扣、圆头纽眼等制作要求。

（11）后整理：工艺单内应包括洗水方法、熨烫与折叠要求等资料。

（12）其他特殊要求。

样品工艺单的编写格式多种多样，因不同的企业、不同的款式而有区别，但内容必须详细，要点描述必须清晰明了，能真正起到指导样品试制的作用。表3-2显示的是一款上衣的成衣样品工艺单的格式。

3. 样品裁剪

样品的裁剪较为简单，将合格的纸样根据要求直接平铺在面料上裁剪即可，但必须考虑裁剪的具体方法，对特殊面料与款式，必须根据要求进行裁剪，例如纱向、对格、对花、对条等。有条件的服装企业专门设有样品裁剪工人，负责将面料按相关纸样裁剪出来。

4. 裁片复核

虽然纸样在铺料裁剪前已经进行了检查，但为了保证样品的质量，裁剪完毕，对裁片还需做进一步的复核检查，内容如下：

（1）审核裁片数量是否齐全，左后是否正确。

（2）检查里布、衬料等是否齐全正确。

（3）检查裁片经向、花式、条纹以及个别特殊图案要求等是否符合要求。

（4）检查各裁片之间是否有色差现象。

（5）检查刀口是否圆顺。

表3-2　成衣样品工艺单

款式：＿＿＿＿＿	订单：＿＿＿＿＿	客户：＿＿＿＿＿	数量：＿＿＿＿＿	日期：＿＿＿＿＿

尺码 测量部位	成衣尺寸	样品尺寸	成衣尺寸	样品尺寸	款式图
领围					
肩宽					
胸围					
袖窿					
后中长					
袖长					
袖口					
下摆					

工艺规格	名称：
领子：	成分：
门襟（明筒）：	重量（盎司/平方英尺）：
袖口：	组织（经纬密度/纱线支数）：
口袋：	
扣合件：	布板：
下摆：	
侧缝：	辅料
绱袖缝：	纽扣：
尾部门：	缝纫线：
后整理：	里衬：
	商标：
熨烫与包装：	肩垫：
	金属辅料：

部门：＿＿＿＿＿	审核：＿＿＿＿＿	编制：＿＿＿＿＿

5. 样品制作

样品加工前应该考虑缝制形式、缝型、线迹、熨烫形式和加工顺序，尽可能采用简单合理的、既保证样品的质量又保证效率的工艺方法。样品加工的同时，还要记录好加工顺序、工序时间、加工方法和机械设备等，以便给批量生产提供工艺的参考依据。样品师必须经验丰富，能协助设计师和打板师工作，以完成样品的制作，并能及时发现不适合于批量生产的潜在问题。样品制作的方式一般有两种，一种是直接由样品师整件制作，样品师几乎负责样品的制作的全过程，包括缝纫、熨烫及手工制作等。另一种方式由缝纫车间安排小流水生产，但发单给车位后必须落实反馈信息。

6. 样品审核

初样完成后，一般需经试衣模特进行试穿，从而进行全面的审核，包括整体质量检查、量度尺寸、核对款式细节等，对样品的品质作客观的评价。如果发现问题，则由打板师修改纸样，重新裁剪、制作，直到满意为止。样品得到确认后，样品款式图、纸样、工艺、成品规格单、样品均作为技术资料进行存档，以备作为质量检验和参考之用。

第四节　用料预算

样品试制的另外一个重要作用就是对各种面辅料的最基本用量做最初的预算，以便在成衣批量生产中更加准确地计算各种材料用量与总成本。

一、面料用量预算

由于面料成本在服装成本中占较大的比例，所以面料预估用料计算在服装企业是很重要的一项工作，一般希望面料尽可能用于成衣上，这部分所占比例越大，表示用料越节约。用料计算涉及服装的品种、款式、规格及面料的门幅。用料计算还与采用的排料方法有关。排料方法不同，用料数量也不同。面料损耗较大时一般有以下几种情况：自然损耗、布面疵点损耗、色差损耗、铺料时段料损耗、特殊损耗、碎布损耗等。

一些特殊面料会增加一定的损耗。例如，特殊花纹和图案的面料、表面有绒毛或线圈的绒面料、以及格条面料，在划裁面料时，均应在净色面料标准用量的基础上加放一定量的损耗数量。一般需要单方向顺向排料的面料，每件成衣用布量需加放8cm耗料；条子面料、格条花呢料主要是以每一个循环格条在面料上的大小为依据进行对格重裁操作，一般损耗均有3%~5%，也可以以一个循环格的大小为标准加放两个格子大小的耗用长度。

在批量成衣生产中，精确的用料计算只有在实际排料后才能算出，所以实样排料图是精确计算用料的依据。

（一）机织面料预算

一般的机织面料服装，用料可按下式计算：

$$S = H \times b \qquad （3-3）$$

式中：S——用料面积（m²）

$\quad H$——铺料长度（m）

$\quad b$——布幅（m）

$$H = Hc(1+K) \qquad （3-4）$$

式中：Hc——样板排料长度（m）

$\quad K$——排料损耗率（与门幅、铺料层数有关）

$$H = \frac{Sc}{(1-B) \times b} \qquad (3-5)$$

$$B = \frac{S-Sc}{S} \times 100\% \qquad (3-6)$$

式中：B——排料面积空余率

Sc——所有样板的排料面积之和，m^2

此外，还可以按生产经验做出快速的预算，表3-3是针对各种常见面料的幅宽所作的单件机织面料成衣面料用料预估。这种方法精确度欠佳。

表3-3　单件成衣面料用料预估参考表

成衣种类＼面料幅宽	90cm	115cm	145cm
男装长袖衬衣	衣长×2＋袖长	衣长×2＋30cm	衣长＋袖长
A型小摆裙	裙长×2	裙长＋15cm	裙长＋5cm
A型宽摆裙	裙长×2	裙长×2	裙长＋5cm
西裤	裤长×2	裤长×2	裤长＋15cm
夹克衫	衣长×3	衣长×2＋袖长	衣长＋袖长＋25cm
西服	衣长×3＋袖长	衣长×3	衣长×2＋15cm
背心	衣长×2	衣长×2	衣长＋5cm
旗袍	袍长×2	袍长＋袖长＋10cm	袍长＋袖长

（二）针织面料预算

针织面料预算，可根据预排料情况确定坯布的幅宽和长度，再根据克重进一步估计一件成衣的用料重量。为了更好地节省面料，服装企业可以根据针织生产企业针织圆机提供的幅宽，进行各种预排料尝试，确定最佳、最省料的排料方法，然后确定长度。

对针织成衣，单位产品用料量（耗用毛坯重量，不包括罗纹长度）可按下式计算。

$$成衣单位用料量 = \frac{门幅 \times 段长 \times 坯布干重}{每段长成品件数} \times （1+毛坯回潮率）$$
$$\times （1+裁剪段耗率） \times （1+染整损耗率） \qquad (3-7)$$

式中：原料坯布回潮率均采用公称回潮率，如棉为8.5%，羊毛为15%，真丝为11%，腈纶为2%，等等。

裁剪段耗率是指裁剪时按样板互套开裁，其中挖掉的合理下脚料的重量占衣片重量与裁耗重量的百分比。裁剪段耗率和染整损耗率可根据企业生产同类产品的统计资料得出。

二、用线量预算

（一）比率法估算

缝迹缝线的耗用量是服装生产中成本核算的内容之一。缝线用量测定会受缝料厚度、缝线规格、线迹种类、线迹密度、双针间距及缝线所受张力的大小等因素影响，这些因素又会随着产品的设计要求及制作工艺的不同而发生变化，给精确计算一件服装的用线量带来一定的难度。目前，常用"公式计算法""经验估算法"和"比率法"等计算缝线耗用量。下面以比率法为例，介绍用线量预估过程。

比率法是目前采用较多的一种缝线消耗量估算方法，是根据实验得出某种条件下车缝一定长度的面料其缝纫线的消耗量L（m）与车缝面料长度C（m）的比值E，即$E=L/C$。这个E就是"缝线消耗比"。然后利用该比值估算相应产品的用线量。

用比率法估算用线量，首先要通过实验求出比值E。实验方法分有"缝线定长法"和"缝迹定长法"两种。

1. 缝线定长法

实验前选择性能良好的缝纫机，设备各机构状态必须符合生产工艺要求，准备好预定的面料及缝纫线。量取一定长度的缝线（要30cm以上），量取时应留出50cm以上的余量。将量取的这段线用明显的颜色作上标记后，再绕到线轴上，并按实际操作要求在面料上缝制，直到标色线段L全部缝完为止。最后在面料上量取标色线段形成的缝迹长度C，即可计算缝线消耗比值E。

$$E=\frac{标色线段的长度L（cm）}{标色线段形成的缝迹长度C（cm）} \tag{3-8}$$

2. 缝迹定长法

实验准备工作与缝线定长法相同，然后直接用预定的面料及缝纫线按实际操作要求车缝一段长度在50cm以上的缝迹，量取缝迹中的一段长度C（25cm以上），并将该段缝迹剪断，然后细心拆出这段缝迹的缝线（注意不要有拉伸），测量缝线的实际长度L，即得出缝线消耗比值E。

$$E=\frac{拆出缝线的实际长度L（cm）}{量取缝迹长度C（cm）} \tag{3-9}$$

3. 实验数据测试记录要求

应有三次或三次以上的实验数据记录情况，然后求出平均值，如表3-4、表3-5、表3-6所示。对于平缝线迹，由于线迹上下线结构相同，如果使用同一种缝纫线，实验时只需上线用量，总用线量是上线用量的2倍。其他线迹由于上下线结构不同，要分别进行实验，得出上线与下线的用线消耗比率，然后再求出总的用线消耗比率。

表3-4 实验条件

所用设备	缝料厚度	缝线规格（tex）	线迹密度（个/2cm）

表3-5 缝线定长法实验数据记录（双层面料）

项目		数据			
		第1次	第2次	第3次	平均值
标色线段长度L/mm	上线				
	下线				
标色线段形成的缝迹长度C/mm	上线				
	下线				
缝线消耗比值E	上线				
	下线				

表3-6 缝迹定长法实验数据记录（双层面料）

项目		数据			
		第1次	第2次	第3次	平均值
拆出缝线的实际长度L/mm	上线				
	下线				
量取缝迹的长度C/mm	上线				
	下线				
缝线消耗比值E	上线				
	下线				

表3-7中列出几种常用线迹的缝线消耗比率E值的测试数据，使用时应注意实际的加工条件——针迹大小、缝料厚度、缝线规格、双针间距等。

表3-7 常用线迹缝线消耗比率E值的测试参考数据

缝线消耗比率（E）　　　缝制条件 线迹种类	缝线10tex×3，针间距2.27mm，布厚1.5mm，损耗5%
平缝301线迹	E_1：2.70
四线包缝514线迹	E_2：15.46
双针绷缝406线迹	E_3：12.68

续表

缝制条件 缝线消耗比率（E） 线迹种类	缝线10tex×3，针间距2.27mm，布厚1.5mm，损耗5%
三针绷缝407线迹	E_4：19.78
三线包缝504线迹	E_5：14.68
五线绷缝603线迹	E_6：17.28

4. 用估算的方法分析用线耗量

（1）款式与工艺流程图。以一件男装短袖棉针织T恤衫为例，假设各部位缝迹采用一样的缝线，分析该产品缝制的实际用线量。如图3-3所示，带序号的工序为需耗用缝纫线的工序，为了方便分析与计算，图中标出了该工序所需的线迹种类或设备。

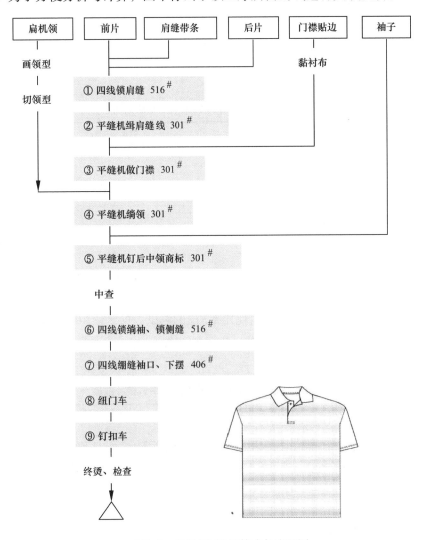

图3-3 棉针织T恤衫款式与流程图

（2）单件服装用线耗量。

①测量各部位缝迹长度。利用软尺，从样板（M码）中测量各部位缝迹的长度如下：

——301平缝线迹S_1为2.2m(包括做明襟开口、绱领子、缉肩缝边线、钉商标等工序)。

——514四线包缝线迹S_2为2.9m(包括缉肩缝、袖窿、侧缝等)。

——406双针绷缝线迹S_3为2.0m(包括缉下摆、袖口等)。

②求取单件服装总用线量。根据表3-7缝线消耗比的参考数值，并结合公式"实际用线量L=S×E"可以求出各部位缝迹的用线量与一件服装的总用线量，结果如下：

——301平缝线迹长度$L_1=S_1 \times E_1=2.2 \times 2.70=5.94$(m)

——514四线包缝线迹长度$L_2=S_2 \times E_2=2.9 \times 15.46=44.83$(m)

——406双针绷缝线迹长度$L_3=S_3 \times E_3=2.0 \times 12.68=25.36$(m)

总实际用线量:L= $L_1+L_2+L_3$=5.94+44.83+25.36=76.7(m)（各部位缝迹所采用一样的缝纫线，如果采用不同的缝纫线，必须分开计算得出各缝纫线用量）

通过以上估算可以得出：缝制一件男装短袖棉针织T恤衫需要76.7m的缝纫线。（该数据已经包括损耗在内，但没有计算钉扣与扣眼工序，该工序需另外测量）

（二）成衣化生产的用线分配

1. 工业用缝纫线的包装形式

工业用缝纫线一般以线筒的形式进行包装。一个线筒有一定长度的缝纫线量，例如606PP线=2500码/个、604PP线=2500码/个、403PP线=2800码/个、402PP线=3500码/个，等等。

2. 批量服装的理论用线量

如果以批量为1000件男装短袖棉针织T恤衫的生产任务作为案例，那么理论所需的总用线量计算如下：

（1）缝制一件图3-3款式的男装短袖棉针织T恤衫需要76.7m的缝纫线。（参考以上计算）

（2）以1码=0.89m进行计算，一个2500码的线筒=2225m(10tex×3)。

（3）一个2500码的线筒理论上可以缝制：2225m/76.7m=29件以上该款式的服装。

（4）则1000件男装短袖棉针织T恤衫需要：1000件/29件=34个2500码的线筒。

3. 线筒分配分析

如图3-3所示的服装成衣化的生产一般采用流水线的方式进行分科制作，在制订流水线时，除了应考虑实际生产线平衡的问题外，还要衡量各工序所需缝纫机的数量与线筒的分配问题。例如，一组拥有20台设备的生产线，其中14台平缝机（28个线筒，其中14个为打底线用）、两台四线锁边机（8个线筒）、两台四线绷缝机（8个线筒）、1台锁眼机（1个线筒）、1台钉扣车（1个线筒），共需要46个线筒来配合20台设备的同时运作。而46个2500码的线筒理论上可以缝制1334件T恤，但如果货品数量不足1334件，也需要定购46个线筒才能不影响生产的有效进行。因此，在实际成衣化生产中，如果采用以上估算方法进行线筒分配时，一定要了解生产线的人员和设备的搭配情况，才能更合理地订购线筒与分配用线量。

4. 用线损耗的控制

通过相关生产企业的实际调研，一个2500码的线筒实际只能缝制24～26件类似款式的T恤衫，与理论计算的29件有出入，说明企业实际的缝纫线损耗量较大。用线损耗除了车缝损耗外，还需要加上设备线芯底线与面线筒的剩余消耗，生产企业在定购用线量时，必须考虑服装款式与缝纫车间的实际情况。例如，在订单大、颜色不多、线筒充足、线芯底线足够以及无需经常换线等情况下，换线的损耗较小，总损耗可控制在实际用量的5%～10%。

在进行缝纫线的耗用量估算时，必须以相关理论做指导，全方位考虑服装款式、缝制的实际情况等因素，做好各种产前计划，将用线损耗控制在最低范围，降低生产成本。

三、成本估算

在制作样品完成面辅料用量的预算后，根据面辅料供应商提供的报价，就可以进行服装成本预算。因此，样品试制时一定要准确搜集各种材料用量、工序难度、作业时间等信息资料，以便更加准确地进行成本预算，如表3-8成本预算明细表所示。在进行服装成本估算时，一般可从以下几点进行考虑：

1. 面料成本

对服装产品进行成本预算时，服装面料成本占绝大部分，产品档次越高，面料成本越大。

2. 生产辅料成本

主要包括纽扣、拉链、缝纫线、带条、衬料、松紧带等前期生产中需要使用的辅料成本。

3. 包装辅料成本

主要包括商标、胶袋、腰卡、吊牌、价钱牌、衣架、尺码贴纸等生产后期包装用的辅料成本。

4. 加工成本

加工成本包含劳务费，就是企业所支付的工资，一般通过计件工资进行计算。

5. 管理和交易成本

管理和交易成本种类较多，它包含企业生产所耗用的动力费、燃料费、交通运输费、机器折旧费、税费等一切开支，往往在计算与控制上较为复杂。

一件服装精确的成本费用，是在完成服装订单任务后进行逐项成本核算后才能获得的。

表3-8　成本预算明细表

部门：			日期：			
面料成本					**款式图**	

布料名称	规格/颜色	用量	单价	金额（件）
面料1				
面料2				
里料				
袋布				
里衬				
面料成本合计（1）：				

生产辅料成本 / **包装辅料成本**

辅料名称		规格	用量（件）	单价	金额（件）	辅料名称		规格	用量（件）	单价	金额（件）
缝纫线	A					商标	A				
	B						B				
	C						C				
纽扣							D				
拉链						胶袋					
魔术贴						纸箱					
棉绳						腰卡					
衬料						吊牌					
生产辅料成本合计（2）：						客供/包装辅料成本合计（3）：					

加工成本 / **单件总成本预算**

车花加工费		面料成本合计（1）：	
印花加工费		生产辅料成本合计（2）：	
车间加工费		客供/包装辅料成本合计（3）：	
洗水加工费		加工成本合计（4）：	
后整理加工费		＊＊管理、交易成本合计（5）：	
加工成本合计（4）：		＊＊利润10%（6）：	
管理、交易成本		合计：	
车皮加损耗			
商检+运费+关税			
税金5%		备注：	
＊＊交易成本合计（5）：			
＊＊利润10%（6）：			

制表：		部门：		审核：	

思考题

1. 服装生产企业在进料方面必须遵循哪些原则?

2. 根据纤维的种类,服装面料可划分哪几大类? 并作简单描述。

3. 简述服装材料检验的内容。

4. 详细描述收缩率测试的方法。

5. 简述产前样品试制应遵循的基本原则。

6. 描述样品试制的基本程序。

7. 设计一款成衣款式,并绘制出其样品工艺单。

8. 服装材料损耗具体包括哪些方面?

9. 以一款男装衬衫为例,详细计算与说明单件衬衫的用线量。

10. 以一款牛仔裤为例,详细填制单件生产成本明细表。

应用与实践——

服装裁剪工艺

> **课题内容：** 排料工艺
>
> 铺料工艺
>
> 裁剪工艺
>
> 验片、打号与捆扎
>
> **授课学时：** 8课时
>
> **学习目的：** 通过本章的教学，使学生能认识排料工艺、铺料工艺及裁剪工艺的技术要求，了解各种排料、铺料和裁剪的工具与设备，并能在裁剪实践中应用相关的方法和技巧。
>
> **教学方式：** 以教师课堂讲述为主，以实地参观服装企业和生产实习为辅。
>
> **教学要求：** 1. 使学生了解排料工艺、排料技术要求与设备。
>
> 2. 使学生熟悉铺料工艺、铺料技术要求与设备。
>
> 3. 使学生了解裁剪工艺、裁剪技术要求与设备。
>
> 4. 使学生掌握验片、打号与捆扎的要求。

第四章　服装裁剪工艺

　　服装的生产工艺是要通过若干个部门的处理才可以完成。在生产过程中，生产人员首先要裁剪布料，将裁剪好的各部分裁片用缝纫设备缝合起来，然后将缝好的衣服进行压烫和整理，才可以交付给顾客。裁剪的工作是由裁床部门负责完成，将布料、衬里和衬布等原材料裁剪成衣服的各个部分，例如前片、衣领和衣袖等。衣服的各个部分的裁片一定要先裁好，才可以缝合成衣服，因此，裁剪是成衣生产过程的第一阶段。裁剪工艺主要包括排料、铺布、裁剪和捆扎等。

第一节　排料工艺

　　排料工艺是服装工程工艺设计的首要环节，是一项重要的技术性工作。排料也叫排板或画唛架。它是依据纸样规格和形状进行精密编排，以最大的密度或最短的长度将所需纸样排在排料纸或面料上，形成一张作为裁剪依据的排料图，如图4-1所示的男装衬衫排料图。

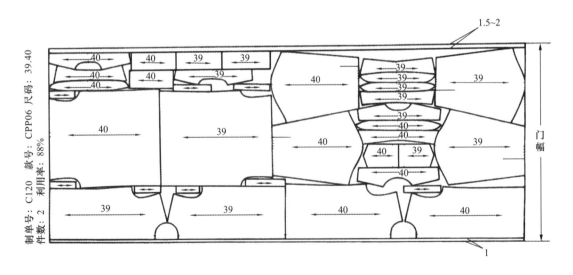

图4-1　某男装衬衫排料图

一、排料划样技术要求

1. 衣片的对称性

通常组成服装的衣片都是对称的，例如上衣的左右前片、衣袖、裤子的左右前片和左右后片等。在制作裁剪样板时，这些衣片通常只绘制一片样板，在排料时要将样板正反各排一次，避免"一顺"现象，如图4-2所示。

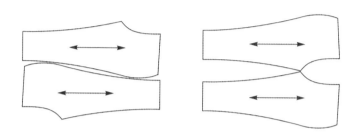

图4-2　裤片的对称性排料

2. 衣片纱向的要求

由于各种衣片样板都有经、纬纱向的标志，而且每种产品的技术标准都有对衣片经、纬纱向的规定。因此，在排料时，特别要注意衣片的经、纬纱向排列是否标准、正确，否则会影响产品的质量。另外，在排料时经常会出现"摆正排不下，倾斜则有余"的情况。为了在经、纬纱向方面恰当解决合理排料和节省原材料的矛盾，必须参照国家标准，精心设计，反复对比，使衣片的丝缕既标准又节约原材料。

3. 面料的色差

由于印染过程中的各种影响因素，使面料常存在一些色差问题。面料色差有四种情况：同色号中各匹面料之间的色差；同匹衣料的左、中、右之间的色差；同匹衣料的前、后段的色差；素色衣料的正反面的色差。当遇到有色差的面料时，在排料过程中必须采取相应的措施，避免在服装产品出现色差。色差排料的要求：

（1）同色号中各匹布料之间的色差：在铺料时应将各布匹用纸分隔开来或在每片裁片上编号，避免在缝制过程中将有色差的衣片缝合一起。

（2）同匹衣料的左、中、右之间的色差：注意要将相结合的部件靠同一边排列划样，并做好组合搭配标记。

（3）同匹衣料的前、后段的色差：划样套排不宜拉得过长。特别是需要组合的衣片和部件尽可能排划在同一纬度上。

（4）素色衣料的正反面的色差：仔细辨别好面料的正反面，并做上标记，以防辨别有误。

4. 排料划样画线质量要求

衣片是按划样形状裁剪出来的，划样线条是裁剪衣片的重要依据，画线的质量直接影响衣片的质量。因此，排料划样线条必须严格要求，具体是：

（1）画线要做到四准：样板摆放要准，画线手势要准，运力要适当，折向、弧线要准。

（2）线条要精准：画线要清晰，窄细要准确，画线用力要适当，以免影响开刀线。

（3）画具要选择好：如直接在面料上排料划样时，画粉要削薄，画笔要削细。衬衫、女童裙衫等产品的面料多数是色淡，纱线支数较细，一般用铅笔画样；较厚、色泽较深的面料，如毛呢料，可用白色铅笔或滑石片画样。

5. **标记、符号要求**

刀眼、钻眼、剪口等标志，显示缝份宽窄，省份、褶裥大小，袋位高低，部位对称等标记要点准、钻准，不能错点、漏点、错钻、漏钻、偏钻。

二、排料划样工艺技巧

排料划样是服装工业裁剪中各种规格、形状衣片样板的结构配合和排列组合的排板工艺设计。由于各种衣片主体部件、配件、零件样板大小不一，又有一定的经、纬、斜纱向要求，结构组合千变万化，无固定格式，那么就需要做到排列紧凑、疏密有序、保证质量、节约材料。

（一）样板位置的排料设计

排料划样时，必须根据服装衣片的主、辅件，配件，零部件的结构特征和各种样板边缘形状呈现的特点，进行设计、排板，达到节约用料，降低成本的目的。根据经验，以下一些排料技巧对提高面料利用率、节约用料是行之有效的。

1. **齐边平靠，斜边颠倒**

（1）齐边平靠是指凡是样板有平直边，不论是主件、辅件、大件、小件，都可相互并齐靠拢，尽量平贴于衣料一边。例如，上衣前幅的门襟适合靠着经纱布边，裤腰的直边互贴、靠边，大贴袋两直线边并作一线更能节省面料，如图4-3所示。

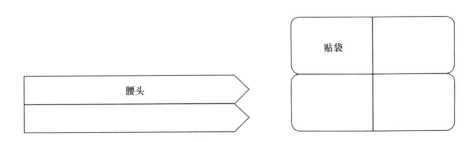

图4-3 齐边平靠排料

（2）斜边颠倒是指凡是两斜边样板可颠倒排列，使两斜边顺向一致，并成一线，这样可以消除空当，节约用料。例如，插肩袖上衣的前后肩缝和袖片等，都可以采用这种排料技巧，如图4-4所示。

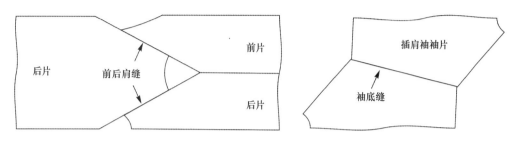

图4-4　斜边颠倒排料

2. 弯弧相交、凹凸互套

（1）弯弧相交：排料时可充分利用样板中相近似的内弯、外弧的边缘，取其相互吻合或比较吻合的结构组合关系来紧靠排板，最大限度的利用面料空隙。例如，前后裤片侧缝颠倒并拢、翻领上下口弯弧相互对靠等，如图4-5所示。

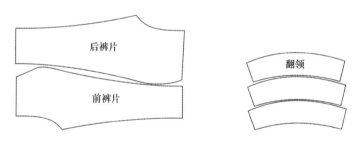

图4-5　弯弧相交排料

（2）凹凸互套：利用样板中有显著凹缺和外凸边缘的余缺关系，将其相互套进、咬合，达到合理套排，节省面料的效果。例如，大小衣袖窿凹凸位的套排，如图4-6所示。

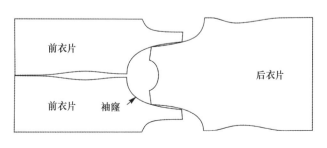

图4-6　凹凸互套排料

3. 大片定局、小件填空

（1）大片定局：是指在排料时应使主件、大件（如上衣的前后衣片、裤子的前后裤片）按照"大片定局"的原则，在排料图上两边排齐，两端排满，不落空边，不留空头，形成基本格局。

（2）小件填空：是指在大片排板定局后，将小片、小件、零部件等样板合理地排放在大片之间的空档内，巧妙地填满空当。

4. 段长求短、门幅求满

（1）段长求短：是指在排料设计时，要使排板图在段长方向尽量缩短。大批量生产中，段长方向的排板，每长出或缩短2cm，以铺料平均200层计算，每床会产生浪费或节省400cm衣料的用量，床数越多，浪费或节省的面料用量就越明显。

（2）门幅求满：排料划样时，要注意大片样之间以及大片样和小片样套排的合理设计，精心填满门幅方向的空隙。充分做到段长求"短"和门幅求"满"的经济效应。

（二）多种规格合理套排

在批量生产中，节约用料是服装企业经常要考虑的问题，排料工艺是影响用料的重要环节。由于批量产品的品种、款型、结构、面料门幅、号型规格以及数量比例等各不相同，要在保证衣片质量的前提下，合理套排划样，节约面料，必须认真研究分析排料划样的各种因素、条件，合理组合样板，优化选配。常用的套排组合方式有以下四种：

1. 同号型的多件套排

同一排料图中，同号型、规格的件数越多，越有利于各种样板的互相套排，从而节省面料，便于大批量裁剪。如图4-7所示的是门幅宽为147cm、腰围70cm的同号型规格的9条裤样板套排。

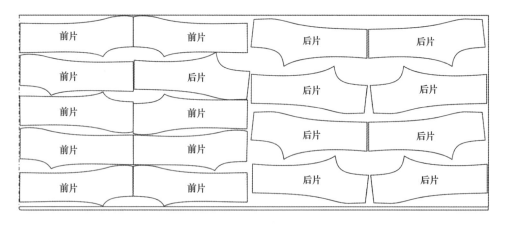

图4-7　同号型规格的9条裤样板套排

2. 不同号型规格的搭配套排

批量生产中，由于有大小规格的要求，在套排设计时，应按其数量比例，选择适宜的不同规格样板进行合理搭配套排，以达到既保证裁片数量、质量，又节约用料的目的。这种套排更加灵活，大小样板可以灵活套进，如图4-8所示为门幅宽90 cm、腰围分别为70 cm和80 cm的5条裤样板套排。如图4-9所示为幅宽144 cm、胸围分别为110 cm和114 cm的两件不同号型规格的西装样板套排。

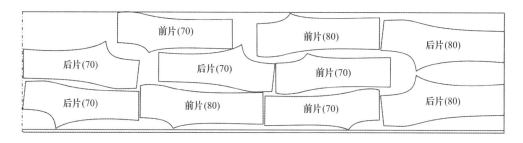

图4-8 不同号型规格的5条裤样板套排

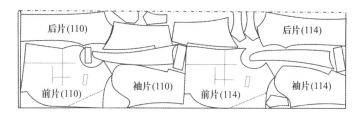

图4-9 两件不同号型规格的西装样板套排

3. 套装混合套排

套装混合套排一般分为上衣、裤子两件套和西服上衣、马甲、西裤三件套两种。无论是两件套还是三件套的混合套排，都是用同质、同色面料裁制，这样能保持颜色、材质一致，避免色差，保证质量。三件套排可以充分利用样板的大小差异，灵活穿插套进，更易做到合理套排。如图4-10所示为门幅宽144 cm、胸围为112 cm、腰围为78 cm的两件套中山装的混合套排。

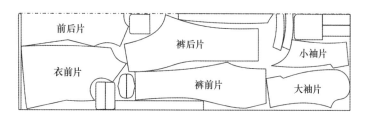

图4-10 两件套中山装的混合套排

4. **不同品种穿插套排**

为了更好地利用面料，保证质量，在套排时，同质同色的服装品种、款式，是可以按穿插套排来设计。如图4-11所示为幅宽144 cm、男胸围126 cm、女胸围116 cm的两件同质同色男女短大衣穿插套排。

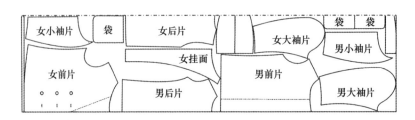

图4-11　两件同质同色男女短大衣穿插套排

三、特殊面料排料划样工艺

特殊面料是指制作工艺和花色特别的面料，如格条图案的、有方向性的、有图案的面料。特殊面料排料画样的技术性较强，难度较大，主要有以下几种：

（一）对条对格面料的划样

服装面料的纹路和设计是多种多样的，灵活巧妙地选用条格面料裁剪服装，不仅可以增添装饰美，而且还可以产生视觉差的外形美、形体美。因此，在排料划样时，一定要精心对条、对格。

1. **对条排料划样**

条形面料一般有竖条和横条两种，多为经向的竖条，横条较少。排料划样时，要注意左右对称，横竖条对准。较多的是明贴袋、袋盖与衣身要对条；横领面左右的对称；领中与后中缝的对条；条子明显的产品还要求驳领的串口缝、领面与挂面斜向对条；裤子斜插袋的垫袋布与裤身的对条等。

2. **对格排料划样**

对格比对条要复杂，难度也较大。对格是横竖方面都要求相对。如横缝、斜缝上下格子要对条，左右门襟、背缝的横直格、前后身摆缝、后领中与背缝、袖子与前胸、贴袋与衣身、袋盖与衣身等，都要求对格。

以西装外套为例说明对条对格排料划样的步骤和方法：

（1）先画准前衣片，左右要对称。再以前衣片的条格为基础，依次画出后衣片及其他结构部件。

（2）以前衣片摆缝的横条为准排画出后衣片，后衣片左右条格要对称，如图4-12所示。

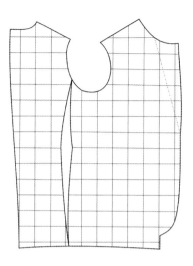

图4-12　西装前后片的对条对格

（3）以前衣片袖窿胸侧横条为准排画大袖片，如图4-13所示；然后再以大袖片为准排画小袖片，如图4-14所示。

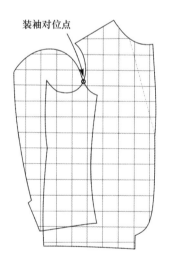

图4-13　大袖与前袖窿对格

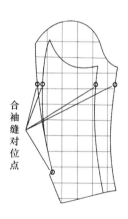

图4-14　小袖片与大袖片对格

（4）以后片背缝条格为准画领面，如图4-15所示。

（5）贴袋或暗袋的袋盖、袋片，要与衣身的袋位条格为准配画对格，如图4-16所示。

裤子的对条对格排料划样与上衣相同，也是以前裤片的侧缝及下裆缝的条格为准画出后裤片及其他部件。

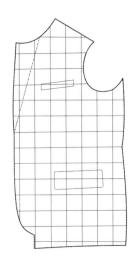

图4-15 领面与后背缝对格   图4-16 袋盖、袋片与衣身对格

（二）倒顺花面料的划样

倒顺花是指有方向性花型的图案，如人像、山水、桥、亭、船等不可倒置的图案。这种面料的排料划样设计必须符合人的视觉习惯，应顺花划样，不能一片倒，一片顺，更不能全部倒着划样。倒顺花面料的正确划样如图4-17所示。

图4-17 倒顺花面料的划样

（三）倒顺毛面料的划样

倒顺毛是指面料表面的绒毛有方向性地倒伏。这种方向性绒毛的倒顺对不同角度光照反射方向不同，因而使面料在倒顺对比中，有颜色深浅之差，光泽明暗之别。所以要求构成一件衣服的各大小裁片在排料时必须顺同一个方向排入，才能保持光色一致。倒顺毛面料的排料划样可按以下三种情况处理：

（1）顺毛排料。对于绒毛较长、倒伏较明显的面料，如长毛绒、裘皮等，必须顺毛向下排料画样，如果向上倒毛，制成衣服后，会毛头散乱，显露毛根和空隙，影响美观，并容易积尘纳污。

（2）倒毛排料。对于绒毛较短的面料，如灯芯绒、平绒等，宜采用向上逆毛的倒毛排料划样，能收到光色和顺的审美效果。

（3）组合排料。有些面料绒毛较长，但毛头刚直，倒伏较轻，如长毛绒、丝绒等，顺向、倒向排料均可。为了光色和顺，富于立体感，逆排倒毛效果更好。而对于一些绒毛较短、倒向较轻的平绒面料，为了节省用料，可采用一件顺向和一件逆向排料，但同件衣服的组合裁片必须按同一方向排列，不能顺倒都有。尤其要注意领面翻下后要与衣身的毛向一致。

（四）对花产品的划样

对花是我国传统服装的特点之一。它是指衣料上的花型图案经过成衣后，其主要部位组合处的花型图案仍要保持一定程度的完整性。对花的花型一般都是丝织品上较大的团花，如龙凤、福寿、喜等不可分割的团花图案。对花主要有衣片的两前襟、背缝、袖中缝，领后对背中缝、口袋对衣身等。具体要求如下：

（1）花型不可颠倒，以主要花纹、花型为准。

（2）花型是有方向性的，要全部顺向排画。如果花型有顺有倒，那么文字图案力求顺向排画。

（3）花纹中如大部分无明显倒顺，则主体花纹花型不得倒置排画。

（4）前衣身左右两片在胸部位置的团花、排花要求对准。

（5）两袖的排花、团花要对前衣身的团花、排花，散花可以不对。按技术标准要求，排花高低误差不大于2cm，团花组合拼接误差不大于0.5cm。

四、排料图的绘制工艺

由于企业的生产条件限制，大批量的服装生产需要进行适当的分批裁剪，也就是分床分码裁剪，每床裁剪都需要排料图来作为裁剪的依据，才能保证裁片的质量。排料图的绘制方法有四种。

1. 复写纸绘制

复写纸绘制是指按照裁剪方案，将衣片样板排放在一张与面料同宽的排料纸上，沿样板边缘勾画出衣片的形状，形成一张排料图，然后铺放在面料上裁剪。在大批量的生产中，如果同样的排料图一张不够用，可以采用复写的方法，使用专门的复写纸可同时绘制几张排料图。一般最多不超过5张，否则下层排料图的图样不清晰，容易走样。

2. 面料划样绘制

面料划样绘制是将样板直接放在面料上排料，排好后用画笔将样板形状画在面料上，形成一张排料图。铺料时，将这张画好了样板形状的面料放在最上层，然后按面料上的样板轮廓线裁剪。这是一种较直接的方法，节省了纸张，但没有用纸张绘制清晰。一般用于对条对格面料和小批量的裁剪上。

3. 漏花板绘制

漏花板绘制是首先在一张与面料同宽的硬卡排料纸板上画样，然后用针沿画样轮廓线扎出密集的小孔，得出一张由小孔组成的排料图，也叫漏花板。将此漏花板放在面料上，用小刷沾上粉末沿小孔涂刷，使粉末漏过小孔在面料上显出样板的形状，便可依照线条进行裁剪。这种漏板可以进行多次使用，减少排料画样的工作量。

4. 计算机绘制

计算机绘制通过与计算机连接的数码读入器，将衣片样板形状输入计算机内，并经过软件进行推板，得到系列样板后，再进行排料画样。利用计算机排料画样，速度快、效率高，如果与服装CAM联机使用，就可以进行自动裁剪。

五、排料的设备

排料工艺一般有人工排料和计算机排料两种方法。人工排料是根据自身生产经验将整套衣片样板进行多种方案套排。计算机自动排料系统是现阶段运用较多的排料设备，如图4-18所示。

计算机自动排料设备的操作程序如下：

（1）运用纸样数码读入器将整套纸样读入计算机里，或者通过扫描器将整套纸样输入计算机中，如图4-19所示。

图4-18 计算机自动排料系统

图4-19 数码读入纸样

（2）利用计算机软件自动推档，完成订单要求的纸样规格。

（3）运用计算机自动排料或人机交互式排料，形成符合生产要求的排料图，如图

4-20所示。

（4）最后通过计算机绘图仪将排料图打印出来，成为生产用的排料图，如图4-21所示。

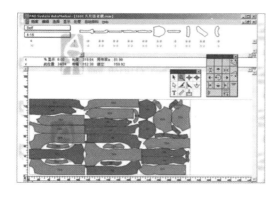

图4-20　计算机排料

图4-21　计算机绘图仪

第二节　铺料工艺

铺料是根据裁剪方案及排料的要求，按规定的铺料层数和铺料长度，将面料一层层地铺放在裁床上，以便划样和开裁。铺料是服装正式投入生产的第一环节，工作量较大，耗时较长，目前，服装企业铺料多采用人工铺料和机械铺料的方法。如图4-22所示为人工铺料作业。

图4-22　人工铺料作业

一、铺料工艺的技术要求

铺料要遵循一定的工艺技术要求，概括起来有以下几点。

（一）布面平整

布面平整是铺料工艺最基本的要求。如果布面不平整，有褶皱、波纹的现象，就会造成裁片与样板的形状、尺寸不相符。还会造成不必要的返工、修补，影响生产进度，增加生产成本。因此，铺料一定要保证每层布料平整。铺料时，工人可使用细棍边铺料边掸平面料。

（二）三齐一准

"三齐"是指铺布起手齐、落刀齐、叠布齐，"一准"是指正反面要准。起手齐，是指两人同时铺料时起手要齐；落刀齐，是指当每层面料被切断时，各层面料长度一致，横向切口要齐；叠布齐，是指按面料门幅靠身体一边的布层要铺齐，避免门幅有误差而造成两边都不齐，一般差异不得超过2mm。一准，是指辨认面料的正反面要准确。

（三）减小张力

为使面料在铺放过程中平整，会对面料施加一定的外力。面料在受到拉力作用后会产生一定的伸长变形，但这种伸长变形不是永久性的，经过一段时间后，随着拉力的消失，面料会慢慢地向原状回复。同样，在拉伸状态下裁剪出来的衣片就会与样板有误差，导致生产出来的服装规格不准。因此，在铺料过程中，既要保持布料平整，布边对齐，还要适当运用拉力，尽可能使面料变形减少，对于拉伸变形大的面料，在铺放后须放置一段时间，让面料充分恢复后再裁剪。

（四）异料铺排

对于一些特殊面料，如条格或有倒顺毛的面料，铺料的难度较大，必须严格按工艺要求来操作。要做到层与层之间准确对条或对格，可有两种方法：一是加大放份量，在裁剪出放份的裁片后，经过对条格或对图案的调整，再准确地将衣片裁剪出来；二是采用扎格针方法，铺料时，需在最低层有排料图的面料上找到工艺特别要求的部位扎上格针，以后每铺一层都在该部位找到与下层面料相同的格或条，并扎在格针上，以保证这些部位的条格上下层对齐，如图4-23所示。

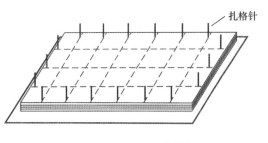

图4-23　扎格针对位铺料

（五）铺料长度要准确

铺料必须严格按排料图的长度来进行。如果铺料长度比排料图短了，那就会无法开刀裁剪，如果铺料长度超过了排料图的长度，那就会浪费面料。所以，铺料长度应以排料图为依据，还需确定加放了布料板头损耗。布料板头越少，用料越节省。布料板头的消耗与以下三个方面因素有关：

1. 与铺料技术熟练程度有关

如果能熟练掌握面料性能，起手和落手铺得较齐，面料损耗就少；反之，落手进进出出或歪斜不齐，布料板头就多，损耗就大。

2. 与面料的自然收缩有关

由于在铺放面料过程中会使用一定的拉力，面料会被拉伸，而铺料和裁剪又有一定的时间间隔，面料有可能回缩。因此，对被拉伸过的面料要略放长些，以防面料回缩影响开刀裁剪。

3. 与面料的软硬、松紧程度有关

薄而紧的面料长度容易铺放，软而松的面料则难以铺准。

二、铺料方法

铺料方法可以分为两大类：一般铺料法和对折铺料法。

1. 一般铺料法

一般铺料法是将面料全幅铺放在裁床上，此时铺料的方式有三种：

（1）单面单向铺料法：又称单程同向铺料，是将各层的面料沿一个统一方向铺放，各层面料之间都需要剪开，如图4-24所示。此方法适用于毛羽顺向或图案有方向的面料。

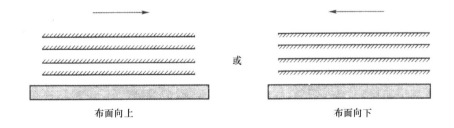

布面向上　　　　　　　　　　　　　　　　　布面向下

图4-24　单面单向铺料法

（2）双面单向铺料法：又称单程双面铺料，是将面料沿统一方向一正一反交替铺放，各层面料之间同面相对且剪开，如图4-25所示。这种铺料方法生产效率低，适用于如灯芯绒布等有方向性的起绒面料，这类面料的摩擦系数使它们需要布面对布面地铺放。

（3）双面双向铺料法：又称双程双面铺料，是将面料按所需长度连续不剪断的铺放在裁床上，形成迂回走向的布层，各层布料之间同面相对且不剪开，如图4-26所示。这种铺料方法生产效率较高，适用于一些没有任何方向限制的面料。

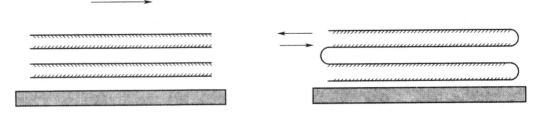

图4-25　双面单向铺料法　　　　　　　图4-26　双面双向铺料法

2. 对折铺料法

对折铺料法是将面料沿中央部位的经向纹理折叠，如图4-27所示。面料中央对折通常是在面料整理厂进行，有时也可以由制衣企业的裁剪部门完成。此方法适用于宽幅面料裁剪，有时大格、宽条面料也会采用这种方法铺料。

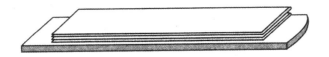

图4-27　对折铺料法

三、铺料衔接的工艺要求

在铺料过程中，每匹布料铺到末端时不可能都正好铺完一层，为了充分利用面料，经常会有衔接作业。这种布匹与布匹之间的衔接，需要在排料时确定衔接的位置和衔接的长度。通常排料时每隔1.5～2.0m就应设计一衔接部位，在此区内，沿面料纬纱向衣片交错较少的位置设计为衔接位，在布匹衔接处，各衣片的交错长度即为排料时各布匹面料间的衔接长度。一般衔接时应以重叠搭接的方式进行，如图4-28所示。

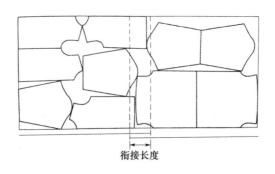

衔接长度

图4-28　铺料衔接设计

四、铺料设备

（一）铺料裁剪台

裁剪台是铺料和裁剪的工作台，它的质量好坏会影响铺料和裁剪的工作质量。裁床的高度一般在85～90cm，以操作方便为原则；台面宽度一般在170～180cm，单双幅面料都可使用；台面要以能够承受3000～5000kg的压力为宜；台面要求光洁平整。裁床的长度根据生产要求和厂房条件而定，在厂房条件允许情况下，裁床的长度应尽可能长，便于满足大订单的需求，如图4-29所示。

图4-29　裁剪台

（二）铺料机

铺料机是辅助铺料的工具，它的先进性直接影响铺料的质量。铺料机可按运动方式分为以下三种形式：

1. 人工移动式铺料机

人工移动式铺料机的结构比较简单，通常有两种类型。一是布料固定在裁剪台的其中一端，由操作人员将布料从固定装置中的布卷拉出所需长度的布层，如图4-30所示；二是布料放置在可移动的装置上，由操作人员推动装置协助完成铺料，这种方法可减少对布料的拉力，如图4-31所示。很多小型企业都使用人工移动式铺料机，生产成本较小。

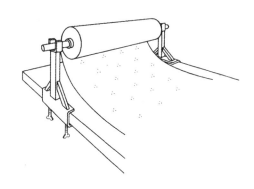

图4-30　固定装置的人工铺料

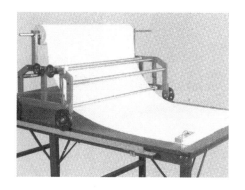

图4-31　移动装置的人工铺料

2. 半自动铺料机

半自动铺料机也称机械式铺料机，是在裁剪台上设一裁布及主动控制行程的车体，具有裁布、送布、裁断、翻转等功能，但铺料技术要求仍由工人来控制，如图4-32所示。

3. 自动铺料机

自动铺料机也称电脑控制铺料机，设备结构复杂，它有行走装置、铺料方式控制装置、自动记数装置、定位装置、卷装装卸装置等。这些设备可以自动完成上述三种铺料方法，每层布料铺放得很整齐，并可做到无张力铺料。如图4-33所示的铺料机可操作单面单向的铺料，如图4-34所示的铺料机可操作双面单向的铺料，如图4-35所示的铺料机可操作双面双向的铺料。

图4-32 半自动铺料机

图4-33 单面单向铺料机

图4-34 双面单向铺料机

图4-35 双面双向铺料机

（三）断料设备

断料设备是指用于铺料过程中将每层面料裁断的工具，包括圆刀式断料机、切割式断料机。现在服装企业较常使用圆刀式断料机来完成断料。圆刀式断料机由手柄、旋转圆刀、轨道及提升装置组成。轨道除了引导刀片切割布料外，还与提升装置相连，共同完成固定布料的端部，如图4-36所示。

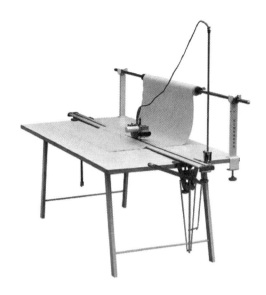

图4-36　圆刀式断料机

第三节　裁剪工艺

裁剪又称割布，是将裁床上铺好的布层，按铺料图的纸样形状和排列次序，通过专用裁剪设备裁剪成各种形状的裁片。裁剪是服装生产中的关键工序，裁剪的质量将直接影响后期各项加工能否顺利进行。

一、裁剪工艺技术要求

裁剪工艺的质量直接影响缝制工艺的质量，因此裁剪工序必须制定相应的工艺技术要求，严格控制裁剪质量。

（一）裁剪准确性

裁剪准确性包括了衣片与样板的误差要小、各层衣片之间误差要小两个方面。为保证衣片与样板的一致，必须严格按照排料图绘制的轮廓线进行裁剪。正确掌握操作技术流程应注意以下几点：

（1）先裁较小衣片，后裁较大衣片。这样容易把握面料，减少裁剪难度。

（2）衣片拐角部位应从两个方向分别进刀而不应直接拐角，以保证拐角处的准确性。

（3）压扶面料的力度要柔和，避免面料各层之间产生错动，造成衣片间的误差。

（4）裁剪时要保持裁刀垂直，避免各层衣片有误差。

（5）要保持裁刀的锋利和清洁，避免衣片边缘起毛。

此外，裁剪准确性还包括衣片边缘对位剪口的准确性，对位剪口是配合衣片间缝制对位的依据，如果对位剪口不准确，会影响缝制效果。剪口不能过深或过浅，一般为2~3mm。

（二）裁刀温度控制

裁刀的温度与裁剪质量有密切关系。裁剪设备是高速运转的机器，与面料摩擦后会产生大量热量使裁刀产生高温，对于某些熔点低的面料容易造成衣片边缘变色、发焦、粘连等现象，严重影响衣片质量。特别是裁剪黏合衬时，会使黏合剂熔化造成裁刀与面料粘连，影响裁剪的顺利进行。因此，必须使用有效方法控制裁刀的温度，以确保裁剪质量。

二、裁剪设备

裁剪设备种类很多，服装企业可以根据生产品种、原料性能、加工要求等灵活选用。目前服装生产中常见的裁剪设备有以下几种。

1. **直刀裁剪机**

直刀裁剪机由用手操作，裁剪刀垂直地做往复高速运动切割布料层。直刀规格品种很多，一般以刀刃长度分类，常见规格有10~33cm（4~13英寸），额定电压分220V及380V，刀刃频率多为2800次/min，电功率在350~550W不等。直刀裁剪机是裁剪车间最常用的裁剪工具，适用于裁剪多层的布料，也能切割弯位和角位，如图4-37所示。

2. **圆刀裁剪机**

圆刀裁剪机又称圆形刀片旋转裁剪机，也是一种手提裁剪机，其刀片是圆盘形，如图4-38所示。裁剪时做高速单向旋转来切割布料，最大裁剪厚度是其半径大小。圆刀直径有很多种规格，常见有6~30cm不等，圆刀功率多为120~250V。这种机械一般用做沿直线裁剪布料，或对薄层布料裁片的裁剪。圆刀式裁剪机常用于一般制衣厂的样衣间。

图4-37　直刀裁剪机

图4-38　圆刀裁剪机

3. 带刀裁剪机

带刀式裁剪机是与裁床并联的一种固定刀架，带刀做单向回转运动的裁剪设备，如图4-39所示。带刀厚度仅为0.5cm，宽度为10～13cm，长度为2.8～4.4cm，切割速度在500～1200/min，并可无级调速。裁剪时，带状的裁剪刀沿反时针方向转动，操作工手推面料层，使刀刃沿纸样画痕裁割。由于刀刃非常窄，带刀垂直度好，所以能够精确地裁出优质的裁片，尤其是有弧线的小片衣片，如领片、袋盖等。带刀裁剪机不能直接裁剪铺在裁床上的整床布料，故将这种裁剪过程称为"二次裁剪"。

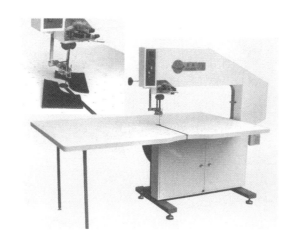

图4-39　带刀裁剪机

4. 电脑裁剪机

电脑裁剪机是电脑放码和绘制排料系统下的裁剪设备，该系统又称CAM系统，即计算机辅助制造加工系统。裁剪刀部件的移动直接由电脑控制。电脑发出信号给裁剪刀部件，裁剪刀部件就按照电脑存储器所记载的排料资料裁出所需要的服装裁片，如图4-40所示。

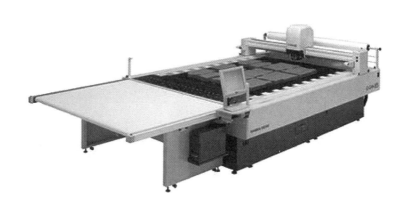

图4-40　电脑裁剪机

5. 冲压裁剪机

有些衣片形状较小（如贴袋、衣领等），用手动裁剪机裁剪的难度较大，如果不能采用电脑裁剪机来完成，最好使用冲压裁剪方法。首先必须按样板形状制成各种切割模具，如图4-41所示，再将模具安装在冲压裁剪机上，如图4-42所示，利用冲压机产生的巨大压力将面料按模具形状切割成所需衣片。

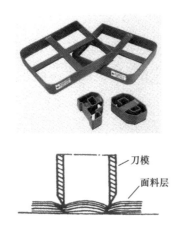

图4-41　各种冲压模具　　　　图4-42　冲压裁剪机

第四节　验片、打号与捆扎

生产过程中，衣片被裁剪出来后，必须经过对裁片的检验、编号、捆扎后，才能输送到缝纫车间，使缝制操作工作顺利开展。

一、验片

验片的目的是检验裁片的质量，避免残庇衣片进入缝制工序。验片的内容主要有以下几个方面：

（1）裁片与样板的尺寸、形状是否一致。

（2）上下层裁片之间是否有误差。

（3）对位记号、定位记号等是否准确、清晰。

（4）对条对格是否准确。

（5）衣片边缘是否有毛边、破损。

（6）裁片是否有超过要求的疵点。

二、打号

打号也叫编号，是将裁片按铺料的层次从第一层至最后一层打上顺序号码。

1. 打号目的

（1）避免有色差的衣片缝合在一起。大批量的面料印染过程中，很难保证各匹面料之间的颜色完全一致，甚至同一匹面料的头尾两端的颜色也可能有别，通过在各裁片上打号可以确保同一件衣服的衣片来自同一匹和同一层布料，避免衣片的色差。如图4-43所示的对色标签的应用。

（2）确保统一规格的衣片缝合在一起。同一床上裁剪的规格有多种，如果没有进行打号区分各种规格，很容易造成裁片顺序混乱而将不同规格的衣片缝合在一起。

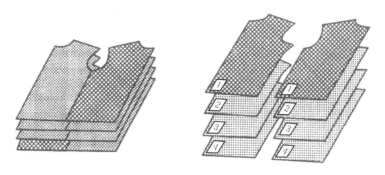

图4-43　对色标签的应用

2. 打号方式

打号可以用简单的方式来表示裁片的内容，例如0328107表示此裁片是第三床裁剪的，规格是28号，第107层面料。也可以票据形式将裁片的具体内容表示出来，如款式号、裁剪床次、裁片尺码、裁片数量、工序编号、扎号等，形成一种工票，如图4-44所示。

款式　床次　尺码　数量　扎编号	40	款式	床次	尺码	数量	扎编号	40	工号
	39	款式	床次	尺码	数量	扎编号	39	工号
	38	款式	床次	尺码	数量	扎编号	38	工号
	37	款式	床次	尺码	数量	扎编号	37	工号
车缝	36	款式	床次	尺码	数量	扎编号	36	工号

图4-44

						14	款式	床次	尺码	数量	扎编号	14	工号
款式	床次	尺码	数量	扎编号		13	款式	床次	尺码	数量	扎编号	13	工号
						12	款式	床次	尺码	数量	扎编号	12	工号
						11	款式	床次	尺码	数量	扎编号	11	工号
		后幅				10	款式	床次	尺码	数量	扎编号	10	工号
						9	款式	床次	尺码	数量	扎编号	9	工号
款式	床次	尺码	数量	扎编号		8	款式	床次	尺码	数量	扎编号	8	工号
						7	款式	床次	尺码	数量	扎编号	7	工号
						6	款式	床次	尺码	数量	扎编号	6	工号
						5	款式	床次	尺码	数量	扎编号	5	工号
		前幅				4	款式	床次	尺码	数量	扎编号	4	工号
						3	款式	床次	尺码	数量	扎编号	3	工号
						2	款式	床次	尺码	数量	扎编号	2	工号
						1	款式	床次	尺码	数量	扎编号	1	工号

图4-44 工票

三、捆扎

批量生产中的裁片数量不计其数，如果不将裁片分类，会导致缝纫车间相当混乱。因此，为了满足生产条件，裁片裁出后还需经过一些规范化的工序处理才可传运到缝制工序，这个工序就是捆扎。

1. **裁片分类**

裁片分类时必须注意下列事项：

（1）同件衣服的裁片必须来自同一层布：同一件衣服各部分的裁片必须从同一层布料裁出。如果一扎裁片中有来自不同布层的裁片，缝好的服装各部分的色泽有可能不同。

（2）同扎裁片必须同一尺码：每一扎裁片只可以有一个尺码。如果一扎裁片中混有不同的尺码，则会给车工带来困难，容易将不同尺码的裁片缝制在一起。

（3）每扎裁片数量准确：如果一扎裁片的数量比工票上所示的少，就是遗漏了一些裁片。遗漏的裁片必须补裁，浪费人力物力，而且补裁的裁片会带来色差。

2. **捆扎**

捆扎时要注意以下各点：

（1）扎工票：要将各扎裁片相应地正确配对，工票是不可缺少的。如工票遗漏、放错或混乱，再将适当尺码、色泽和数量的衣服裁片重新配对就非常困难。

（2）配料：拉链、商标、带条和衬布等配料，通常应与裁片捆在一起。

（3）捆扎松紧适合：每一扎裁片要用绳带或布条捆扎起来，既要确保绳带不会损坏面料，又要使捆扎不可过紧，以免布料起皱。也可以用储物筐放置裁片。

（4）每扎裁片的数量确定：每一扎裁片数量的多少，要根据企业的政策和产品系列而定，没有一定的标准或最佳的数量。

思考题

1. 排料时如何避免"一顺"现象？

2. 面料色差有多少种情形？

3. 简述排料划样的技巧方法。

4. 对条对格的排料应如何设计？

5. 倒顺毛面料排料时应注意什么问题？

6. 简述铺料的方法。

7. 灯芯绒面料应使用何种铺料方法？

8. 简述裁剪工艺的技术要求。

9. 带刀式裁剪机通常用于裁剪什么类型的衣片？

10. 为什么裁片要打号？

11. 捆扎衣片应注意什么事项？

应用与实践——

缝制工程

课题内容：缝制设备
　　　　　缝纫辅助器的应用
　　　　　缝制加工方式
　　　　　缝制工序的划分和工序编制
　　　　　缝纫作业的改进

课题时间：18课时

教学目的：通过本章的学习，让学生了解各种缝纫设备和辅助器的特点及应用情况，熟悉工业化生产中的缝制加工方式，掌握工序划分，工序编制，生产平衡，以及工业化生产中缝纫动作的改进方法。

教学方式：以教师课堂讲述为主，以视频、图片等直观方式为辅，结合具体款式分析，指导学生分组讨论。

教学要求：1.使学生了解服装工业化生产中常用的缝纫设备及其性能。
　　　　　2.使学生认识缝纫辅助器在生产过程的应用。
　　　　　3.使学生了解服装缝制加工方式及其特点。
　　　　　4.使学生掌握缝制工序划分的方法和生产线平衡。
　　　　　5.使学生掌握缝纫作业的改进方式。

第五章 缝制工程

面料经过裁剪后再经缝制加工成成衣的过程称为缝制工程，是服装成型的关键过程。在服装生产中，缝制是最主要的生产环节，是流程最长、作业时间最长、涉及人员和设备数量最多的环节，也是成本消耗量最大的环节。因此，缝制生产过程必须以最佳的生产方式将各种生产要素结合起来，对缝制生产的各个阶段、环节、工序进行合理的规划和安排，使整个缝制流程能高效率、高质量、畅通地运行。

第一节 缝制设备

在服装加工中，主要由缝制设备将裁片以一定的形式连接在一起形成服装。由于各种面料有不同的特性和服装品种款式的多样化，需要用多种性能的缝制设备才能进行符合要求的缝制。如缝合领子、口袋、门襟等部位应使用平缝机（锁式线迹）缝制；缝针织衣片时使用包缝机（包缝线迹）、绷缝机（绷缝线迹）等缝制；有时为了提高缝迹的装饰性，会使用绣花机、花针机等。此外，服装特定的部位还需要用专用缝纫机，如锁扣眼、钉纽扣、缲边等均需专用的缝纫机来完成，以满足服装缝制中不同的工艺要求。

缝制设备的先进与否直接影响服装生产的产量、效率、质量等重要指标。随着我国服装工业的不断发展，缝制设备已发展到一定程度的自动化、多样化和专门化。先进设备的采用减轻了生产人员的工作强度，提高了生产效率，改变了传统服装的生产模式，降低了对生产人员的技能依赖，提高了对生产的组织管理水平，使服装加工质量有了显著提高。

工业用缝纫机可粗分为通用、专用、装饰用及特种缝纫机等种类。

一、通用缝纫机

（一）平缝机

工业平缝机是服装生产中使用面广量大的设备，俗称"平车"，主要用于平缝。用平缝机缝制时，由针线（面线）和梭芯线（底线）构成的锁式线迹结构（例如301型线迹），在缝制物的正反面有相似的外观。平缝机主要用来缝制领子、口袋、门襟及缝订商标等，如图5-1所示。

图5-1 平缝机及缝纫区

平缝机根据送布方式不同，有下送式、差动式、针送式、上下差动式等机种。差动式送布平缝机是缝制弹性缝料的理想机种；针送式一般用来缝制较厚的缝料或容易滑移的缝料；上下差动送布平缝机适用于缝合两种伸缩性能不同的面料（如针织布与梭织布的缝合），也适合缝制吃纵部位（如绱袖时袖片的袖山需要吃纵），能提高操作效率和产品质量。

近年来，工业平缝机正在向高速化、计算机化方向发展，车速已从3000r/min提高到5000～6000r/min；除一般缝纫功能外，还具有自动倒缝、自动剪线、自动拨线、自动松压脚和自动控制上下针位停针以及多种保护功能，使用带有这些功能的电脑平缝机，生产效率可以比普通平缝机提高30%以上。

此外，还有带刀切边的平缝机，可以省去缝合后修边的一道工序，用于领子、袖头、袋盖等的合缝。

双针平缝机的使用，可同时缝出两道平行的锁式线迹，既提高了生产效率又改善了缝迹的外观质量，是缝制外衣、运动衣、衬衫等不可缺少的机种。

（二）包缝机

包缝机是形成包缝线迹（500类线迹）机种的总称。包缝机是用于切齐并缝合裁片边缘、包布边、防止衣片边缘脱散的设备，包缝所形成的线迹为立体网状，弹性较好。除包布边外，包缝机广泛用于针织服装的下摆、袖口、领口及裤边等处的折边缝，以及针织服装衣片的缝合。如图5-2所示，包缝机俗称"锁边机"或"拷边机"。

1. 根据直针数量及组成线迹的线数分类

包缝机根据直针数量及组成线迹的线数，分为单线、双线、三线、四线及五线包缝机。

（1）三线包缝机：由一根直针和大、小弯钩形成三线包缝线迹（504型、505型线迹）的缝纫机，其用线量适中，线迹可靠，在梭织和针织服装加工中均可使用，是最为常

504线迹

512线迹

图5-2　包缝机及缝纫区

用的包缝机种。

（2）四线包缝机：由两根直针和大、小弯钩形成四线包缝线迹（507型、512型、514型线迹）的缝纫机，所形成的线迹较为牢固，大多用于针织服装衣片合缝、女式连裤袜的缝合及包边加工。

（3）五线包缝机：由两根直针和三个弯钩形成五线包缝线迹（401·504型或401·505型线迹）的缝纫机，所形成的线迹是由三线包缝线迹和双线链缝线迹呈平行独立配置而成，能将缝合与包边两道工序的加工一次完成，故又称之为"复合缝缝纫机"。由于五线包缝机效率高、线迹可靠，因此，其应用日益广泛，如衬衣侧缝、袖缝的缝合，牛仔裤侧缝的缝合等。

2. **按车速分类**

包缝机按车速可分为中速包缝机（车速3000针／min）和高速包缝机（车速一般在5000～6500针／min，最高可达10000针／min）两类。

（三）绷缝机

绷缝机有2～4根直针和一个弯钩相互配合，是形成部分400类多线链式线迹和600类扁平状的绷缝线迹的缝制设备，所形成的缝迹强度和弹性均较好，在针织品缝制中应用广泛，如拼接、滚领、滚边、滚带、折边、绷缝加固、缉松紧带、饰边等，是针织缝纫机中功能最多的机种。

绷缝机有筒式车床和平式车床绷缝机等机种，如图5-3所示为筒式车床绷缝机，多用于袖口、裤口等筒径小的部位的绷缝。如图5-4所示为平式车床绷缝机，多用于衣下摆、宽展部位缝口的绷缝。

按直针数量分，有双针、三针及四针绷缝机；按针间距分，又有许多种规格，例如双针机的针间距有3.2 mm、4 mm、4.8 mm、5.6 mm、6 mm、6.4 mm等规格，三针机有2 mm、2.75 mm、3 mm、4.8 mm、5.6 mm、6.4 mm等规格。

图5-3　筒式车床绷缝机　　　　　　　　图5-4　平式车床绷缝机

在选用绷缝机时，应按所需针距（缝迹宽度）线迹种类代号来选型，有时还要根据功能和缝型要求相应选配附件。如图5-5所示是绷缝机的缝纫状态，如图5-6所示是几款绷缝线迹的缝纫效果。

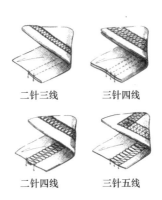

图5-5　绷缝机缝纫区　　　　　　　图5-6　几款绷缝线迹

目前，新型的绷缝机种多带有自动切线装置，也有用于缝松紧带花边的绷缝机，附有自动送带装置；用作针织衣下摆暗缝折边的包缝机附有专用导布附件。以上这些机种都能提高效率和缝制品质量。

二、专用缝纫机

专用缝纫机是用于完成服装上某种专用缝制工艺的缝纫机械，如钉扣机、锁眼机、套结机、缲边机、绱袖机等。专用缝制设备的开发和应用，使服装的加工速度得到了大幅度提高。

（一）钉扣机

钉扣机是用来缝钉服装纽扣的专用缝制设备，多数采用单线链式线迹，只有少数采用平缝锁式线迹（平缝钉扣机）。

图5-7所示为自动送扣单链缝钉扣机，这种钉扣机可以缝钉各种纽扣，如平纽扣（两眼或4眼）、子母扣、带柄纽扣、加固纽扣和缠脚纽扣等。只要交换各种附件就可以变换缝钉形式（X形、Z形、冂形、匚形、无渡线形等），图5-8所示为各种纽扣的缝钉形式。

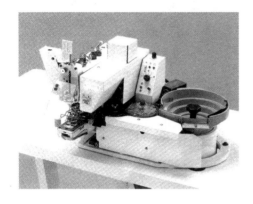

图5-7　自动送扣单链缝钉扣机

图5-8　各种纽扣的缝钉形式

采用平缝锁式线迹的平缝钉扣机机速较快，缝钉的纽扣线迹不易脱散，较为牢靠。如图5-9所示为高速电子平缝钉扣机。

图5-9　高速电子平缝钉扣机

（二）锁眼机

锁眼机也称开纽孔机，是防止纽孔周围布边脱散的缝制专用设备。按所开纽孔形状分为平头锁眼机和圆头锁眼机。

1. 平头锁眼机

平头锁眼机，如图5-10所示，大多用于男女衬衫、童装及薄料时装等平头扣眼的锁缝加工，一般采用曲折型锁式线迹或链式线迹。根据纽扣外径大小及成衣要求，平头锁眼机可锁缝相应尺寸的扣眼。如图5-11所示，介绍了三种平缝锁眼机眼孔的常用缝型，其中标准型眼孔常用于男式、女式衬衫，工作服和女装等；T型眼孔常用于中厚料的针织服装、内衣及毛衣等；V型眼孔常用于毛衣、针织品服装等。

图5-10　平缝锁眼机及缝纫区

标准型　　　　　　　　　　　　T型　　　　　　　　　　　　V型

图5-11　平缝锁眼机眼孔缝型

2. 圆头锁眼机

圆头锁眼机，如图5-12所示，大多用于西服、外衣等圆头扣眼的锁缝。圆头锁眼机加工出的扣眼美观、空间大、易于纽扣通过。圆头锁眼机一般采用双线链式线迹，按机器结构和锁缝顺序，分有"先切后锁"和"先锁后切"两种形式。"先切后锁"的扣眼边缘光滑，外观较好。圆头锁眼机锁出的纽孔形状大致有以下4种：有尾圆头、无尾圆头、有尾平头和无尾平头等，如图5-13所示。

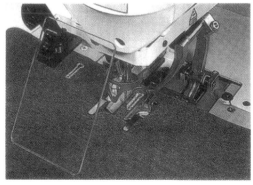

图5-12　圆头锁眼机及缝纫区

有尾圆头锁眼

无尾圆头锁眼

有尾平头锁眼

无尾平头锁眼

图5-13　圆头锁眼机常见孔形状

（三）套结机

套结机也称打结机，用于防止线迹末端脱散、加固线迹，或用于固定服装某些部位的专用缝制设备，如图5-14所示。套结机的线迹是双线锁式线迹结构，不易脱散，当套结针数和尺寸调定后，能自动完成一个套结循环，并自动剪线停止。

图5-14　套结机及缝纫区

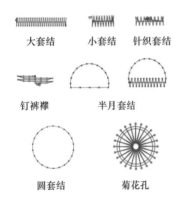

大套结　　小套结　　针织套结

钉裤襻　　　半月套结

圆套结　　　菊花孔

图5-15　套结的几种缝型

因套结线迹密度较大，使用套结机时，容易将面料的纱线刺断。对于稀薄面料，应在其套结部位的反面黏衬，以提高面料强度，同时，在保证正常作业的前提下，尽可能选用较细的机针，防止出现针洞。

根据不同的用途，套结机可缝出不同的套结缝型，如图5-15所示列举的几种缝型。

（四）缲边机

缲边机也称扦边机，是专门用于各类外衣服装下摆和裤脚的缲边设备。缲边机所用的机针是弯针，它在缝制时只穿刺贴边布而不穿透正面布料，因此衣服正面无针迹显露，故也称"暗缝机"。如图5-16所示为缲边机，为弯臂形，缝针穿透面料的深度由设备上的分度钮进行控制。

缲边机多数是单线链式线迹，也有双线锁式线迹。针迹长度最大可达8mm。其缝型一般有两种，如图5-17（a）所示为1∶1缝型，每个针迹都缝住面料，用于厚料；图5-17（b）

图5-16　缲边机及缝纫区

所示为2∶1缝型，每两针缝住面料一次，用于中薄面料；个别还有3∶1的缝型，用于特薄面料。

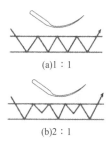

(a)1∶1

(b)2∶1

图5-17　缲边缝型

（五）绱袖机

绱袖机是将衣袖与衣身组装在一起的专用缝纫设备。为使绱好的袖子左右对称、袖山饱满圆顺，绱袖工序的难度较大，工艺要求较高，花费工时也多，利用绱袖机可使此工序大为简化。

早期的绱袖机采用上下差动送布机构，令袖窿和袖山的送布量不同，从而达到归拢袖山（即容袖）的目的，归拢量的大小由人工调节，人为的影响因素仍很大。随后出现的袖山归拢系统，使膝控分段容袖发展到计算机程序控制容袖，从原来的先容袖、后绱袖进到边容袖、边绱袖的阶段，可按程序在一个预定的袖山缝纫段上，做出准确、均匀的袖山归拢量，左、右袖山归拢量可保证完全对称。

图5-18　程控绱袖机

图5-18所示的是程控绱袖机，上、下送料由电机分别驱动，上、下送料长度可单独控制，可储存30个不同的归拢量程序，如图5-19所示。碰到归拢量较大时，缝线张力会自动增加，为了确保缝料安全传送，上、下送料各由两根皮带分别由不同的步进电机驱动。通过程控绱袖机缝合的袖子，不仅效率高，而且质量易于保证——袖山吃量均匀，左右对称，外观圆顺。

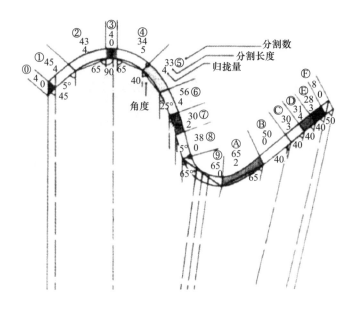

图5-19　袖山归拢量分布

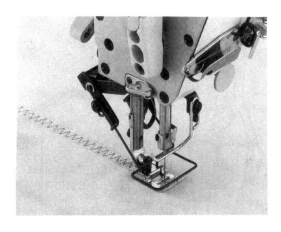

图5-20　曲折缝机

三、装饰用缝纫机

装饰用缝纫机是用于缝制各种漂亮的装饰线迹和缝边的缝纫设备，如曲折缝机、绣花机、打褶机等。

（一）曲折缝机

曲折缝机又称"人字车"，通过针杆左右摆动，在服装上形成曲折形锁式线迹，既缝合衣片又具有装饰作用，如图5-20所示。曲折缝机的针杆摆幅可以调节控制，以得到各种宽度的"人"字缝迹，当摆幅调至"0"的位置时，就可获得普通平缝机线迹。

曲折缝机为系列机种，可以获得各种曲折线迹。如图5-21所示为女性补整内衣（连胸塑身衣）的各个部位所用曲折缝机的各种线迹图形应用实例：（a）和（e）为普通曲折缝迹；（b）为等幅月牙形缝迹；（c）为不等幅月牙形缝迹；（d）为四点曲折缝迹；（f）为连接衣片专用的装饰缝曲折缝机缝迹。

曲折缝机广泛用于缝制各类装饰内衣、补整内衣及泳装的缝制与装饰，其缝边光滑平整，且具有一定的弹性。

（二）绣花机

绣花机是在服装面料上绣出各种花色图案的服装设备，早期使用手动式绣花机，现已普遍采用电脑绣花机，按机头数量分有单头绣花机和多头绣花机，可完成链状线迹、环状线迹、镂空、平缝等不同类型的绣花加工，广泛用于女装、童装、衬衣及装饰用品等。

1. 单头电脑绣花机

单头电脑绣花机是把面料固定在专用的滑架上，让滑架按图形要求移动，滑架的运动采用数控法控制，自动绣出所设计的图案。单头电脑绣花机主要用于生产样品或进行小批量生产，机头上最多达到9针（自动换线能绣9种颜色的图案）。

2. 多头电脑绣花机

多头电脑绣花机能自动完成两个以上同样图案的刺绣加工。如果产品数量很大，选用多头电脑绣花机比较经济高效，如图5-22所示。目前的多头绣花机最多可同时完成20个左右图案的刺绣加工。

较先进的绣花机具有多种功能，加装相应的附属装置，便能自由地进行圆珠片绣、圆珠绣、花带绣、粗线绣及挖孔绣等特殊刺绣方式。并可把平绣、特种绣、亮片、钻石镶嵌、金属饰物等加工手段综合应用，实现组合加工，使绣品得到多彩的图案，创造美丽而具有较高附加价值的制品。

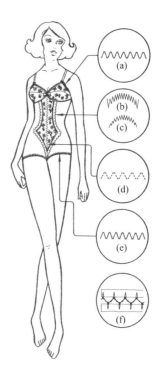

图5-21 女性补整内衣所用缝迹

图5-22 多头电脑绣花机

四、特种自动缝纫机

特种自动缝纫机是能按设定的工艺程序自动完成一个作业循环的缝纫机械，可有效降低对员工技术要求的依赖。这些设备多数用在款式较固定的服装生产线上，如西装、西裤、牛仔裤、男衬衫等。下面介绍自动开袋机、自动钉袋机和自动钉裤襻机的应用。

1. 自动开袋机

自动开袋机主要用来缝制嵌线袋，如图5-23所示。开袋是外衣裤生产的重要工序之一，难度较大，技术要求高。自动开袋机通过光电定位装置、气动夹持器、自动切刀及双针缝纫机等设备的有机结合，将袋口嵌条、袋盖及衣片一起夹持送入缝纫区，连续循环作业，自动完成开袋口、缝嵌条、绱袋盖等工序，外观质量齐整划一，可缝制多种开袋形式，如图5-24所示。

图5-23　自动开袋机

单嵌线后开袋

三角袋盖里开袋

圆角袋盖双嵌线开袋

对格胸袋

图5-24　多种开袋形式

2. 自动钉袋机

因为贴袋位于服装的明显部位，因此必须缝钉得准确美观，工艺要求较高。自动钉袋机除缝料定位由手工完成外，整个口袋缝钉过程由计算机程序控制自动完成，如图5-25所示，缝纫结束后，堆料器会自动堆叠衣片。利用自动钉袋机的机械手和计算机程序控制可保证缝钉的精确度，减少缝制疵点的发生，提高生产效率。

3. 自动钉裤襻机

自动钉裤襻机是由计算机控制、传感器探测、汽缸驱动完成裤襻两端缝钉作业的全自动专用缝纫设备，如图5-26所示。其工作顺序是：由人工将缝制成的整条裤襻带装入送襻器中，将待钉裤襻的裤子腰头置于缝纫机下；按动机器开关，带状裤襻按设定的长度被切断；夹裤钳转动，将裤襻两端缝份折入；夹裤钳连同已折好缝份的裤襻送至待钉区域，分离式双针同时对裤襻两端套结缝钉；完成一个裤襻的缝钉后，移动裤腰头到下一个待钉部位，开始新的裤襻缝钉。

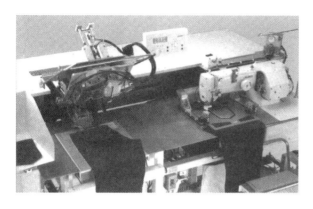

图5-25　自动钉袋机

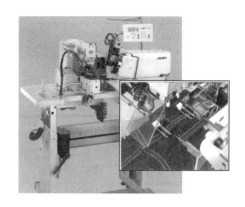

图5-26　自动钉裤襻机

目前，越来越多的特种自动缝纫机被研制出来，使服装工业化生产的加工工艺水平大幅提高，并有效地降低了工人的劳动强度。

第二节　缝纫辅助器的应用

由于工业化服装生产是以大批量作业为主，缝纫辅助器的使用能提高生产效率和产品质量，是工业化服装生产中不可缺少的生产辅助装置之一。缝纫机辅助器是安装在缝纫机上协助缝纫作业的特别零件，其主要用途是协助缝料的输送，使缝料经过辅助器后，能自动随着预定的位置平放或卷褶车缝出所需要的式样。其优点是可在高速车缝的情况下，快而准确的缝出所要求的品质，并可把两个或三个工序合并为一次完成，以达到精简工段、节省工时、简化工作的目的。车缝辅助器的形状及种类非常多，以一般性质及用途分，大体可分为引导类、折叠类、包边类、打褶类及暗线类五种类型。

一、引导类辅助器

引导类辅助器主要用于控制衣片车缝位置，引导操作者从衣片旁边进行车缝加工，加快车缝速度，保证衣片前后缝份宽窄一致且圆顺，使缝纫质量得到保证。引导类辅助器可分三种类型：傍边型、视觉型和定位型。

1. 傍边型

傍边型辅助器又称为挡边，其主要目的是使操作人员易于控制缝份的大小，如磁铁挡边（图5-27），找出正确缝份后，将磁铁挡边附着在机器上，操作人员即可依据磁铁挡边快速车出均匀顺直的线条。与磁铁挡边目的和功用相同的还有T字型挡边（图5-28）及活动挡边（图5-29）。此外，还有专门为缉细明线而设计的高低压脚（图5-30）及靠边压脚（图5-31）。

2. 视觉型

在平面压脚的旁边加装一靴型工具即所谓的"关刀靴"，如图5-32所示，以控制线与线之间的距离。此图中的关刀靴专为线与线间距较宽时所使用。

图5-27　磁铁挡边

图5-28　T字型挡边

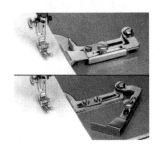
图5-29　活动挡边

图5-30　高低压脚

图5-31　靠边压脚

图5-32　关刀靴

3. 定位型

此类辅助器大多用于锁眼机或钉扣机上，用于确定锁眼、钉扣的位置，可省去手工画眼位、手工画扣位等工序，节省了时间，如图5-33（a）所示的锁眼尺和如图5-33（b）所示的钉扣尺。

(a) 锁眼尺

(b) 钉扣尺

图5-33　定位型车缝辅助器

二、折叠类辅助器

折叠类缝纫辅助器是把衣片边缘按工艺要求相互叠置送入缝纫区，经一次缝纫得到所需缝边形式。折叠类辅助器按衣片折叠方式分为三种类型。

1. 光边型

光边型折叠车缝附件可控制衣片边缘呈两次卷折状送入缝纫区加工，其卷折宽度是按服装款式设计及工艺要求而特别制作的，如图5-34（a）、（b）所示。

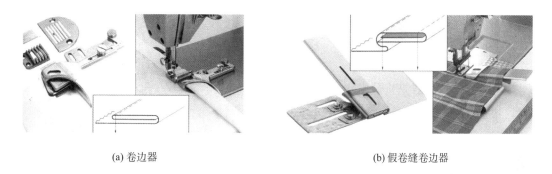

(a) 卷边器   (b) 假卷缝卷边器

图5-34 光边型车缝辅助器

2. 毛边型

当加工的衣片缝边只需折叠一次送入缝纫区时，可使用毛边型折叠车缝辅助器。如图5-35所示。

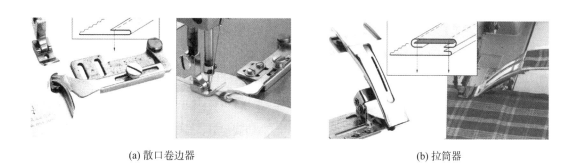

(a) 散口卷边器   (b) 拉筒器

图5-35 毛边型车缝辅助器

3. 互折型

互折型折叠车缝辅助器结构较复杂，经过互折型折叠车缝器的两块衣片缝口必须能按设计或工艺要求相互叠置，形成光边形式送入缝纫区加工，如图5-36所示。

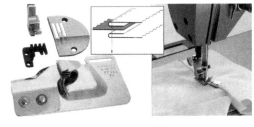

(a) 接缝互折器　　　　　　　　　　　　　　(b) 合肩互折器

图5-36　互折型折叠车缝辅助器

三、包边类辅助器

包边类缝纫辅助器是将预先裁好的布条，经由辅助器与衣片一起送入缝纫区缝纫，可准确且快速地将布边包好，也称为滚边辅助器。常用于滚袖叉、滚领口、滚边及绱裤头等。使用这类辅助器，其针板、压脚、车牙必须匹配。根据所形成的缝口形式，包边类辅助器分有光边型和散口型两种。

1. 光边型

光边型包边车缝辅助器是将布条两端缝份折光，夹住另一衣片边缘一起车缝，形成表面光滑美观的缝口，如图5-37所示。可随客户的要求，将辅助器调成上层较宽、下层较宽或上下层等宽三种情况。其缝边处较厚，适合面料较薄的服装加工。

2. 散口型

散口型包边车缝辅助器是将布条直接对折包住另一衣片的边缘，如图5-38所示。其所形成的缝边较薄，但布边毛茬露在外面，影响美观，通常采用覆盖线迹将布边毛茬盖住，此类辅助器多用于针织服装的花样滚领、滚边，作为装饰。

结合以上两种包边辅助器，又形成了一种一边散口一边光边的包边辅助器，如图5-39所示，其包边后所形成的缝口比光边型的薄，但比全散口的结实，主要用于针织T恤衫及针织内衣裤的包边缝。

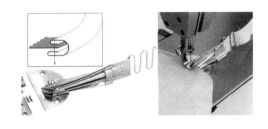

图5-37　光边型包边车缝辅助器　　　　　　图5-38　散口型包边车缝辅助器

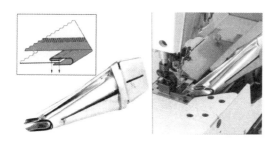

图5-39 一边散口一边光边的包边辅助器

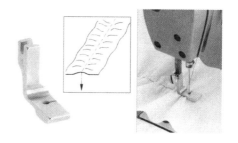

图5-40 车碎褶压脚

四、打褶类辅助器

打褶类车缝辅助器是根据设计要求，在衣片上加工出具有一定间隔和形态的褶裥，该类辅助器可确保褶裥间距均匀，外形美观一致。根据所打褶裥的形式，打褶类车缝辅助器分三种类型。

1. 碎褶型

利用特制的压脚缝制出碎褶，如图5-40所示，位于针孔后面的压脚底部呈凹穴形。车缝过程中，送布牙向前输送缝料，当缝料输送至凹穴位时，因输送受阻便形成连续的碎褶状。碎褶型压脚多用于儿童服装抽花边褶和女装的缩缝装饰加工等。

目前，在大量生产中，常使用上下差动式缝纫机加工打碎褶的工序，其缩褶效果好、效率高。

2. 横褶型

图5-41所示为打横褶的车缝辅助器，它是附加在缝纫机上的活动零件，由主轴带动或利用针机构对送入缝纫区的衣片向前做有规则的横向推褶，车缝成一定形状的横褶，主要用于时装及童装的装饰加工。

3. 竖褶型

图5-42所示为典型的竖褶打褶车缝辅助器——排褶盘，它是由上下两块不锈钢片及固定其上的不锈钢条（导片）组合而成，是安装在多针链缝机上的一种特殊配件，可车成既规律又平整的褶裥，且一次可车缝数十道褶裥，专为服装上多行竖褶的缝纫加工而设计的。

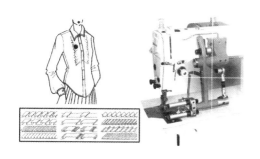

图5-41 横褶型车缝辅助器

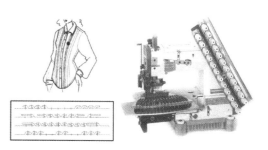

图5-42 竖褶型车缝辅助器

各行竖褶的距离可分别依据多针链缝机的针位距离而定。不同竖褶的形式可通过改变导片或变换导片插法获得。

五、暗线类辅助器

暗线类车缝辅助器是将布条或衣片按照附件的卷折形式送入缝纫区，车缝后，衣片正面看不出明显的线迹而形成隐蔽式线迹的效果。

1. 暗线拉带辅助器

图5-43所示的暗线拉带辅助器，多用于泳衣或时装饰带的缝制。加工时，布条经过缝纫区车出线迹后，将其反向拉回，形成一条缉暗线的带子。

2. 卷边龙头

图5-44所示的卷边龙头，是安装在包缝机直针前的一种辅助器，用于针织服装底边及袖口边的暗线折边加工。它能使包缝和折边两个工序一次完成，既达到缝制要求又提高生产效率。

3. 双槽压脚

图5-45所示为双槽压脚，专用于绱隐形拉链，双槽位是便于绱拉链时链牙通过。车缝好的拉链表面无线迹，拉合拉链后，两片衣片形成一体，绱拉链处整洁美观。此工具在加工薄料时装时应用较多。

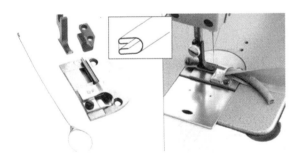
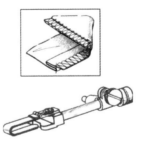

图5-43　暗线拉带辅助器　　　　图5-44　卷边龙头　　　图5-45　双槽压脚

在实际生产中，可将以上所介绍的五种辅助器按缝制工艺要求加以组合或混合在一起使用，这种组合使用将大大提高缝纫效率和质量。

第三节　缝制加工方式

服装生产企业中，有多种缝制加工方式，综合起来大致可分为单独整件缝制、粗分工序加工和细分工序加工三种。不同的缝制加工方式，其生产人员的组织、工艺流程的设计、设备与配置及缝纫系统的选择也各异，影响着各生产单位的专业化形式及生产单元的合理布局。

一、单独整件缝制

单独整件缝制俗称"全件起"或"单甩"。除一些特殊工序（如锁眼、钉扣、整烫作业等需专门设备完成的工序）外，只需一名具备较高技能的工人负责完成整件服装所有的缝纫作业。

1. 单独整件缝制的优点

（1）初期投资少，企业只需购置平缝机和工作台等少量设备。

（2）灵活性高，容易进行换款、换色、换码生产。

（3）不因工人缺勤而给生产系统造成影响。

（4）交货期较易控制，管理工作负荷轻。

2. 单独整件缝制的缺点

（1）需招聘高技能工人，不熟练者需进行长时间培训方能上岗。

（2）工人需独立完成服装的大部分缝纫工序，生产效率低。

（3）低效率和较高的工资使服装的成本提高。

（4）产品质量与工人的技能水平关系密切，质量稳定性难以保证。

（5）对特殊或专用设备和缝纫辅助工具的应用率低，使某些工艺加工效果不理想，如多褶裥部位、压多行线迹、弹性面料的缝制等。

因此，这种加工方式适合小批量生产、款式变化大的服装制作，通常用于高档时装或进行打样加工。

二、粗分工序加工

粗分工序加工俗称"小分科"，是指把整件服装的缝制过程按照服装惯用的生产程序，粗分为若干道工序，然后把其中一道或几道工序合理分配给每个工人。服装缝制过程的工序分解，可根据作业性质（机械操作、手工操作）、服装裁片的部位及部位缝制的先后顺序等条件划分，并以此来确定每个工人的工作内容。

如图5-46所示的A字短裙，其缝制过程可粗分为如图5-47所示的几个工序：缝前片和后片、绱拉链、绱裙腰头等，并由不同的缝纫工缝制。熨烫和包装工序再由其他作业员负责完成。整件服装的组合需多个工人组成的小组共同完成。

1. 粗分工序加工的优点

（1）灵活性高，容易适应款式的转换。

（2）整个作业分组进行，工序分配相对容易，便于管理。

（3）生产线的负荷平衡容易得到控制。

图5-46　A字短裙

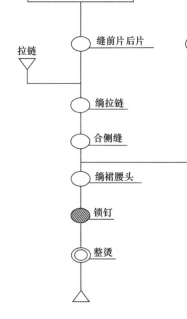

图5-47　A字裙粗分工序加工举例

2. 粗分工序加工的缺点

（1）很难达到设备及辅助工具的高度专业化，生产效率较低。

（2）初期投资费用多，所占空间比单独整件制作要大，生产周期也较长。

因此，这种加工方式适合款式常变及量身定做的小批量服装的生产。

三、细分工序加工

细分工序加工俗称"大分科"。这种加工方式是在粗分工序加工的基础上，将缝制过程进一步分解出更多细小的工序，促使每个工人更专注于其从事的作业内容，且每道工序都有相应的设备和辅助工具配合，达到专业化、机械化的生产，因而容易提高生产效率。

如图5-48所示，A字短裙的缝制流程可在图5-47的基础上进一步细分为以下一些工序：缉省、合后中、绱拉链、合侧缝、缉缝腰头、翻烫腰头等，按所需加工时间的长短，将工序任务分配给相应的工人，整件服装的组合需要十几位工人组成的流水线共同完成。

1. 细分工序加工的优点

（1）各工序的操作能达到专业化水平，生产效率高，产量大。

（2）能有效利用专用设备，保证产品质量一致。

（3）便于工人在短时间内熟练掌握工序的操作。

2. 细分工序加工的缺点

（1）必须有固定数量的工人和较多的设备，才能组成生产线，初期投资费用较高。

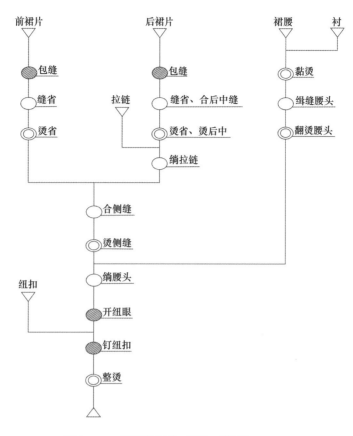

图5-48　A字短裙细分工序加工举例

（2）工序较多，生产线达到平衡才能有效增加生产效益，所以必须具备较高的管理水平。

（3）灵活性较低，不能很好地应变款式的变化。

此加工方式适合于款式变化不大、生产周期较长的服装，如男装衬衫、西服、西裤等。

服装企业无论采用哪种缝制加工方式，都必须考虑产品的款式、加工数量、工人的技术水平、企业的管理水平等因素，才能使产品生产效率更高、加工质量更好。

第四节　缝制工序的划分和工序编制

在服装生产过程中，由于专用机器设备和劳动分工的发展，服装制品生产过程会被划分成若干个工艺阶段，每个工艺阶段又分解出不同工种和一系列上下联系的"工序"。制品的工序分解与编制合理与否，对生产线是否能保持平衡生产有很大影响。

一、缝制工序的划分

工序是流水线分工上的单元，工序单元可以细致到以每一道缝迹、每一道手工，如合领、烫领等，属于系列分工上的最小单元，这类工序是不可再细分的，如果再细分就会造成不合理及浪费现象。工序也可以简单地作单元式划分，如做领、做袋工序等，以保持服装部位作业的完整性，属于系列分工上的合成单元，这类工序是可以再细分的。缝制工序一般由大件裁片开始，按加工顺序、工作性质将所有作业进行分解，通常手工作业与机器作业分开，不同机械设备作业分开，便于加工生产。

（一）划分工序的目的

（1）确保产品质量优良且一致。

（2）提高生产效率。

（3）合理利用资源。

（4）降低生产成本，增加经济效益。

（二）决定工序划分程度的因素

1. 企业的规模

大型企业较能适应生产规模大小的变化，小型企业的适应性则容易受限制。大型服装企业，其生产工序划分时，灵活性较高。

2. 企业现有的设备供应

一般的服装企业除了使用常规的通用设备，还会配备专用的设备，如包缝机、折口袋机、自动开袋机及传送工具等。划分工序时，应配合实际设备的使用情况进行，因为提高专用设备使用率能有效提高生产效率。

3. 服装款式的复杂性

款式复杂的服装工序划分数量要比简单的服装多。例如，西装类服装较T恤衫类服装复杂得多，前者工序数量大大多于后者。

4. 生产任务

若生产批量较大，工序划分需细致准确，以保证各个作业员能充分发挥其技能优势，获得较高的产量和质量。

5. 工人的技术程度

工人的技术水平一般总有差异，工序划分时有必要参考工人的技术能力和群体中技术人员的比重。

6. 生产线的平衡

制订每一道工序时，还要考虑工序所耗用的时间、选定哪些人来完成，其组合是否和生产线中其他的生产小组保持流程顺畅与稳定。

（三）生产工序流程图

在缝制生产中，为了便于设计生产工序和统一各级管理员的实际操作，常使用统一的工序代表符号，来区分各工序的作业性质，见表5-1。而进行生产工序细分及加工次序设计时，则用生产工序流程图来表示，如图5-49所示。

服装生产流程图是以服装产品为对象，运用工序代表符号来描述产品在服装生产过程中各个工序上的流动状况，目的是了解产品从原料开始到成品形成的整个生产过程，指出了部件间的相互关系和装配顺序。通过流程图，可以了解生产系统由哪些生产环节、多少工序组成，经过怎样的加工顺序，以便从全局出发来分析和改进。

表5-1　缝制工序符号使用说明

符号	使用说明	符号	使用说明
▽	表示进入工艺流程的面、辅料	◎（斜线）	表示特种工序和专用设备，例如包缝、钉、锁等
○	表示缝制工序和通用设备，例如使用平缝机生产	◇	表示对产品的检查和验收
◎	表示辅助工序和设备，例如缝制中的熨烫、手工作业等	△	表示生产工艺流程完成

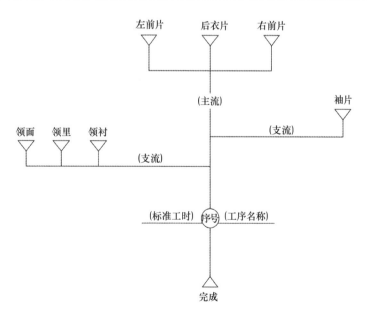

图5-49　生产工序流程示意图

服装生产工序流程示意图的说明：主流线指服装缝合的主要生产方向，支流线指服装零部件的缝合，如做领子、袖衩等。当支流线的零部件与主流线的部件需组合时，流水线的设计就需要考虑先后衔接的问题。标准工时是指完成该道工序所耗用的时间，一般以

"分钟"为单位，工时主要用以计算工序衔接是否合理顺畅，并能为制订劳动报酬、核算成本提供依据。序号和工序名称是分工次序的标记及说明。

多数企业为了方便核算生产成本，要求生产工序流程图把整个成衣生产过程列出，如从黏烫、车缝、手工、中烫、质检到钉、锁、整烫和包装等工序。而缝制车间一般只负责黏烫、车缝、手工、中烫、在制品的质检等工作。

（四）生产工序流程图实例分析

下面以男装衬衫的生产工序为例，分析三种不同规模情况下的分工工序，可从中了解生产工序的分解方法。

1. 单元式生产工序流程图

如图5-50所示，男装衬衫的生产流程依据成衣惯用的生产程序排列出来，但为了保持作业的完整性，把相近或有联系的操作组合为一道工序。如把所有的黏烫划归一道工序；缲袖、合侧缝、卷底边三道专机生产划归为一道工序；平缝工序有六道：工序②是衣身的缝合，③、④和⑦是袖的缝合、⑤和⑧是领的缝合。一共是八道生产工序。此外，也可把③、④和⑦组合、⑤和⑧组合。单元式的生产工序分解方法最简单，很适合小型的生产模式。

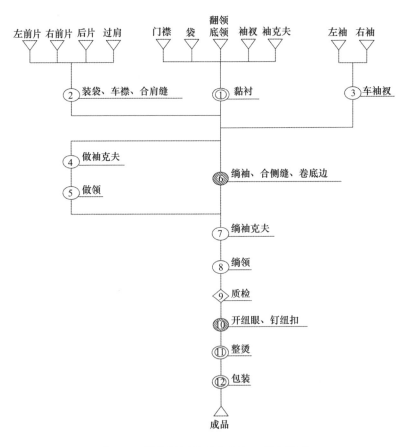

图5-50　男装衬衫单元式生产工序流程图

2. 中型生产工序流程图

如图5-51所示中男装衬衫的生产工序由原来的8道增加到26道，生产流程细致地以每一基本操作为单位，生产资料和生产设备有了更清晰的划分，每一名工人能专注于固定的

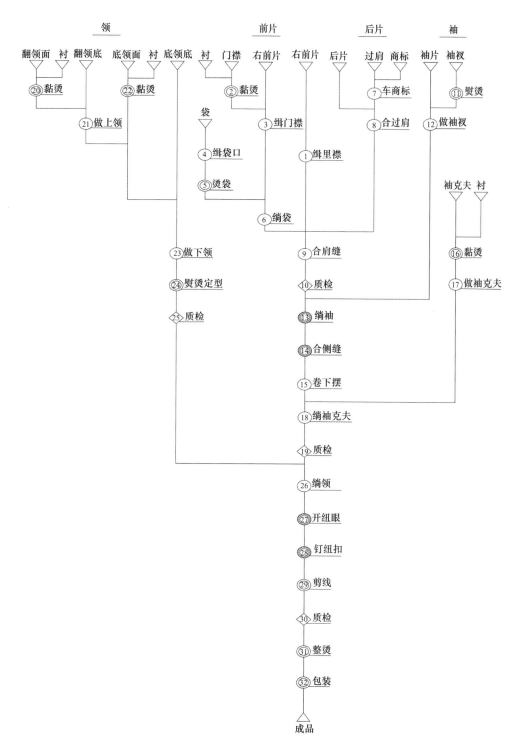

图5-51 男装衬衫中型生产工序流程图

作业，使生产流畅，在支流、主流的交汇处安插质检，有效控制产品质量。这种分解方法在现代大中型生产企业中使用率较高。

3. 大型生产工序流程图

大型生产工序流程是在中型生产工序流程的基础上再作更细的分工，是以每一道缝迹、每一道手工为工序单位。如图5-52所示共含41道生产工序，设计特点是把较复杂的

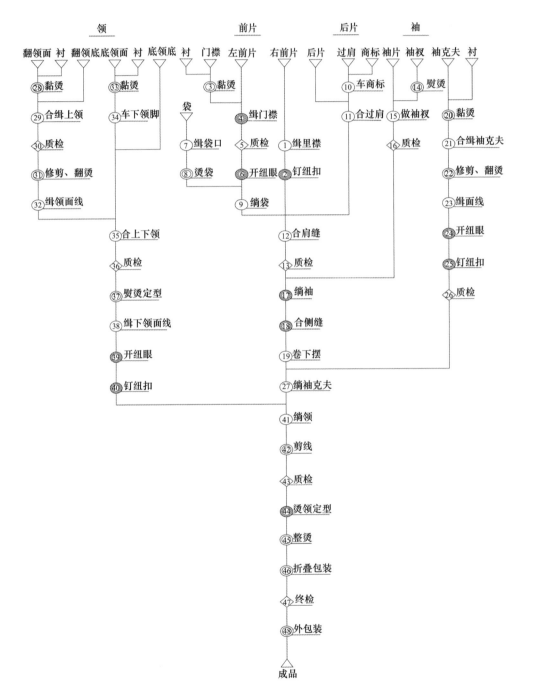

图5-52　男装衬衫大型生产工序流程图

工序拆分，并增加更多的熨烫和质检工序，锁、钉工序也被放进支流生产中。这种分解方法，可以更多地使用现代专机生产，能大大提高专业技术和产品质量，同时又迫使生产规模扩大，所以这种生产模式只适合大型的专业生产。

二、工序编制

工序编制是将要制作的产品划分成多个工序后，合理分配给有能力做相应工序的工人，且每个工人所完成的工作量需大致相当，使生产线尽可能保持平衡。工序编制主要的目的有：

（1）确保流水线平衡稳定运行。

（2）减少在制品的传递时间和降低生产成本。

（3）减少在制品堆积，充分利用空间，改善工作环境。

（4）可及时获得产品的相关数据，便于控制生产进度。

（5）减少工人流失情况。

合理的工序编制，将使缝制生产效率有效提高，企业效益更理想。

（一）编制效率

编制效率是评价工序编制优劣的指标，其数值可体现出生产线的平衡情况，一般编制效率达到85%以上时，生产线基本能保持平衡。编制效率可用下式计算：

$$编制效率 = \frac{平均加工时间}{瓶颈工序时间} \times 100\%$$

式中，瓶颈工序时间是指产品经过工序编制后，最费时工位所需的作业时间；平均加工时间是指生产线中加工某件产品时，平均每个工人应完成的作业时间，即"生产节拍"。

$$平均加工时间（节拍） = \frac{标准总加工时间}{作业人数}$$

在服装企业中，管理人员常常为工时定额的制订而头痛。因为在测定作业时间时，操作者往往从自身利益出发，即便是平时动作协调的"快手"，测出的作业时间也比真正的作业速度慢，使测定结果不能反映出被测定者的正常水平。因此，如何保证测出的作业时间既合理又易于使工人接受，需要对生产过程进行科学的分析。由此引出"标准加工时间"和"纯加工时间"等概念。

服装工序的标准加工时间是指完成某项作业必要的时间消耗，由纯加工时间和宽裕时间组成。标准加工时间的构成如图5-53所示。

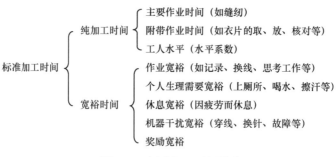

图5-53 标准加工时间构成

纯加工时间是指由具有一定经验的工人（其经验年数由技能评定机构确定），在正常作业条件及作业方法下，以普通的速度（由全厂平均水平决定的速度）进行作业所花费的时间，即：

$$纯加工时间=观测时间×（1+水平系数）$$

在服装加工过程中，常常出现同一工序由不同的工人操作时，所需加工时间的差异较大。此外，即使是同一工人，在不同场合下，也会有不同的加工时间，由此给工时定额带来一定的困难。这就要求技术管理人员在制订工时定额时，必须考虑人为因素，即工人的个性因素，如作业技能水平、工作努力程度等，以便计算出能反映全厂普通作业水平的加工时间值——纯加工时间。其中，还需考虑作业员个人之间差异的系数——水平系数。

从技能水平方面看，必须对掌握优良技术的操作工人有充分的了解，将他们分配到合适的工作岗位。对技能太差的操作工人要进行训练，将他们提高到普通标准的水平。对于普通技能的操作工人，应多加鼓励，使其有所提高。因此，在同一工序，必须掌握这三种不同技能水准的操作人员的加工时间，即应把人员间的素质差异视为一个同一水平的数值，以便对加工时间进行修正，这种同一水平的数值称为评定系数或水平系数。确定纯加工时间时，工厂可采用如表5-2所示的水平系数。表中把工人的技能分成若干等级，对每一等级给予一个正数或负数，作为技能的水平系数。

表5-2　水平系数（技能）

技能等级		水平系数	技能判断
优	A	+25	除改善动作外，没有其他方法
普通	B	0.00	作业有速度
可	C	−0.33	手势稍缓慢，熟练后会很快上进
差	D	−0.58	边想边作业
新工人	E	−0.75	已通过基本训练

为方便计算，宽裕时间可通过对车间的工作状态分析，得出宽裕率，再估算出标准加工时间，即：

宽裕率=宽裕时间/纯加工时间×100‰。

工序的标准加工时间=纯加工时间×（1+宽裕率）

宽裕是不定期动作，在作业管理上虽属必需，但它不能产生附加值，要达到快速生产，就要尽量缩短这部分时间。宽裕率是生产管理人员应掌握和必须实际考察的因素，也可以作为评定管理水平的依据。

服装厂缝纫车间宽裕时间概况如表5-3所示。

表5-3 缝纫车间宽裕时间概况

作业		内容	改善方法	宽裕率（%）	
				少品种 多批量	少批量 多品种
工作	主要作业	缝制、熨烫、整烫、材料加工	作业标准化、管理合理化、提高机械效率、合理化机种、有效利用附带设备	27～30	20～24
	附带作业	对材料拿、放、换、装配、切线、合缝等	采用搬运装置、改善作业台、堆放台、充实作业指导、改善堆放方法	44～49	53～56
作业宽放	装备条件	确认指示单、准备作业条件交换零件、准备工作台、整理桌面、装底线、确认温度、确认压烫板温度等	增加批数，增加专业工作人员，备用缝纫机及熨斗、器材的准备	1.9～2.9	1.5～2.5
	整理成品	准备材料，改放地点，确定材料够否，解开材料、确认数量	整理工序的平衡、加工次序的标准化、整理物料及材料保管，利用堆放台及流水台	4.6～6.3	4.8～6.6
	换线	换上线、换底线	整理放线架、梭子的保管、线的分配方法	0.9～2.5	1.7～2.5
	记录	记录传票、公告板等	记录标准化、简要化	0.1～0.5	0.5～1.0
	故障	穿线、换针、缝纫机、真空烫台、烫衣机故障等	预防保全、用线检查、使用穿线工具、缝纫机的操作法、脚踏板	0.6～2.2	1.5～2.6
	判断	判断或注意质量加工好坏	质量基准明确、公布	0.3～2.3	0.3～1.6
	修改	拆开、重新缝、重烫、再压烫	作业指导、作业指示法责任体系	1.7～2.6	2.5～2.8
车间宽放	商量工作	指示、报告、教育、商量	作业指导、教育、用文书指示、报告制度	2.2～2.5	2.5～3.0
	搬运	材料、成品、器具的搬运	工序编制、布置合适、搬运量增加	1.1～3.2	1.3～4.5
	等待工作	等主料、等零件、等辅料、衔接不上、等待	工序平衡的调整、工序进度的充实、库存管理制度	0.2	0.1～0.3

作业		内容	改善方法	宽裕率（%）	
				少品种 多批量	少批量 多品种
疲劳	疲劳	休息时间以外的休息	健康管理、环境改善、适当休息、环境条件	1.3 ~ 1.7	0.8 ~ 2.6
间歇	间歇	上厕所、喝水、擦汗	空调、健康定理	—	—
其他	偷懒	私语等	提高职业道德、改善气氛、积极引导、加强管理	0 ~ 1.5	0 ~ 0.3

（二）工序编制的方法

为了使缝制生产线平衡生产及提高效率，工序编制时可从以下几个方面考虑。

1. 以加工时间为准，力求各个工位的作业时间相近

例如，某产品平均加工时间为0.22min，若工序编制时将各工位的加工时间都安排为0.22min，即各工位在制品以同一时间完成，此时称之"同步"，表明生产线达到完全的平衡。但在实际生产中，要实现这一理想状态是不可能的。

在以时间值为准分配工序时，可考虑以下三个方案。

（1）方案一：一人完成一个工序，或几个人完成一个工序。这种方案适用于少品种、大批量生产。工序细分使工人的操作专业化，有利于作业速度和质量的提高，但作业员对新品种的适应性较低，在更新品种时，生产量会受到较大影响。

（2）方案二：把性质相近的工序归类，并交给一个工位的工人完成。此方案可用于多品种、少批量的生产。工人每次都需完成不同工序，其适应性较强，更换品种时，能较快地接受新任务。但该方案中人员的培训费用较大，必须使用熟练工。此外，因相近工序合并，会出现在制品逆流交叉现象，致使工序间的管理有一定的困难。

（3）方案三：一人完成几种不同性质的工序，可适应多品种生产，且不会出现逆流交叉现象。但因一人负责几台机器的操作，设备投资费用较大。

在实际工序编制时，往往以上三种方案共存。

2. 按缝制加工工序的先后顺序，依次安排工作内容

按工序依次安排工作，尽可能避免逆流交叉，以减少在制品在各个工位间的传递，有效地利用时间，缩短加工过程。

3. 零部件加工工序与组合加工工序尽量分开，由不同的工人完成

如果某工人的工作内容中既有零部件加工又有组合加工，势必出现半成品回流现象，从而增加了在制品的传递距离。

4. 考虑工人本身的特点，即工人的技能要与所分配的工作相匹配

例如，根据工序的难易程度和所需时间，将工作难度系数较高、加工时间较长的或某些关键部位的工序安排给技能好的人员，而加工时间较少、较为简单的工序，由作业新手或技能一般的工人完成；最初的工序可分给产量稳定的工人，以防出现供不应求的现象，保证生产的连续性；零部件组合工序，应安排给细心又有判断力的工人，以便及时发现问题，避免组装后发现问题再返工，造成不必要的损失。

（三）工序编制方案实例

一款针织T恤，面料为双罗纹组织，要求圆领滚边，袖口、底边包缝折边，后领中央缝制商标。初步工序划分及工序流程设计如表5-4所示。

表5-4 滚领T恤缝制工序编制方案

工序及名称	标准加工时间（min/件）	计算人力数（人）	实际人力数（人）	设备及数量（台）	实际加工时间（min/件）
①翻折底边	0.32	1.58	2	包缝机2	0.160
②合左肩缝	0.23	1.14	1	包缝机1	0.230
③剪商标	0.10	0.50	1	工作台1	0.100
④缝商标	0.40	1.98	2	平缝机2	0.200
⑤滚边	0.44	2.18	2	绷缝机2	0.220
⑥合右肩缝	0.23	1.14	1	包缝机1	0.230
⑦翻折袖口边	0.32	1.58	2	包缝机2	0.160
⑧绱袖	0.47	2.33	2	包缝机3	0.235
⑨合袖、合侧缝	0.50	2.48	2	包缝机3	0.250
⑩打结	0.36	1.78	2	打结机2	0.180
⑪剪线	0.67	3.32	3	工作台3	0.223
合计	4.04	20.01	20	机18，台4	P=0.250

注 以平均生产节拍为基础，计算简化工序所需的人力（机械）数量。人力数=标准加工时间/节拍，理论计算数据应取整，得到实际的工序人力（机械）数量。设Y为计算人力数结果小数点后的数，取整原则是：当Y<0.2时，人力数和设备数均不增加；当0.5≤Y<1时，人力数和机械数均增加1；当0.2≤Y<0.5时，增加设备数1，但不增加人力数。

在此例中，生产线工人以20人为标准，则：

平均加工时间（节拍）$P_{平均}$=标准总加工时间/作业人数=4.04/20=0.202min/件

实际人力数=计算人力数取整，即20。

实际机械数取整后，需要配置机械18台、工作台4台。

各工序中用时最长的为实际生产节拍，即P=0.250min/件。

编制效率=0.202/0.250×100%=80%

计算出的编制效率小于85%，说明生产中可能有瓶颈现象。从表5-4中发现工序①和

⑦在计算人力取整时（求实际人力数）浪费较大，工序⑧和⑨实际加工时间最长，都存在着负荷不平衡且工艺合并在技术上可行的情况，可分别重新编制。根据服装生产管理经验，合并工序会受到运送半成品及工人熟练程度等问题的影响，会使标准加工时间比合并前工序标准加工时间之和增加约5%。故工序①和工序⑦合并后标准加工时间为0.67min；工序⑧和工序⑨合并后标准加工时间为1.02min。重新编制后的工序及有关数据如表5-5所示。

表5-5　重新编制后的工序及有关数据

工序及名称	标准加工时间 （min/件）	计算人力数 （人）	实际人力数 （人）	设备及数量 （台）	实际加工时间 （min/件）
①翻折底边、袖口	0.67	3.25	3	包缝机4	0.223
②合左肩缝	0.23	1.12	1	包缝机1	0.230
③剪商标	0.10	0.49	1	工作台1	0.100
④缝商标	0.40	1.94	2	平缝机2	0.200
⑤滚边	0.44	2.14	2	绷缝机2	0.220
⑥合右肩缝	0.23	1.12	1	包缝机1	0.230
⑦绱袖、合袖、合侧缝	1.02	4.95	5	包缝机5	0.204
⑧打结	0.36	1.75	2	打结机2	0.180
⑨剪线	0.67	3.25	3	工作台3	0.223
合计	4.12	20.01	20	机17，台4	P =0.230

工序重新编制后人力数仍为20，缝纫机数量减至17台，标准总加工时间T=4.12min/件，平均加工时间（节拍）$P_{平均}$=0.206min/件，实际生产节拍P=0.23min/件，编制效率=90%。显然，工序在进行重新编制后，生产线更平衡、生产效率更高。

第五节　缝纫作业的改进

缝纫工的缝纫动作较难协调，在很大程度上影响了生产效率及产品质量。一些服装企业，通过工业工程技术协助提高生产力。其中包括动作分析，提出工作改进的方法，建立标准工时，实施奖励办法等，力求达到生产线平衡。

在一般的缝纫工作中，机针有效活动的时间只占总工作时间的20%左右，其余时间会用在材料处理、私事、疲劳和不可避免的耽搁上。假设一位缝纫工每天工作8h，只要将机针有效活动的时间增加10min，当天的产量就可以提高一成。可以通过以下几个方面的作业改进，使缝纫工把更多的时间用于缝纫操作上，同时也能有效地降低工人的劳动强度。

一、工作台的工程设计与改进

（一）工作台高度的设计

　　在缝纫车间，操作者长期坐在椅子上进行缝纫工作，缝纫台面的设计和座椅的高度是否合适将影响操作者的工作效率。根据人体工效学及有关人体数据的研究表明，中国女性推荐标准座位工作台的高度范围在70～74cm之间，座椅的推荐高度为37cm，座椅过高使人作业时呈低头、弯腰、前倾等强迫姿势，易使操作者疲劳。缝纫作业的坐姿大多是前屈姿势，椅背到椅垫的距离要比一般的椅子小，这样可使腰部负荷减小，增加支撑的稳定性，如图5-54所示的正常坐姿。因此，当车台的高度、座椅和坐姿调整到最佳状态时，能有效地减轻身体的疲劳程度。

上身直立　　　　　手在胸部以下，身体
　　　　　　　　　倾斜度小于15°

图5-54　正常坐姿

（二）工作台面的结构设计与改进

　　讲究台面大小的设计，提供足够的空间放置裁片及保证其结构设计的合理性，可使工人在处理材料与缝纫操作之间保持连贯性。为了迎合个别工序的需要，某些车台可能要加大、增设辅助工作台，或加设架子等。比如，制作长裤时，可将台面左右两侧设辅助工作台延伸，如图5-55所示。裤片上端位于手肘活动范围之内，下端则分别处在左右辅助台面上，作业员的双手可同时且

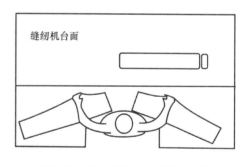

图5-55　缝合裤片的台面结构改进

对称地拿取两片裤片，比齐后置于压脚下，这种情况下，操作起来即顺手又省力。

　　如果将辅助工作台加装在衣车桌面的前方，这种台面的结构设计则适用于打较长细褶的款式。将缝好细褶的裁片直接在前方的辅助台上比量长度，可省去很多的时间，如图5-56所示。除以上所举的两种台面设计外，还有许多如多针锁链车、打结车等特种工序的操作情况以及为避免操作员双手悬空而设计半圆形或长方形辅助台，对提高生产效率均有很大的助益。

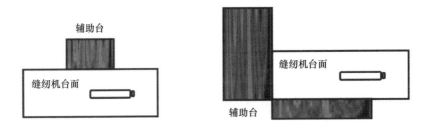

图5-56 缝较长细褶工序的台面结构改进

（三）工作台改进案例及效率比较

下面就工作台改进举一案例，比较原方法和改进后方法的生产效率，见表5-6。原方法各衣片的放置位置使操作者双手拿取时增加了手臂的消耗能量，阻碍了生产效率。将辅助工作台、储物箱及衣片放置的位置调整后，每天（8h）工作效率可提高20%。

表5-6 工作台改进前后效率比较（缝合后片与育克工序）

生产情况	原方法	改进后方法
工作方法	（1）后片放在左边架上 （2）面育克放在右边架上 （3）底育克放在操作者腿上 （4）缝纫时不断线，连续缝合 （5）把缝完的后片放入前方的储物箱	（1）用夹台夹着后片，放左边 （2）切短左边车台 （3）面育克放在车头上 （4）底育克仍放在腿上 （5）每件都断线 （6）加装喷枪，把缝纫完的后片向下吹向储物箱
工作台图示	储物箱 缝纫机 辅助台 操作者 辅助台	辅助台 缝纫机 储物箱 操作者
标准时间/100件	53.47min	42.52 min
节省标准工时	—	10.95 min
标准产量/8小时	74.8（打）	94（打）
改善百分率	—	20.5%
品质	接受	保持

注　1"打"即为12件产品。

经过将缝纫工作现场的工作台、座椅、衣车及各种附属设备作最合理的改进后，可使作业员在操作时的取料、缝纫或放置裁片等动作达到简单、快速且不易疲劳的状态，从而有效地提高缝纫效率。

二、缝纫动作的设计与改进

除了对工作台作改进外，还必须规范操作者的缝纫动作。要规范和改进缝纫动作，可以通过操作现场录像拍摄，进行动作的分析与研究，工程人员与管理员可共同设计缝纫动作并提出改进方案。一般可以从协同性、协调性和经济性等方面进行缝纫动作的设计与改进，以降低每件产品的缝纫时间。

（一）协同性

在缝纫加工过程中，使双手和腿脚都能同时承担一些动作，这样可以缩短完成产品制作的时间。如：

（1）采取双手同时做抓取及移放裁片的动作。

（2）尽可能在做比齐对准裁片动作的同时，将车缝前需准备的折角或翻转等动作完成。

（3）操作时尽可能采取与衣车同侧抓取与移放裁片的方式。

（4）裁剪时尽可能采用面对面的铺料方式。

（二）协调性

在进行动作设计和改进时，应该考虑到人对动作的控制特点，如双手、双腿和双脚的动作应尽量保证协调配合，这样有利于作业人员掌握和熟练动作，提高作业效率。如：

（1）减少比齐对准再抓取的时间。

（2）双手动作尽量保持连续。

（3）长缝操作时，必须掌握左右手抓取裁片的正确姿势，保持连续的缝纫。

（三）经济性

在生产过程中，必须讲究动作经济原则，尽可能地减少操作者的动作并缩小其活动空间，使操作者即能高效地处理材料又不易疲劳，如可以利用手指及手腕动作代替前臂、肩及上身的活动，有益增加产量。如：

（1）操作时身体尽可能做最小的移动。

（2）尽可能利用全速车缝。

（3）裁片、物料、工具等尽可能放在作业员伸手可及的范围内。

（4）尽可能以整包裁片车完再放回一次剪断线链的方式操作。

（5）尽可能使用夹子夹住整叠裁片缝纫，如图5-57所示。

从各个方面分析与规范缝纫动作，有利于减少多余的缝纫动作，增加有效的缝纫时间，使缝纫动作机械化、自动化，从而提高生产效率。

图5-57 夹住整叠袖片缝袖山细褶　　　　　图5-58 缝领模板

三、改善设备性能及有效应用缝纫辅助器

在服装加工过程中，通过提高设备功能、适当运用缝纫附件、更新设备及对员工进行有计划的培训等一系列改进措施，能有效地提高缝纫车间的生产效率。

（一）改善设备性能，提高缝纫效率

对关键的、难度较高的生产工序，其缝纫设备可通过计算机控制，运用新技术及光电传感技术进行单机化的多功能组合，可稳定产品质量和提高生产效率。

自动缝纫设备的应用，除了减少材料处理时间外，还进一步减少企业对缝纫工熟练程度的依赖，减轻企业劳动力短缺的问题。此外，多针同步缝合、上下同步送布、自动定针数定针位、自动剪线装置的电控功能在缝纫机上配套组合，也使缝纫工作动作更连贯，减少人机交互动作中的无效劳动时间，提高工效。

（二）缝纫辅助器在加工现场的应用

充分而适当的缝纫辅助器，是现代成衣加工现场不可或缺的一项生产用具。当现有的辅助器不能满足生产需要时，企业的技术人员可以自行设计或改良现有辅助器。设计时应特别注意车缝完成时的尺寸及车缝方式、布片出入口尺寸、布料厚薄、衣车的种类等问题，辅助器不锈钢筒内的空间要配合布料的厚薄，使其使用时能顺利地输入布片、做褶或缝成所需的缝口。

（三）缝纫辅助模板

缝纫辅助模板能非常有效地协助缝纫工完成服装某部件的操作。在实际生产中，可根据不同的缝制产品进行灵活的设计与制作。如缝合袋盖、缝合领子、缉裤门襟明线等具有一定形状和规格较难掌握的部位，可设计制作砂纸模板辅助缝纫，如图5-58所示，这样可以减少缝纫操作过程中测量尺寸、线迹转角等材料整理的时间，大大提高缝纫效率与规格

精确度。

思考题

1. 缝制一款贴袋可通过哪几种设备来完成？

2. 缝纫设备和辅助器的发展对服装工业化生产有哪些影响？

3. 通过设计一款男装衬衫，说明服装各缝纫部位及其使用的相应缝纫设备和辅助器。

4. 何种情况下合适使用粗分工序分工或细分工序分工？

5. 说明工序划分程度的影响因素。

6. 缝纫生产中是如何保持工序编制效率的？

7. 简述工序编制的方法。

8. 设计一件服装产品，编制出其缝纫工序流程并指出各工序相应的加工设备及辅助器。

9. 自设一个服装部件，说明在缝纫过程中会采用哪些手段来提高缝纫效率和质量。

10. 通过对服装企业的参观学习，列出三种用以改进缝纫效率的辅助作业。

应用与实践——

熨烫塑型工艺

课题内容: 熨烫的作用和分类

熨烫要素和定型机理

手工熨制作业

机械蒸汽熨烫作业

课题时间: 8课时

教学目的: 通过本章学习,使学生了解服装熨烫的分类与作用,认识服装熨烫的定型机理和过程,掌握手工熨制作业中温度、湿度和压力等工艺参数的选择,了解熨制工具的应用,认识机械蒸汽熨烫作业的工艺参数、流程和设备的使用。

教学方式: 以教师课堂讲述与分析为主,并采用视频展示为辅,强调理论与实践相结合的教学方式。

教学要求: 1. 使学生了解不同生产阶段中熨烫的作用。

2. 使学生认识熨烫的基本要素和定型过程。

3. 使学生掌握手工熨制作业中工艺参数的选择。

4. 使学生掌握熨制作业中工具的使用和熨烫技巧。

5. 使学生了解机械蒸汽熨烫的过程和技术要求。

第六章　熨烫塑型工艺

作为服装制作的基础工艺，熨烫塑型工艺在服装加工过程中占有重要的地位。服装要表现人体曲线，从衣料的整理开始，到最后成品的完美形成，都离不开熨烫，尤其是高档服装的缝制，更要运用熨烫技术来保证缝制质量和外观造型的工艺效果。

现在，服装工业熨烫作业正逐步采用蒸汽整形熨烫机械，以提高生产效率和保证产品质量。但是，缝制过程中的半成品小烫、单件及小批量的设计定制生产、高档服装的缝制熨烫还传承着传统的、基本的手工熨烫技术。因此，在继承和发展熨烫技术的过程中，我们必须研究和掌握熨烫技术的基本原理，综合地运用传统熨烫技术和现代熨烫工艺。

第一节　熨烫的作用和分类

一、熨烫的作用

熨烫塑型作业，从原料测试到成品整形熨烫，贯穿于服装加工的整个过程。主要作用有以下几方面。

1. 测试原料

与其他测试手段相结合，对衣料的收缩率、色牢度、耐热度等特性进行熨烫测试，为缝制和半成品、成品熨烫提供可靠的技术数据。

2. 平整衣料

通过喷雾、喷水熨烫，使衣料得到预缩，并使衣料平整，为排料、画样、裁剪和缝制创造良好的条件。

3. 归、拔塑型

利用纺织纤维的可塑性，通过运用推、归、拔等熨烫技术和技巧，塑造服装的立体造型，弥补结构制图造型技术的不足，使服装合体、美观。如图6-1、图6-2所示的西裤后片归拔熨烫及前后效果比较示意。

4. 定型、整形

衣料热定型时，熨烫包括半成品热定型和成品整形。

（1）半成品的压、分、扣定型：在半成品缝制过程中，衣片的很多部位要按工艺要求进行平分、折扣、压实等熨烫操作技术（如图6-3所示的平扣熨烫、压实熨烫、扣烫坐倒和分缝熨烫等），以达到衣缝、褶裥平直，贴边平薄贴实等定型效果。

（2）成品整形：通过整形熨烫，使服装达到平整、挺括、美观、适体等成品外观形态。

5. 修正弊病

利用织物纤维的膨胀、伸长、收缩等性能，通过喷蒸汽、喷水熨烫，修正缝制中产生的弊病。如对缉线不直、弧线不顺、缝线过紧造成的起皱，小部位松弛形成的凹窝，部件长短不齐，止口、领面、驳头、袋盖外翻，不帖服等弊病，都可以用熨烫技巧来修正，弥补缺陷，提高成衣质量。

还可以通过垫湿烫布进行轻、快熨烫，可以消除半成品、成品在缝制、熨烫中因操作不当造成的水花、极光、倒绒、倒毛等弊病。

图6-1　后裤片侧缝和下裆缝的推归拔塑型熨烫

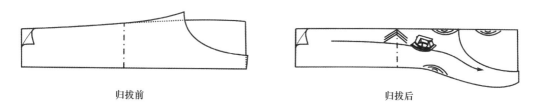

归拔前　　　　　　　　　　　归拔后

图6-2　后裤片归、拔前后造型对比示意

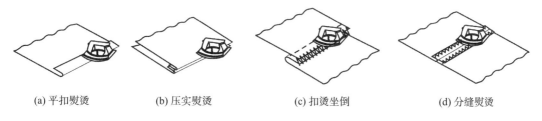

(a) 平扣熨烫　　(b) 压实熨烫　　(c) 扣烫坐倒　　(d) 分缝熨烫

图6-3　几种熨烫要求

二、熨烫加工分类

（一）按加工顺序分

按加工顺序分有产前熨烫、黏合熨烫、中间熨烫及成品熨烫等。

1. 产前熨烫

产前熨烫是在裁剪之前对服装的面、里料进行的预处理，目的是使服装的面、里获得一定的热缩或去掉皱褶，保证裁剪衣片的质量。产前熨烫在服装工业生产中较少使用。

2. 黏合熨烫

黏合熨烫是对需用黏合衬的衣片进行黏合处理，使缝制的服装挺括、不变形。一般在裁片编号之后进行。

3. 中间熨烫

中间熨烫一般指在缝纫工序之间进行的熨烫，包括部件熨烫、分缝熨烫、归拔熨烫等。

（1）部件熨烫：是对衣片或某半成品部件的定型熨烫，如领子整形、袋盖定型、袖克夫的扣烫等的熨烫加工。

（2）分缝熨烫：是用于烫开、烫平缝口的熨烫加工，如省缝、侧缝、背缝、肩缝以及袖缝等的分缝加工。

（3）归拔熨烫：在缝制前将衣片塑型成三维立体造型的熨烫加工。传统的手工归拔工艺具有较强的技巧性，作业员需经过较长时间的学习才能掌握。目前，许多归拔熨烫工序可由中间熨烫机或成品熨烫机完成，所塑造出的立体造型更接近人体曲面，而且不会出现烫焦、"极光"等疵病，对作业者的技能依赖降低，减轻了工人的劳动强度。

4. 成品熨烫

成品熨烫是对缝制完的服装成品做最后的定型、保型及外观处理。在工业化生产中，一般会使用各种烫模、熨烫机完成，其技术要求是保证服装线条流畅、外形丰满、平服合体、不易变形，具有良好的穿着效果。

（二）按定型所维持时间的长短分

按定型所维持时间的长短分有暂时性定型熨烫、半永久性定型熨烫和永久性定型熨烫。

1. 暂时性定型熨烫

暂时性定型指服装在平时使用过程中，受到热量、温度的变化以及浸湿等作用，定型就会消失，或是在轻微机械力的作用下定型即可消失的一种熨烫加工。

2. 半永久性定型熨烫

半永久性定型熨烫指可以抗拒一般使用过程中的外界温湿度、机械等因素的影响，但当遇到较强烈的外力时，定型就会缓慢消失的一种熨烫加工。

3. 永久性定型熨烫

永久性定型熨烫指熨烫时织物纤维的结构发生变化，定型后的形状难以消失的熨烫加工。

在多数情况下，总的定型效果实际上包含着暂时性、半永久性和永久性三种定型成分，当它们能得到合理运用时，定型才是最有效果的。例如，合成纤维服装的定型是以永久性和半永久性定型为主，使该类服装具有洗可穿的良好性能，这是其他面料服装所不能比拟的。由于合成纤维服装的定型中仍残留一小部分暂时性定型，在衣服穿着时受到人体热量的影响以及机械力的作用时，暂时性定型和部分半永久性定型会消失，所以合成纤维服装在穿着一段时间后，仍需进行熨烫，以恢复穿着之前的定型效果。

（三）按熨烫所采用的作业方式分

按熨烫所采用的作业方式分，熨烫包含熨制、压制和蒸制作业。

1. 熨制作业

熨制作业是以电熨斗为主要作业工具，在服装表面按一定的工艺规程移动作业工具，使服装获得预期外观效果的熨烫加工。熨制作业多用于中间熨烫、小型服装厂的成品熨烫等，服装的熨烫效果较依赖操作员的技术水平。

2. 压制作业

压制作业是将服装夹于热表面之间并施加一定的压力，使服装获得平整外观的熨烫加工。压制作业大多是在成型烫模上进行，熨烫出的服装各部位具有良好的立体造型。压制作业在中间熨烫及成品熨烫中均有应用，由于是在成型烫模上进行，烫出的服装具有立体造型效果，多用于男、女西服或裤子的熨烫加工，熨烫效果与所选用的工艺参数有较大关系，人为操作影响因素较小。

3. 蒸制作业

蒸制作业是将服装成品覆于热表面上，在加压的情况下，对服装喷射高温、高压的蒸汽，使服装获得平挺、丰满外观的熨烫加工。蒸制作业适用于具有毛绒感服装的熨烫加工。蒸制作业因熨烫时不直接对面料表面施压，而靠喷吹高压、高温的蒸汽使面料定型，因此主要用于服装成品的最终整形加工。

第二节 熨烫要素和定型机理

一、熨烫的基本要素

服装熨烫是一个热处理过程，即对织物在适当的时间内进行加温、加湿、加压的热定型工艺。因此，温度、湿度、压力和时间，是影响服装熨烫质量的基本要素。

（一）熨烫温度

温度的作用是使织物纤维分子链间的结合力相对减弱，让织物处于高弹态，从而具有良好的可塑性。因此，熨烫温度的高低主要取决于纤维材料的种类，应控制在材料的玻璃化温度和流动温度之间。对于麻、毛、棉、丝、化纤、尼龙，熨烫温度应依次降低。

（二）熨烫湿度

在熨烫过程中，必须对面料充分加湿。给湿的作用主要是使纤维润湿、膨胀伸展。纤维潮湿时水分子便改变了纤维分子间的结合状态，使织物的塑性变形增加，可塑性提高。同时，给湿能缓解热对织物的直接作用，有效地消除熨烫中产生的极光现象。

（三）熨烫压力

对面料施加一定的压力，能使纤维中的大分子按压力施加的方向发生移位、重新组合，纤维在外力作用下变形。压力的大小，主要取决于织物的种类。因大多数纤维有一个明显的"屈服应力点"，当外力超过这一应力点，就会使纤维分子产生移位，导致面料发生形变。一般来说，光面或细薄织物所需压力较绒面或厚重织物小。

（四）熨烫时间

由于织物的导热性较差，因此，要保证服装有良好的塑型效果，熨烫时需有一定的延续时间，以使纤维大分子链能够有机会重新组合，获得新的形态。此外，有些织物必须加湿熨烫，才能达到定型的目的，所以在形态变化的要求达到以后，必须将织物中的水分完全烫干蒸发，才能取得较好的定型效果。这样的熨烫过程必须保证有充分的延续时间。

二、熨烫机理和过程

织物在低温时，纤维分子结构比较稳定，其分子链运动相对是比较困难的。当纤维大分子受到热湿作用后，其相互间的作用力减小，分子链变得活跃和转动自由，纤维的形变能力便增大。此时，对织物施加一定的外力，纤维内部的分子链便在新的形态上重新排列，纤维及织物经过一定时间后便形成所需形状，当冷却后形状就能稳定下来，这就是熨烫定型的基本机理。因此，熨烫过程实际上是经过了加热给湿、施加外力和冷却稳定三个阶段。

（一）加热给湿阶段

该阶段可使面料的温度和湿度提高，以便具有良好的可塑性。当面料受到一定温度的作用，纤维中大分子链的活动性增加，就致使纤维发生一系列物理形态的变化，如图6-4所示的纤维"三态"。

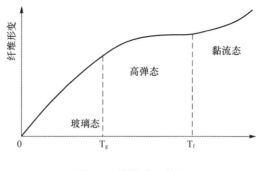

图6-4　纤维"三态"

1. 玻璃态

在常温下，纤维中大分子间的作用力较大，其运动能力较小，此时若有外力施加，纤维会有很小变形，但外力过大，分子链便会断裂，造成纤维被拉断。此时的状态面料是无法进行"塑造"的。

2. 高弹态

随着温度的升高，分子的热运动能力增大，当温度上升到玻璃温度（T_g）时，分子的热运动能力就会大于分子之间的某些作用力，使大分子上的某些链段可以自由运动。此时，纤维具有较好的热塑性，称为高弹态。若施加一定的外力，纤维便能有较大的伸长、弯曲及收缩等形变，而且该形变随外力作用的变化可逆转。

3. 黏流态

当外界的温度继续升高，达到纤维的流动温度（T_f）时，由于此时大分子的热运动能力非常大，能够克服所有链段间的作用力，整个大分子可以自由转动，使纤维呈黏液特征。此时，纤维的形变不可逆转，面料表面的特征就会产生无法修复的变化，如发黄、焦黑，甚至出现熔洞。

所以，在对服装进行熨烫加工时，必须掌握好熨烫温度的高低。一般根据面料的品种，熨烫温度应控制在面料的玻璃化温度（T_g）到流动温度（T_f）之间，使面料在高弹态的状况下，对其进行熨烫加工。

（二）施加外力阶段

该阶段使处于"塑性"状态的面料大分子链，按所施加的外力方向发生形变，重新组合定位。

（三）冷却稳定阶段

此阶段让经过熨烫的面料得以迅速冷却，保证其纤维分子链在新形态下的稳定性。根据服装材料性能及熨烫方式的不同，一般使用自然冷却、抽湿冷却和冷压冷却等。

第三节 手工熨制作业

手工熨制作业是在服装表面按一定的工艺规程，移动作业工具，使服装获得预期效果的熨烫加工。主要使用的作业工具是熨斗。手工熨制手法灵活多变，可在服装加工的许多工序中进行熨制，如分缝、扣烫等，是服装生产中必不可少的基本工艺。

一、工艺参数的选择

熨烫过程中，熨烫的温度、湿度、压力和时间等工艺参数的选择，决定着服装熨烫的质量效果。对于不同的面料及加工要求，熨制工艺参数的确定会有所区别。

（一）温度

服装熨烫即是给衣片进行热定型，是通过一定的温度作用于织物纤维，从而使服装获得平整、挺括、具备符合造型要求的定型外观。因此，温度是服装熨烫好坏的重要因素。

一般确定温度工艺参数时要考虑以下四点：衣料的厚薄；衣料的色泽；衣料的收缩率；混纺和交织衣料的熨烫温度应就低不就高。了解各类纤维对热的敏感性，如麻、毛、棉、丝等天然纤维属非热敏感性纤维，而化纤中的合成纤维、醋酯纤维等属热敏感性纤维，它们对熨烫温度的要求差距很大，要细加区别。各类织物在不同条件下的熨烫温度选择如下：

1. 毛、棉、丝、麻及黏胶纤维等非热敏感性纤维的熨烫温度范围（表6-1）

表6-1 不同熨烫方式下麻、毛、棉、丝及黏胶纤维的熨烫温度范围   单位：℃

衣料类别		直接熨烫温度	喷水刷水熨烫温度	垫干烫布熨烫温度	垫湿烫布熨烫温度	备注
毛（羊毛为主）	精纺	150~180	—	180~210	200~230	①盖烫布熨烫比直接熨烫温度要提高30~50℃ ②柞蚕丝喷水熨烫会出水花印渍
	粗纺	160~180	—	190~220	220~260	
混纺毛呢（如毛涤）		150~160	—	180~210	210~220	
丝	桑蚕丝绸	125~150	165~185（烫反面不能喷水）	200~220	—	
	柞蚕丝绸	115~140				
棉	纯棉	120~160	170~210	—	210~230	
	混纺（如棉涤）	120~150	170~200		190~210	
麻		190~210	—	200~220	220~250	
黏胶纤维（如人造棉）		120~160	170~210	—	210~230	

注 表中数据仅供熨烫时参考。

2. 合成纤维等热敏感性纤维的熨烫温度范围（表6-2）

表6-2　不同熨烫方式下各种合成纤维的熨烫温度范围　　　　　单位：℃

纤维名称	直接熨烫温度	喷水熨烫温度	垫干烫布熨烫温度	垫湿烫布熨烫温度	备注
涤纶	140～160	150～170	180～195	195～220	
锦纶	120～140	130～150	160～170	190～220	
维纶	120～130	—	160～170	—	维纶在高温湿态下会收缩甚至熔融
腈纶	115～130	120～140	140～160	180～200	
丙纶	85～100	90～105	130～150	160～180	
氯纶	45～60	70	80～90	—	
乙纶	50～70	55～65	70～80	140～160	
醋酯纤维	150～160	—	170～190		

注　表中数据仅供熨烫时参考。

（二）加湿

在熨烫过程中，衣料中含水量直接影响熨烫的效果。因此，熨烫加湿要考虑三种情况：第一，要弄清楚衣料特征适合干烫还是加湿熨烫；第二，要弄清加湿熨烫是采用喷水加湿、盖水布加湿还是蒸汽加湿；第三，要做到加湿的水分均匀，并考虑到熨烫环境中空气含水汽量的程度。

1. 加湿方式

熨烫加湿主要是借助水分子的润滑作用，使纤维内部大分子容易活动，易于热压塑型，最后达到热定型的目的。因此，要根据衣料织物的特征，选择加湿手段。

（1）薄或较薄的料子，如丝绸、纯棉、涤棉等衣料，在熨烫时织物纤维需要的含水量较低。丝绸需要的熨烫含水量为25%～30%，纯棉、涤棉需要的含水量为15%～20%，因而熨烫时不能加水、加湿过多。恰当的熨烫方法是均匀、适当喷水后，过一段时间，等水点化匀后再熨烫。这样熨烫的效果即好又节省时间。

（2）质地较厚的毛呢衣料，熨烫时要求含水量较高。一般薄型毛呢料需要的熨烫含水量为55%～65%，中厚型毛呢料需要含水量70%～80%，厚型毛呢料需要的熨烫含水量为85%～95%。毛呢类衣料适宜垫一层湿烫布熨烫，且衣料质地越厚，湿布的含水量应该越高。

毛呢类衣料采用蒸汽加湿方式熨烫效果最好，因为高温蒸汽能够均匀地渗透到衣料组织纤维间，使熨烫透彻，效果好，并能避免产生极光。

2. 衣料纤维特性的掌握

（1）柞蚕丝绸的耐水性、吸湿性都较强，但其衣料有一个显著特点，即洗涤时必须全部下水，任何部位如局部沾水，就会产生水花（水渍印）。因此，柞蚕丝绸不能喷水、加湿熨烫，否则出现水花。

（2）化学纤维中，维纶衣料有一个特点，即织物纤维在潮湿状态下，受到高温就会收缩、甚至熔融。因此，维纶衣料的衣服（包括维纶混纺衣料），熨烫时不能喷水，也不宜垫湿布熨烫。

3. 常见衣料的熨烫含水量参数

熨烫含水量指熨烫时对所烫部位衣料（或烫布）进行喷水、刷水等加湿后，该部位衣料（或烫布）中的含水百分率。织物纤维所需的熨烫含水量大小，是服装熨烫中加湿处理的依据。常见衣料所需熨烫含水量如表6-3所示。

表6-3　常见衣料所需熨烫含水量范围

衣料类别	熨烫方式	熨烫所需含水量（%）			对蒸汽熨烫湿度的适应性
		喷水	一层湿烫布	一层湿烫布一层干烫布	
普通毛呢料	先盖干烫布，再盖湿烫布	—	薄料65～75，中厚料80～90	薄料55～65，中厚料70～80	效果好
精纺呢绒	先盖干烫布，再盖湿烫布	—	厚料95～100	厚料85～95	效果好
粗纺呢绒	先盖干烫布，再盖湿烫布	—	65～75	70～80	效果好
蚕丝绸	喷水后停半小时	25～30	95～115	—	适应
纯棉布	喷水	15～20	—	—	适应
涤棉衣料	先喷水后盖烫布	15～20	—	—	适应
灯芯绒/平绒	湿烫布或湿烫布加干烫布	—	70～80	—	不宜压烫
柞蚕丝绸	不能喷水，可盖烫布	—	80～90	70～80	—
维纶/维纶混纺面料	不能加湿	—	—	40～45	不适应
其他合成纤维（如锦纶、腈纶等）	盖湿烫布或干烫布	—	—	—	只宜低温干烫

注　表中数据仅供熨烫时参考。

（三）压力和时间

1. 压力

压力在服装熨烫中是使服装平展、挺括、定型的一个必不可少的因素。一般根据衣料的厚薄和类别决定熨烫压力的大小。质地较薄、组织结构较松的衣料，熨烫压力宜小；质地较厚、组织结构较紧的衣料，熨烫压力宜大。熨烫丝绒、长毛绒、灯芯绒、平绒等衣料，压力不宜太大，否则会使绒毛倒伏，产生极光，影响熨烫质量。对于一般衣料，如果熨烫压力过大，特别是熨斗熨烫时，在某一部位加压过重或停留时间过长，还容易留下印痕。

以厚织物衣料为例，要达到预想的熨烫效果，织物需要压力26.46cN/cm²，500W电熨斗的底板面积为160cm²，则面料织物需要熨斗提供的总力应为26.46cN/cm²×160cm²=4233.6cN，即42.34N，而500W熨斗的自重力为24.5N，因此，操作者只需用手再加力17.84N就够了，操作时不必过多的使劲加力。熨斗不要选得太大、太重，否则，不但熨烫效果不佳，而且无功消耗，浪费体力，增加劳动强度。

2. 时间

压烫时间，即熨斗在衣料某一部位加压停留的时间。压烫时间和熨斗的温度、熨烫湿度和压力密切相关。其中起主要作用的因素是熨烫温度。温度高，压烫时间短；温度低，压烫时间长。因此，必须取得较理想的压烫时间数值，使熨烫时即能保证熨烫质量，又能缩短熨烫时间，提高工效。使用500W电熨斗（蒸汽电热熨斗相同），在适当的熨烫温度、湿度和压力下，各种衣料织物的最佳压烫时间如表6-4所示。

表6-4 各种衣料的最佳压烫时间

衣料种类		熨烫温度（℃）	熨斗在某部位压烫总压力（N）	衣料熨烫含水量（%）	部位压烫时间（s）	备注
毛呢类	精纺	200~230	约39.2	盖烫布 65~80	6~8	①熨斗功率为500W ②熨烫总压力指熨斗自重力加手加压力 ③柞丝不能喷水熨烫 ④维纶不能加湿压烫 ⑤盖烫布熨烫温度提高30~50℃
	粗纺	220~260	42.14	盖烫布 约100	8~10	
	混纺	200~210	约39.2	盖烫布 65~80	6~8	
丝类	桑丝绸	165~185	约34.3	喷水25~30	3~5	
	柞丝绸	180~220	约34.2	盖烫布 40~50	5~6	
棉类	纯棉	170~210	39.2	盖烫布 15~20	3~5	
	涤棉					
麻类		190~210	42.14	盖烫布 约25	4~5	
黏胶纤维类		170~210	39.2	盖烫布 35	3~5	
合成纤维类	涤纶	150~160 180~220	39.2	喷水15~20 盖烫布 约70	3~4 6~8	
	维纶	160~170	39.2	盖干烫布（不加湿）	3~5	
	锦纶	120~150	39.2	喷水15~20	5	
	腈纶	120~150	39.2	喷水15~20	5	
	丙纶	80~100	39.2	喷水15~20	3~4	
	氯纶	70以下	39.2	喷水15~20	3~4	

注 表中数据仅供熨烫时参考。

二、熨制设备

手工熨制作业作为在服装熨烫加工中的基本作业方式，其设备从最初的铬铁到如今的蒸汽调温熨斗，经历了从简单到复杂，从单一到成套的长久历程。熨斗作为熨制作业的主要加工工具，在生产实践中发挥着很大的作用。此外，与蒸汽熨斗配套使用的各种烫馒、烫台以及蒸汽锅炉等设备也应运而生，并不断被改进、完善，从而提高了熨制作业的生产效率。

（一）熨斗

1. 普通电熨斗

通过对熨斗内的电阻丝通电，使其产生一定的热量，由烧热的熨斗底板将热量传到织物表面，对面料进行熨烫加工。

普通电熨斗电压均为220V，功率有300W、500W、700W等三种，质量分别为1.7kg、2.5kg、3.3kg左右。轻型、小功率的电熨斗适于熨制薄料服装；重型、大功率的电熨斗可熨制厚料服装。这种熨斗在操作时常常要凭实践经验通过开关来控制、调节所需要的熨烫温度，容易发生熨烫质量事故，如将织物烫焦、烫黄等。

2. 调温熨斗

调温熨斗装有控制、调节温度的指示盘，内腔里面装有自动通电和断电装置，并有控温、调温指示灯。这种熨斗控制温度较精确，能保证熨斗底板处于最佳温度范围，而且电源能在最佳熨烫温度范围内供电，超出最佳温度范围外即自动断电，这样既可保证用电安全，又提高了熨制作业的工效和质量。调温熨斗适合于不同服装面料的熨制，用途较为广泛。

调温电熨斗外形与普通电熨斗相似，电压为220V，功率多为500W，质量约为2.5kg（也有700W，质量约为3.3kg的）。

3. 蒸汽熨斗

蒸汽熨斗通过喷汽对面料进行均匀地给湿加热，熨烫工效较好，工业生产中被普遍使用。根据作业形式和蒸汽产生方式，蒸汽熨斗可分为成品蒸汽熨斗和电热蒸汽熨斗。

（1）成品蒸汽熨斗：这种熨斗使用的蒸汽是由锅炉生产的或电热发生器产生的成品蒸汽。通过耐热橡胶汽管与熨斗汽道相连，将成品蒸汽送至熨斗。使用时，拉动或拨动阀门柄，成品蒸汽即经过阀门穿过汽道，由熨斗底板喷汽孔喷出，如图6-5(a)所示。该种熨斗质量一般为2.5kg。

这种熨斗使用专用锅炉提供成品蒸汽，面料完全由熨斗喷出的蒸汽加热，所以熨烫时喷汽均匀、温度稳定、使用安全。但其加热温度只在120℃左右，不能满足更高温度加热熨烫的需要。这种熨烫方式所用辅助设备复杂，需要有专用锅炉和蒸汽管路，适用于服装品种相对稳定、熨烫加工量较大的大、中型服装企业。

（2）电热蒸汽熨斗：电热蒸汽熨斗依靠熨斗加热体将通入熨斗内的水加热汽化，汽化的蒸汽由底板的喷孔喷出，实现给湿加热熨烫的目的。根据供水方式，分有吊挂水斗式电热蒸汽熨斗、自身水箱式电热蒸汽熨斗和电热干蒸汽熨斗。

①吊挂水斗式熨斗：该熨斗的吊挂水斗和熨斗分体如图6-5（b）所示。水斗挂于熨烫台专用的挂架上，通过橡胶管提供滴液到熨斗，再由熨斗的电热装置将滴液汽化。最后由底板喷出蒸汽对面料进行给湿加热。一些国产品牌的该类熨斗，电压为200～230V，功率为1000W，质量为2.1kg。

②自身水箱式熨斗：该熨斗的特征是水箱与熨斗合体，由手控进水阀提供滴液，再经电热装置使滴液汽化，并由底板喷出蒸汽给湿加热，如图6-5（c）所示。这种熨斗使用时轻便灵活，但因水箱容量有限，生产效率会受到影响。一些国产品牌的该类熨斗，电压为200～230V，功率为700W，质量为1.2kg。由于该熨斗蒸汽温度在120℃左右，故不能满足高温熨烫的需要。

③电热干蒸汽熨斗：这种熨斗也是使用成品蒸汽，在成品蒸汽熨斗内加装了电热体，如图6-5（d）所示。熨烫过程中，电热体可将输入的成品蒸汽（120℃左右）再次加热，使其成为具有更高温度的高质量的干热蒸汽，以满足高温熨烫的需要。熨斗可在110～220℃范围内进行无极调温。这种熨斗电压为220V，功率为1400W，质量2kg。电热干蒸汽熨斗通常与电子调温器（由热电偶传感器组成）及电锅炉的真空熨烫台配套使用。

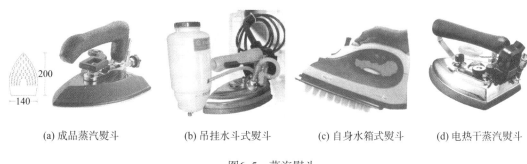

(a) 成品蒸汽熨斗　　(b) 吊挂水斗式熨斗　　(c) 自身水箱式熨斗　　(d) 电热干蒸汽熨斗

图6-5　蒸汽熨斗

（二）电热蒸汽发生器

电热蒸汽发生器是向熨斗提供成品蒸汽的电热锅炉，如图6-6所示，通过此设备将锅炉中的水加热成为具有一定温度和压力的蒸汽。锅炉的供汽压力、供汽量、供汽温度均可调节，由各仪表进行指示。电热蒸汽发生器体积较小，重量较轻，机动灵活，适合与蒸汽熨斗配套使用，作为服装厂的中间熨烫设备，也可用于小型服装加工厂的成品熨烫。此设备较大的缺点是用电量较大。

图6-6　电热蒸汽发生器

（三）熨烫台

熨烫必须在专用的台案上进行。熨烫台是与熨斗配合使用共同完成服装熨烫作业的熨制配套设备之一，当与不同形状的烫馒组合时，可组成具有各种特殊功能的专用熨烫台，如图6-7所示为单臂式烫台，如图6-8所示为筒形物用烫台等，适合服装生产过程的中间熨烫或小型服装企业的成品整烫。

图6-7　单臂式烫台　　　　　　　　图6-8　筒形物用烫台

熨烫台多为真空烫台，其原理是利用高效离心式低噪声风机，在熨烫工作台面产生负压，将被熨材料吸附于台面上，以确保熨烫过程中衣物不产生偏移，熨烫后的服装平整、挺括、干燥。在普通真空烫台的基础上，一些熨烫台还增加了许多其他的功能，如：台面及烫馒调温烘干装置，可有效保证台面及烫馒衬布的干燥和通风，使被熨物干燥挺括，定型更稳定；手柄式风向转换，可使吸风与喷吹转换操作方便灵活；将转臂置于工作位置时，抽湿或喷吹功能自动转到烫馒；台面可升降、转位调节，以适合不同身高的作业者。

按熨烫台的功能，分有吸风抽湿熨烫台和抽湿喷吹熨烫台。

1. 吸风抽湿熨烫台

作业时，将需熨制的服装或衣片吸附于台面或烫馒面上铺平，由蒸汽熨斗对衣物进行熨烫，熨烫作业完成后，抽湿冷却，使服装造型稳定，如图6-9所示。

熨烫台台面是多层复合结构，由包覆布、软垫、过滤层、台面绷等组成，如图6-10所示。包覆布可以用各种颜色和质地的布料，要求固色牢度好；软垫是烫台的中间衬垫，可用柔软和富有弹性的毡垫材料，使台面有足够的柔性和弹性，以使被熨制的服装或面料受力均匀，有利于被熨衣物的伸展；双层金属丝网具有一定的刚度和弹性，不仅是软垫的支撑体，还与软垫共同组成复合过滤层，过滤由灰尘、浆料和蒸汽不断结合而形成的污物；台面绷（基衬垫）是硅树脂橡胶，用来去除绒毛、线头等杂物。

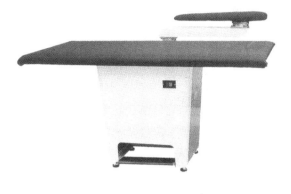

耐热包覆布　　　钢丝网
泡棉软垫

图6-9　吸风抽湿熨烫台　　　　　　图6-10　吸风烫台台面的结构层

2. 抽湿喷吹熨烫台

除具有吸风抽湿熨烫台的吸风和强力抽湿功能外，还可对衣物进行喷吹冷气，通常用于品质要求较高、需进行精整加工的服装熨烫。强力抽湿能加速衣物的干燥和冷却，使衣物定型快，造型容易稳定；喷吹可使面料富有弹性，毛感增强，同时能有效地防止极光或印痕产生。

3. 烫馒

熨制不同的服装部件，要选用不同的烫馒形状。烫馒的规格很多，形状各异，如图6-11所示。烫馒和熨烫台面的结构相同，其下部与熨烫台的抽湿系统相通，在进行熨烫作业时，也可抽湿、吸风、喷吹。

(a) 通用　　　　(b) 烫袖山用　　　　(c) 烫腰头用　　　　(d) 烫衣袖用　　　　(e) 烫裤缝用

图6-11　烫馒

三、熨制操作技术和基本要求

手工熨制作业的质量与作业者的操作技术有较大的关系，如熨烫的手势、用力大小等，均需要有一定的工艺技术。

（一）熨制操作技术

根据人们长期积累下来的技术经验，可将熨制操作技术要领概括如下。

1. 熟悉料性，掌握温度

适合的熨烫温度，是熨烫好服装的第一要素。一是要熟悉衣料的特性，特别是衣料的收缩率、色牢度和耐热度，以便确定熨烫温度和熨烫方式（是否盖烫布，是干烫还是喷水烫）；二是要掌握好熨斗升温或降温的"度"，因为温度过高会烫伤衣料，过低又达不到熨烫塑型和定型的目的。

2. **用好烫具，双手协调**

在半成品分烫和成品整烫中，为了维护和巩固衣片的立体塑型，要根据部件或部位的特征，选择并使用好各种辅助熨烫工具，以取得立体造型、曲线造型和完美外观形态的工艺效果。

熨制中双手协调配合，一只手握持熨斗，另一只手整理衣料并随着熨斗的走向和熨烫方式协调动作，采取各种措施辅助熨斗达到熨烫的最佳效果。

3. **依序进行，移停适时**

手握熨斗熨烫时，熨斗要在被烫部位反复交替地停留烫压和移动。停留烫压和移动是有规律、依次序进行的。否则不但达不到熨烫的目的，还会破坏衣料的经纬织纹。尤其是在最后的成品整形熨烫时，必须严格按程序要求逐个部位熨烫。烫前一个部位时，要为后一个部位创造条件、打基础；烫后一个部位时，要维护前一个部位的熨烫效果。

4. **归、拔准确，伸缩恰当**

衣片的立体塑型，特别是呢绒等高档服装衣片的塑型，都要运用推、归、拔烫的工艺来完成。归、拔熨烫要求做到"三准确"，即归、拔部位要看准，熨斗用力、运行路线要准确，不握熨斗的手的配合动作要准确。

服装在缝制中，缉缝后形成的缝份有的需要分缝，有的需要扣烫坐倒。如熨烫分缝时，应根据所处的部位做平分缝（不伸不缩）、缩分缝（缩拢）或伸分缝（伸长）熨烫，做到伸缩恰当，保证服装达到最佳的立体造型。

5. **闷掀结合，干湿适度**

有些服装面料，特别是呢绒高档面料，需要盖湿烫布熨烫才能达到熨烫效果。操作时，要求熨斗前行时盖上烫布，熨斗后退时掀起烫布。如此反复掀、盖烫布，直至水汽烫干，部位收缩定形。熨烫中给湿和烫干要做到适度。

无论是直接向衣片上给湿熨烫，还是盖烫布给湿熨烫，喷水、刷水都要适度。给水多了，衣片难干，熨烫成了"蒸煮"，既费工费时，效果也不好。给湿烫干，"干"也要有一个限度，过分加湿烫干，轻者会出现极光，重者会使织物纤维变黄、烫坏。

6. **轻重快慢，操作灵活**

以上熨制操作技术的运用和掌握，都关系到熨烫工具运行的轻、重、快、慢和熨斗部位的使用问题。什么衣料的熨烫部位要重压，什么衣料的熨烫部位要轻压；什么情况下熨斗运行要慢一些，什么情况下熨斗运行要快一些；什么部位该用熨斗底板的全部平面熨烫，什么部位该用熨斗的尖端、侧部或尾部进行点烫、侧烫；这些都要心中有数。总之，有了全面的熨烫知识、熟练的技术、多样的技巧和丰富的经验，才能保证熨烫效果。

（二）熨制基本要求

熨烫的基本要求有如下几点：

（1）原料熨烫测试方法对头，数据准确。

（2）推、归、拔熨烫塑型部位准确，熨斗运行路线合理，塑型部位符合人体立体特征。

（3）半成品分烫、成品整烫要求达到：定型部位正确，对称部位一致；产品外表不变形；分、扣、压、伸、缩各种熨烫手法要准，分烫要平，扣压烫要实；成衣整形熨烫要平直、挺括、饱满、美观；无极光、水花、污渍、焦黄等熨烫弊病。

第四节　机械蒸汽熨烫作业

蒸汽熨烫机是一个把湿度、温度和压力集于一体，利用喷射方式将高温高压蒸汽对衣物给湿和加温，使织物纤维达到膨胀、变软、可塑，然后加压塑型，最后抽汽、散湿、冷却定型的熨烫过程。由于高温蒸汽能够在加压下较快地渗透并均匀地扩散到衣料纤维之间，因此能较好地做到熨烫均匀、透彻，获得比熨斗给湿熨烫更理想的效果、更优的质量。目前，蒸汽熨烫作业按其加工方式可分为压制作业和蒸制作业两大类。

一、压制作业

压制作业是将服装置于设备热表面之间并施加一定的压力，使服装获得所需的立体造型及平整外观的熨烫加工。压制作业多在蒸汽压烫机或蒸汽熨烫机上完成。

（一）工艺参数

1. 熨烫时间

利用蒸汽熨烫机进行压制作业时，其各个动作所需的时间应合理配置，可以是连续熨烫，也可以是间歇熨烫。连续熨烫是指加压、喷汽、抽湿等动作连续进行，适合熨烫较薄的面料和服装衣片，以在保证产品质量的前提下，提高生产效率。间歇熨烫是指加压、喷汽、抽湿等动作间歇完成，适合熨烫中厚型面料和服装较厚的部位，以保证纤维充分软化所需的时间。

2. 熨烫温度

蒸汽熨烫机的温度主要是指蒸汽的温度，温度与蒸汽的压力有着直接的关系。一般来说，蒸汽的压力越大，其温度越高。不同服装材料所需的熨烫温度各异，需根据设备种类、面料性质和熨烫部位而定。

3. 熨烫压力

根据熨烫部位以及织物的特性，熨烫压力的大小及加压方式会有所不同。

一般织物都需进行加压熨烫，以获得平挺的外观。但对于毛呢类织物，为保持其毛绒丰满、立体感强的特点，不宜采用加压熨烫，而是采用"虚汽"熨烫的方法。这样既不破坏毛呢织物的外观，又达到了熨烫定型的目的。

根据不同织物及使用的熨烫设备，压制作业工艺参数选择举例如下。

（1）毛料裤（JAK—801—1型熨烫机）工艺参数：

温度：120℃

压力：9.8kN

蒸汽：上下喷射（0.39~0.49MPa）

蒸汽	—5s
加压	—10s
抽真空	—5s
开模	—4s

（2）毛涤混纺织物裤（JAK—801—1型熨烫机）工艺参数：

温度：170℃左右

压力：14.73~24.55kN

蒸汽：上下喷射（0.39~0.49MPa）

蒸汽	—5s
加压	—8s
抽真空	—5s
开模	—4s

（二）压制设备

1. 平板式压烫机

平板式压烫机多用于针织服装如羊毛衫、针织内衣等品种的熨烫，如图6-12所示。熨烫时，先将被烫件套在金属撑架上，然后放于压烫机下台板上，当上压板落下夹住被烫件时，喷吹蒸汽对服装进行熨烫加工。根据产品种类及外形的不同，需制作不同的金属撑架，如果同类产品有不同的型号，还需配备相应型号的金属撑架。

图6-12　平板式压烫机

2. 蒸汽烫模熨烫机

蒸汽烫模熨烫机能将服装烫出符合人体形态的立体造型，常用于熨烫大衣、西服、西裤等半成品或成品需塑造形状的部位，在服装加工中的使用日趋广泛。该类熨烫机有手动式、自动式和微电脑控制等。如图6-13(a)所示是左前胸蒸汽烫模压平机，如图6-13(b)所示是外袖蒸汽烫模压平机。这类烫机的工作过程是：将服装半成品或成品的某部位吸附于已预热的下烫模上，在已预热的上下烫模合模时，模内喷放出高温高压的蒸汽，迫使服装形成烫模的造型，而后抽湿启模，使服装冷却干燥，以便压制好的衣片形态保持稳定。

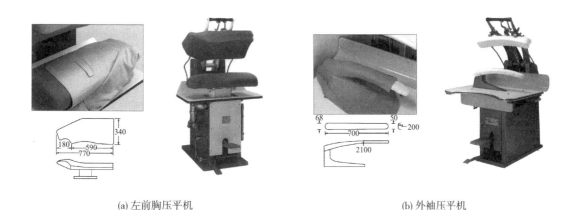

(a) 左前胸压平机　　　　　　　　　　　(b) 外袖压平机

图6-13　蒸汽烫模熨烫机

熨烫机要完成熨烫工艺的全过程，必须与锅炉、真空泵及空气压缩机等设施配套使用。

（三）蒸汽压烫工艺流程及技术要求

1. 作业流程

根据服装产品种类和特点，蒸汽压烫工艺流程不尽相同，所用压烫设备的机种也有一定的变化。

（1）衬衫烫模压烫流程：

中间压烫：修切领角→翻领尖→领角定型→压烫领子；袖头定型→压烫袖头；口袋压烫→门襟和衣边压烫。

成品压烫：弯领子→弯袖头→圆领。有的机器弯领子和弯袖头一次完成。如图6-14所示的自动领袖压平机。

衬衫压烫所用蒸汽压烫机具有电热及自动恒温装置，模板能自动脱落；经蒸汽压烫机加工后的衬衫领角可保持左右对称、大小一致、角度统一、外形挺括；领子或袖头模板只压在领子或袖头上，可获得较好的外观效果。

（2）西裤压烫流程：

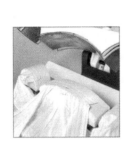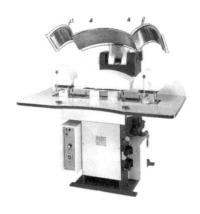

图6-14 自动领袖压平机

中间压烫：拔裆→烫后袋→归拔裤腰头→分臀缝→分小裆缝→分侧缝。

成品压烫：下裆→腰身。

2. 作业技术要求

与熨制作业的技术要求略有不同，蒸汽压烫作业的技术要求，不仅要考虑产品的外观及不同部位的需要，还需结合压烫机的类型来制定合理的技术要求，通常包括：压烫部位、所用机型、熨烫外观效果和熨烫操作规程等内容，如表6-5所示。

表6-5 蒸汽压烫作业技术要求例

工序名称	操作要领	外观要求	机型
烫侧缝	对准中腰位置，上端避开袖窿2cm，侧缝及腰省纱向摆直，袋盖和袋布铺平，与上工序部位铺平。熨烫时按照操作程序只开上汽	服装表面及里子不能有死褶，产品下面不能出现极光	JP—111—1

二、蒸制作业

蒸制作业是将服装成品放于设备的热表面上，在不加压的情况下，对服装喷射具有一定温度和压力的蒸汽，使服装获得平整挺括、外观丰富的效果。由于蒸制作业是一种在近于自然的状态下对服装进行的精整加工，因此，不仅能消除服装上一部分褶痕，而且对消除熨制作业和压制作业中所形成的极光有较好的效果。特别是呢绒类服装的表面毛感，不会在蒸制加工过程中丧失。

较常用的蒸制设备是蒸汽人体模型熨烫机，亦称立烫机。按所熨烫部位，立烫机可分为上装类立烫机和下装类立烫机，如图6-15所示。

立烫机的构成除应有的汽路、电路等基本组件外，还有蒸制室、底部室、活动支架或人体模等部件。

(a) 上装类立烫机　　　　　　　　(b) 下装类立烫机

图6-15　立烫机

（一）工作过程

1. 鼓模

首先向人体模内充汽，让人体模显现立体形态。

2. 套模

将服装套于人体模上，用特制的袖撑或裤撑将衣袖或裤腿撑成立体状，并靠近衣身，呈自然垂放状态，用专用夹具固定衣领、衣襟等处。

3. 汽蒸

由人体模内向外喷吹具有一定压力和温度的蒸汽，经过规定的时间后，停止喷吹蒸汽。

4. 抽汽

抽去服装中的水汽。

5. 烘干

向人体模内补入具有一定温度的热空气，烘干衣服。

6. 退模

松开夹具，将衣服从人体模上取下。

（二）工艺参数

对于不同面料和要求的服装，其蒸制工艺参数有所不同。一般先选用不同的工艺参数进行试验，而后对比蒸制的效果，如皱褶去除量及程度、毛感、手感等指标，以确定合理的工艺参数。

例：某毛料女西服立烫工艺参数比较。

工艺一：放蒸汽时间为40s，吹风定型及干燥时间30s。如图6-16(a)所示。

结果：

（1）8s<t<28s：人体模内温度迅速提高，但不具备定型条件，因蒸汽压力和温度均不够。

（2）28s<t<40s：该段人体模内升温较快，迅速达到85℃左右，已具备热定型条件。因此，服装面料的热定型在此阶段完成。

（3）AC阶段：蒸汽停止，但同时向人体模内补入热风。此时，温度瞬间有所上升，随后因蒸汽的消失，模内温度迅速下降至57℃左右。

（4）CB阶段：热空气吹风，保持恒温，使服装干燥去湿。

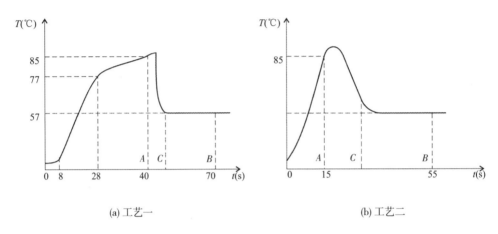

(a) 工艺一　　　　　　　　　　　　　　(b) 工艺二

图6-16　某毛料女西服立烫工艺参数比较

工艺二：放蒸汽时间15s，吹风定形及干燥时间40s。如图6-16(b)所示。

结果：

（1）0s<t<15s：人体模内温度迅速提高，但85℃左右的热定型温度维持的时间较短。

（2）15s<t<55s：蒸汽停止后，热空气吹风时间较长，故低温保持时间长。

最终的蒸制效果可从表6-6看出，如果以整理为目的进行的蒸制加工，可采用工艺二，虽然定型效果差，但能量消耗低，可节约能源；若以定型和消除折痕为目的的蒸制加工，可采用工艺一，虽能量消耗大，但可获得良好的定型效果。

因此，蒸制工艺参数的选择除设备和面料因素外，还需根据蒸制加工的目的确定。

表6-6　某毛料女西服蒸制工艺比较

项目	工艺一	工艺二
升温效率	低	高
高温段的时间	长	短
定型效果	好	差
能量消耗	高	低

思考题

1. 说明归拔塑型熨烫的作用和技巧。

2. 解释手工熨制作业和机械蒸汽熨烫作业。

3. 说明熨烫温度、湿度和压力等要素在面料熨烫过程中所起的作用。

4. 如何把握手工熨制中对温度的控制。

5. 如何把握手工熨制中对压力的控制。

6. 熨制作业的基本要求是什么?

7. 如何正确选用熨制工具?

8. 蒸汽熨烫机相对熨斗而言有何优势?

9. 请查找四种用于压制作业的熨烫设备。

10. 说明什么情况下会用压制作业熨烫或蒸制作业熨烫。

应用与实践——

服装质量控制与分析

课题内容： 服装质量控制表述与疵点界定

成衣质量控制内容

服装尺寸量度操作

成衣疵病分析

课题时间： 6课时

教学目的： 让学生了解并掌握品质控制的基本知识以及成衣在各生产环节质量控制的内容，重点掌握品质控制与尺寸测量的基本操作以及各类质量检查报告的编制与处理。

教学方式： 教师进行课堂讲述与分析，以典型案例引导学生讨论与实际操作，并采用网络等多媒体的教学手段，以理论与实践相结合的方式进行教学。

教学要求： 1. 使学生明确质量控制的基本表述与疵点分类。

2. 使学生掌握成衣投产前相关质量控制的内容与要求。

3. 使学生掌握各生产环节质量控制的内容与要求。

4. 使学生熟悉各类成衣的尺寸测量方法与技巧。

5. 使学生了解服装疵病形成的原因。

第七章　服装质量控制与分析

服装生产方式从手工作坊到流水加工的工业化大生产，加工方法由单件定做到成衣化、工业化标准生产，除了要求生产管理系统随之相适应外，在生产过程中还必须进行合理的产品质量控制，严格控制产品投产前与生产初期、中期、末期等环节的质量，确保产品符合质量要求。服装品质控制不仅是为了满足用户要求，而且可以降低成本，增加工作效益，使产品标准化，减少因废次品、退货及降等带来的损失，因而，制定成衣品质控制内容是服装生产中不可忽视的重要部分。

第一节　服装质量控制表述与疵点界定

一、质量控制的基本表述

成衣质量控制主要针对于服装生产的整个过程，着眼于检查成衣产品在生产过程中的工艺程序是否符合设计上的规格要求，并以产品质量为宗旨的一切控制与检测活动。在实施产品质量检测之前，必须了解产品由客户与加工企业共同制定的规格，然后才对产品进行鉴定或测定，并将其结果和制定的标准相比较，判断每批产品是否合格，并及时反馈给上级部门采取相应措施。质量控制包含如下三层基本含义：

（1）在设计、进料、生产、成衣后整理等各阶段进行质量检查。

（2）通过产品质量检验后，编制检验报告，给加工厂、公司、客户等部门反馈有关产品质量的信息。

（3）通过产品质量的结果表现，发现加工厂在生产中存在的问题，协助加工厂分析问题产生的原因，从而采取改善与预防措施，提高产品质量。

二、服装疵点的界定

成衣产品的疵点可定义为质量属性不符订单或客户的相关要求，一般可根据疵点的严重性、产品的类型、行业标准，以及客户标准等进行分类与界定。所有疵点的类型一般要求在质量检查报告表上清楚记录，表明疵点的严重性。

（一）严重疵点的界定

严重疵点一般是指严重影响产品的整体外观、性能等质量问题甚至有危害产品的使用者或携带者的生命、安全与健康的疵点，可通过如下几点进行界定：

（1）非业内人士都能觉察的、消费者不能接受的疵点。如外观严重破烂。

（2）经使用后会出现问题的，如甲醛超标。

（3）三个小疵点同时出现在同一区域的，如布料走纱、浮纱等疵点。

（4）低劣的制作，其成品会破坏公司的品牌形象的。

（5）根据客户要求，某类疵点应界定为严重疵点。

（二）主要疵点的界定

主要疵点为不能完全达到产品使用目的并有可能影响产品外观效果的疵点，可以凭如下两点标准进行界定：

（1）消费者不易觉察的，不会太介意的疵点。

（2）经使用后其问题不会恶化的疵点。

（三）轻微疵点的界定

轻微疵点为不影响产品使用目的、对产品外观影响不大的疵点。

第二节　成衣质量控制内容

为了提高服装产品在市场上的竞争优势，生产企业必须进行全面的质量检查与控制。因此，服装生产企业的质量控制不应停留在服装缝制过程的质量监控与检查上，必须贯穿到产品设计、加工设备选择、进料以及后整理等整个生产的始末，如图7-1所示。

一、成衣投产前质量控制

（一）产品设计审核

服装在产品投产前，必须对服装款式、尺寸规格、用料、生产方法以及各种技术文件和资料进行严格检查。

1. 生产制造通知单的检查

生产制造通知单是服装生产与制作的任务书，详细标示了产品规格、使用材料以及缝制要点与包装方法等服装制作与生产说明，是服装生产中的命令性文件，主要用于指导服装的制作与生产，对其须进行下列内容检查：

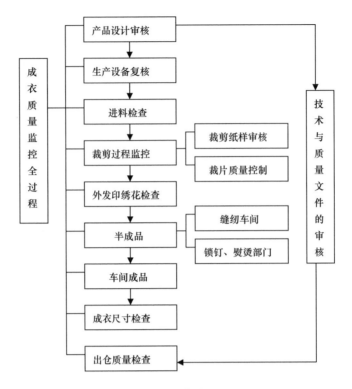

图7-1 成衣质量监控流程图

（1）款式名称、客户名称、交货期、订单数量以及订单日期等基本信息是否正确。

（2）尺寸规格表是否齐全，将每尺码的有关尺寸详细列出，特别是客户所指定的尺寸、宽余度等一定要列入。同时要注明尺寸表所附是人体基本尺寸还是成衣制作后量度的尺寸。

（3）面布、里布、袋布以及衬布、缝纫线、纽扣、商标等辅料是否齐全，品号、规格、用量是否正确。

（4）服装各控制部位及细部规格、款式细节详细资料是否合理，是否将款式用尺寸、形状、距离位置、针数、针距、颜色等实际标准详细列出。

（5）服装各部位的缝迹的宽度与长度、边脚位处理形式以及各部位缝型类型是否清晰合理。

2. **标准样板的检查**

用于裁制衣片的正式样板，必须在投产前与生产通知单的规格进行对照，确认按设计图设计的标准样板有无错误，检查内容包括如下要点：

（1）各控制部位及细部规格是否符合预定规格。

（2）各相关部位是否相吻合，即数量是否相配，各衣片组合后整体曲线是否圆顺。

（3）各部位的对位刀眼是否正确及齐全，布纹方向是否标明。

3. 缝制标准的检查

缝制标准是对产品质量进行细则规定的技术文件，必须根据企业设备、技术条件对产品的缝制要求做出规范化的规定，对其须进行下列内容检查：

（1）对门襟、口袋、衣袖、衣领、侧缝、下裆、下摆等各部位的缝合步骤、缝型形式、缝迹数量的规定。

（2）各部位毛向、对条、对格、对花等具体规定。

（3）对印花或车花的颜色搭配、尺寸、位置等明确规定。

（4）对套结、扣眼、纽扣等收尾制作要求是否详细。

（5）对洗水方法、熨烫、折叠与包装等后整理工艺的要求是否合理。

（6）其他特殊的缝制要求。

（二）生产设备复核

只有确保缝纫设备无故障，才能发挥最高的缝制效率，生产设备检查内容包括如下：

（1）清除各类设备的尘埃、污垢及异物。

（2）检查磨损、松弛、摇动、变形及损伤等细小的潜在缺陷，并加以修护处理。

（3）要求车缝人员对自己使用的缝纫机进行车针安装、压脚调节、梭子线张力调节、线迹密度调试以及绕线器调整等自我检查。

（4）相关作业人员还需检查熨烫与蒸汽设备、包装设备等，确保各生产设备正常运作。

（三）面料、里料的检查

由于面料、里料等主要材料是外购材料，其质量控制不在成衣控制范围之内，但为了减少成衣质量受面料、里料影响的机会，必须在进料、成衣制作之前作严格的控制，对采购的布匹进行全数或抽样检查，以排除不良质量的材料进入生产。

1. 布匹规格与技术指标检查

进料时，一般需要检查布匹的规格与各种技术指标，确保该类指标与订单要求相符，具体项目包括：

（1）品名、颜色、组织结构。

（2）数量、长度与幅度。

（3）织物纤维组成、经纬纱线密度。

（4）染整加工。

2. 物理性能测试

要做好缩水率以及干洗或水洗、耐摩擦、耐日晒等色牢度的测试与记录工作，以便在生产中能做参考之用。

3. 外观质量的检查

要做好布匹外观质量的检查工作。常见布匹疵点有表面磨损、破边、孔洞、横档、皱边、飞色或飞花、斜纹路、弓纱、粗纱、斑点或纱结、吊经、缩纬、混纱、跳纱、针孔、断疵、双纱线、浮纱、抽丝、纱结、筘痕、稀纬、色污、印花中的干痕、印花错位、聚浆、带色、水渍、色斑、污点、色横档、背面印渍、色档或色差等。

（四）辅料的检查

服装辅料根据款式需求可作为成衣的部件、装饰或标记之用，无论何种性能的服装辅料，其质量必须得到保障，否则，同样影响成衣产品的最终质量。因此，辅料入库时必须做常规检查。

1. 黏合衬的常见疵点

黏合衬常见疵点有：耐洗性不良、衬布表面有明显破洞、衬布边有明显异色、衬布边烂边等。

2. 拉链的常见疵点

拉链常见疵点有：拉链强力不良、尺寸偏大或偏小、平整度不良、链牙缺损、链牙歪斜、色泽不良、拉链带贴胶强度不良、拉头电镀不良、拉头喷涂不良等。

3. 扣件常见疵点

扣件常见疵点有：扣件尺寸不良、扣件色差、扣件电镀不良、扣件破损、嵌扣拉力不良等。

4. 商标常见疵点

商标常见疵点有：图案或字体模糊、图案或字体错误、露底色、浮纱、手感不良、表面皱褶、表面卷曲、表面不平整、尺寸不良、商标变色、剪折不良等。

5. 其他辅料常见疵点

其他辅料常见疵点有：外观不良、尺寸不良、形状不良、功能性不良等。

另外，对缝纫线和衬料必须按照有关标准进行缩水率、拉力试验检查和黏合性能检查，并做好辅料质量统计表（表7-1），以便动态跟进，指导生产。

（五）裁剪用纸样的检查

铺料裁剪前，必须对照标准样板，检查所用纸样的正确性，确保所裁衣片正确，检查内容包括如下：

（1）款号、纸样数量、尺码、布纹资料等是否齐全。

（2）止口大小、刀眼位置。

（3）是否有纸样折破、边位破损等现象。

（4）连接部位的尺寸吻合度。

（5）其他如特殊面料的方向、对位等裁剪要求。

表7-1　辅料质量统计表

文件编号: QC-SH-001															年　月　日
订单:			客户:				款式:				数量:				
物料名称	缝纫物料								包装物料						
	商标	里衬	拉链	纽扣	缝纫线	皮牌	扣针	胶袋	吊牌	袋卡	腰卡	胶针	价钱牌	透明贴纸	衣架	胶夹	纸箱
颜色																
型号/规格																
抽查数量																
次品																
次品率%																
是否接受																
备注:																
质检员: _____ 辅料部主任: _____ 质控部主任: _____ 日　期: _____ 日　　期: _____ 日　期: _____																

二、成衣生产中质量控制

(一)裁片质量的检查

在保证铺料与裁剪工序完全正确情况下，检查裁剪出来的衣片质量，检查内容如下:

1. 裁片数量与尺码标记

(1)全数检查裁片数量，数量不够则补裁。

(2)对尺码与对位记号进行检查，不合格者按小规格裁片处理。

2. 裁片质量

裁片质量检查内容有:面料正反面有无裁错、面料方向性有无裁错、切口有无熔化、切口是否毛糙、定位标记位置有无错误、定位标记有无漏打、定位标记有无太深、条格裁断有无偏差、有无色差、有无污渍、衣片形状有无误裁、尺寸有无偏小或偏大等。

3. 编制裁床质量检查表

为了确保裁床铺料正确，节省用料并使裁剪质量符合要求，相关部门必须按有关程序进行质量控制，质量控制员可随时抽查裁片质量，尽早揭示有关质量问题，编制裁床质量检查表，如表7-2所示。

表7-2 裁床质量检查报告表

文件编号：QC-SH-002				年 月 日	
订单：		客户：		款式：	
款号：		数量（件）：		颜色：	
拉布方法：_____ 第_____床			拉布层数：_____		
1. 铺料				是	否
（1）铺料宽度是否与布匹宽度吻合					
（2）纸样是否正确					
（3）布纹方向是否正确					
（4）排料线条是否圆滑					
（5）裁片数量是否齐全					
（6）尺码是否正确					
2. 裁片				是	否
（1）底、中、面层裁片大小是否有差异					
（2）裁片边缘是否脱散					
（3）裁片线条是否正确					
（4）裁片编号是否正确					
（5）布头、布尾的拉布宽余位是否符合标准					
3. 执扎				是	否
（1）工票内容是否与裁片配合					
（2）同一扎裁片是否有色差					
（3）其他					
4. 问题：					
质检员：_____ 裁床主任：_____ 质控部主任：_____ 日 期：_____ 日 期：_____ 日 期：_____					

（二）绣花或印花的检查

裁片经过绣花或印花工序后，在进入缝纫车间进行下道工序制作前必须做好质量检查工作，常见绣花或印花疵点有：线色错误、线迹松紧不良、表面针眼明显、图案位置错误、印花浆料过底、图案变形、图案错误、图案尺寸偏差等。

（三）半成品质量的检查

为了确保产品的质量合符客户要求，加工单位必须对半成品进行质量控制。在车间开款刚出成品时、完成成品一半时以及成品将要完成时，质控人员必须进行质量抽样检查，将每道工序的半成品按客户的标准要求进行检验，审核车间半成品或成品的质量是否符合要求，并制订好半成品期检查，如表7-3所示。

表7-3　半成品质量检查表

文件编号：QC-SH-003					年　月　日	
订单：		客户：		款式：		款号：
数量（件）：		颜色：		洗水方法：		缝制组别：
车间初期 [ ]　　　　　车间中期 [ ]　　　　　车间末期 [ ]						
成品洗水后 [ ]　　　　包装中期 [ ]　　　　　包装末期 [ ]						
布料/物料		手工艺		包装/后处理		
1. 布料		1. 外观效果		1. 洗水后颜色		
2. 拉链		2. 缝型		2. 洗水后手感		
3. 主商标		3. 扣眼		3. 整洁		
4. 洗水商标		4. 针步密度		4. 烫工		
5. 纽扣		5. 纽扣/包头钉位置		5. 吊牌		
6. 包头钉		6. 口袋位置		6. 腰卡		
7. 缝纫线		7. 商标位置		7. 袋卡		
8. 其他		8. 下摆		8. 胶袋		
		9. 套结		9. 纸箱/资料		
		10. 其他		10. 其他		
评议：						
					抽查件数：＿＿＿＿件	
质检员：＿＿＿＿＿　　车间主任：＿＿＿＿＿　　质控部主任：＿＿＿＿＿						
日　期：＿＿＿＿＿　　日　期：＿＿＿＿＿　　日　　期：＿＿＿＿＿						

缝制工序半制成品的检查包括下列内容。

1. 部件外形

门襟、口袋、领子、袖子、裤腰、下摆等部件成形后，应与标准纸样进行对照检查形状是否符合设计要求。

2. 外观平整

服装缝合后的外观是否平整，缝缩量是否过少与过量。

3. 缝型与线迹质量

线迹的数量与缝型类型是否正确，以及缝迹的光顺程度是否符合质量规定。

4. 半成品熨烫质量

半成品熨烫成型质量是否符合设计要求，有无烫黄、污迹等玷污现象。

（四）成品质量的检查

质检员对车间的首件成品的尺寸、做工、款式、工艺必须进行全面细致的检验，成品进入后整理车间后，需随时检查实际操作工人的整烫、包装等质量，并不定期抽验包装好的成品，主要检查腰卡、袋卡、吊牌的规格，核对有无错码，吊牌内容是否与服装的尺码相符。编制成品质量检查表及整改意见（表7-4），要做到有问题早发现、早处理，尽最大努力保证大货质量和交货期。

表7-4　成品质量检查表

文件编号：QC-SH-004					年　月　日	
订单：		客户：		款式：		款号：
数量（件）：		颜色：		洗水方法：		客期：
第＿＿＿次检查						

检查类别	接受	不接受	检查类别	接受	不接受
1. 布料			10. 包头钉位置		
2. 物料			11. 纽扣位置		
3. 款式			12. 吊牌内容		
4. 手工艺			13. 腰卡		
5. 洗水后颜色			14. 包装方法		
6. 洗水后手感			15. 胶袋		
7. 整洁			16. 纸箱/资料		
8. 烫工			17. 其他		
9. 商标位置					

疵点类别	件数	疵点类别	件数
1. 针步		8. 布料（破洞/走沙/色差）	
2. 连接部位		9. 污渍/油污	
3. 主商标（资料/位置/牢固）		10. 烫工	
4. 洗水商标（资料/位置/牢固）		11. 手感	
5. 缝型（爆口/重线不正）		12. 尺寸	
6. 扣眼（漏缝/未开口）		13. 外干效果（线头/洗水）	
7. 纽扣（漏钉/破烂）			

接受 [ ]　　　不接受 [ ]	抽查件数：＿＿＿＿＿＿
	疵点件数：＿＿＿＿＿＿
评议：	

检查员：＿＿＿＿＿	包装部主任：＿＿＿＿＿	质控部主任：＿＿＿＿＿
日　期：＿＿＿＿＿	日　期：＿＿＿＿＿	日　期：＿＿＿＿＿

成品质量的检查与常见疵点包括下列内容。

1. 粘衬工序的检查

粘衬工序的检查内容有：衣片有无过硬或偏软、衣片有无变色、衣片有无云纹、衣片有无亮光、衣片有无渗胶、衣片表面有无起泡、衣片有无起皱、衣片黏合度是否不牢等。

2. 款式或服装部件的检查

款式或服装部件检查内容有：左右有无不对称、条格有无歪斜、花型对合有无错位、有无漏部件、有无漏工序、部件有无装错、部件位置有无不对、有无滚边扭曲、部件尺寸有无偏离、口袋有无张口等。

3. 缝制工艺的检查

缝制工艺检查内容有：面料有无破洞、缝口有无起褶、面料有无反翘、面料有无打卷、面料有无色差、面料表面有无异物附着、面料有无污渍等。

4. 线迹或缝型检查

线迹或缝型检查内容有：缉面线迹有无断线、缝迹有无跳线、有无针眼、线迹有无偏短、有无线迹不良、有无止口不均、有无漏缝、缝迹有无不顺直、有无线头、有无针距不符、缝头有无裂缝、有无漏拷边等。

5. 辅料装置检查

辅料装置检查内容有：缝线有无使用错误、里衬有无外露、扣件有无脱落、扣件有无漏钉、纽扣有无错位、扣件有无用错、扣件或扣眼位置有无偏差、扣眼有无漏切、扣眼锁缝有无脱散、钉扣线有无松紧不良、扣眼有无过大或过小、钉扣有无抽丝、纽扣方向有无钉错、扣眼有无切割不良、扣件装钉位置有无错误、拉链有无卡齿、拉链有无露出等。

6. 熨烫质量检查

熨烫质量检查内容有：面料表面有无折印、烫黄烫焦、变色、变硬、水花、亮光、渗胶、变形、漏烫、挺缝线歪斜等。

7. 包装检查

包装检查内容有：唛头有无错误、唛头有无填写模糊、有无用错箱子、装箱方式有无错误、胶袋有无用错、折叠方式有无错误、有无漏附件、附件有无用错等。

（五）出仓质量检查

成品出厂前的质量检查是成衣质量控制的最后一关，一切质量问题必须严格控制，不能流出加工企业，以免影响企业声誉。出厂检查的质量标准可参照企业标准或客户要求的标准，检查表格可参照表7–4"成品质量检查表"。成品出厂质量检查一般采用抽查方式进行，企业可按国家标准的计数抽样方法进行抽样检查，表7–5所示为针对普通检查的AQL质量抽查计划表的简化表格，其中AQL为英语Acceptable Quality Level的缩写，可翻译为质量可接受水平表。AQL值越小，表示质量要求越高；AQL值越大，表示质量要求越低。在表中，AQL–1.5表示严重缺陷，AQL–2.5为重缺陷，AQL–4.0为轻微缺陷。另外，针对一些特殊的产品或客户要求，也可采用百分比的方式进行抽样检查，例如10%~50%的抽样比例。

表7-5　AQL质量抽查计划表

批量范围(件)	抽查数量与拒收范围			
	AQL-1.0	AQL-1.5	AQL-2.5	AQL-4.0
151~280	50-1	32-1	32-2	32-3
281~500	50-1	50-2	50-3	50-5
501~1200	80-2	80-3	80-5	80-7
1201~3200	125-3	125-5	125-7	125-10
3201~10000	200-5	200-7	200-10	200-14
10001~35000	315-7	315-10	315-14	315-21
35000~150000	500-10	500-14	500-21	315-21
150000-500000	800-14	800-21	500-21	315-21
500000以上	1250-21	800-21	500-21	315-21

第三节　服装尺寸量度操作

　　在服装生产的初期、中期与末期，质控人员除了跟进面辅料、款式、工艺、熨烫、包装等质量外，还必须详细测量服装各部位尺寸，而且成衣尺寸也是客户要求较严格的技术指标之一。而所谓服装尺寸测量，就是质控人员利用软尺或钢尺测量服装各部位尺寸，做好尺寸量度报告表（表7-6、表7-7），对照生产制造通知单检查其是否符合要求。

表7-6　上装尺寸量度报告表

文件编号：QC-SH-005							年　月　日		
订单：		客户：		款式：			款号：		
数量（件）：		颜色：		洗水方法：			客期：		
抽样标准AQL—_____									
尺码 尺寸部位	S			M			L		
	Spec	Act	Act	Spec	Act	Act	Spec	Act	Act
胸围（袖窿下2.5cm）									
腰围									
下摆									
肩宽									
前胸宽									
袖长									
袖窿									

续表

尺码 尺寸部位	S			M			L		
	Spec	Act	Act	Spec	Act	Act	Spec	Act	Act
袖肥									
后中长									
后背宽									
前领深									
领围									
口袋									
帽高									
备注：									

注 Spec—Specification, 规格尺寸；Act—Actual，实际尺寸。

表7-7 下装尺寸量度报告表

文件编号：QC-SH-006							年 月 日		
订单：		客户：		款式：			款号：		
数量（件）：		颜色：		洗水方法：			客期：		
抽样标准AQL—_____									
尺码 尺寸部位	S			M			L		
	Spec	Act	Act	Spec	Act	Act	Spec	Act	Act
腰围（放松）									
腰围（拉紧）									
三坐围									
坐围									
股上围									
膝围 I									
膝围 II									
下摆/裤脚									
前裆弯									
后裆弯									
内长									
外长									
拉链长									
备注：									

注 Spec—Specification, 规格尺寸；Act—Actual，实际尺寸。

一、尺寸偏差

服装尺寸测量时，容许有一定量的偏差。测量成衣尺寸的容许偏差一般根据服装的类型、质量标准、量度要求以及客户要求等因素来确定，如果超出容许偏差的范围，则判断为尺寸疵点。根据一般常规，以下服装尺寸的容许偏差（表7-8、表7-9）具有普遍性，可作为参考。

表7-8　上装尺寸部位容许偏差表　　　　尺寸单位：cm

	部位	容差		部位	容差		部位	容差
长度尺寸	衣长	±1.5	围度尺寸	胸围	±2.0	部件尺寸	领深	±0.5
	肩宽	±0.7		腰围	±1.5		领宽	±0.2
	前胸宽	±0.5		下摆围	±1.5		袖衩长	±0.2
	后背宽	±0.5		袖窿	±1.0		袖克夫宽	±0.2
	长袖长	±1.0		上臂围	±0.3		领尖长	±0.2
	短袖长	±0.5		袖口围	±0.3		领尖距	±0.3
				领围	±0.5		口袋	±0.3
备注	①左右对称的部位，尺寸有差异不可一边呈上限一边呈下限的极端趋势。②款式上相对较松弛的部位，在设定尺寸的基准时，上下限度可适当放宽50%的范围。							

表7-9　下装尺寸部位容许偏差表　　　　尺寸单位：cm

	部位	容差		部位	容差		部位	容差
长度尺寸	长裤内长	±1.5	围度尺寸	臀围	±1.5	部件尺寸	门襟开口	±0.5
	短裤内长	±0.5		腰围	±1.0		口袋位置	±0.3
	裙子长	±1.5		股上围	±0.5		口袋长	±0.3
	前裆弯	±0.5		膝围	±0.5		腰头宽	±0.2
	后裆弯	±0.5		腿围	±1.5		裤襻	±0.2
				裙摆围	±0.5			
备注	①左右对称的部位，尺寸有差异不可一边呈上限一边呈下限的极端趋势。②款式上相对较松弛的部位，在设定尺寸的基准时，上下限度可适当放宽50%的范围。							

二、衬衫、夹克类服装的尺寸量度

测量时必须把所需测量的部位摊平，并把该部位向着自己，然后采用软尺进行测量。

（一）领子尺寸测量（图7-2）

衬衫领子是一主要部件，其相关尺寸必须严格控制，以下为其主要测量部位与具体的操作方法：

（1）领围a：指纽孔前边到纽扣中心的距离，测量时一般将前幅纽扣打开，摊平领子及相关连带部位进行测量。

（2）翻领高b：测量时可将纽扣打开或闭合，在翻领后中位量取。

（3）底领高c：将纽扣打开并摊平领子，在底领后中量取。

（4）领尖长d：从领尖点到接缝的距离。

（5）翻领长e：铺平领子，测量翻领外弧线长度。

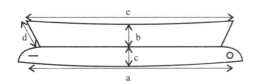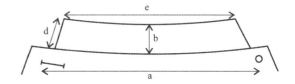

图7-2　领子测量方法

（二）前片尺寸测量（图7-3）

将衣服前幅朝向自己，并铺平需测量的相关部位进行度量，具体尺寸包括：

（1）领距f：将纽扣闭合并适当翻压摊平领子，测量两领尖之间的距离。

（2）胸围g：扣好纽扣后摊平前后片，然后在袖窿底部或向下2.5cm的位置横量（以周长计算）。

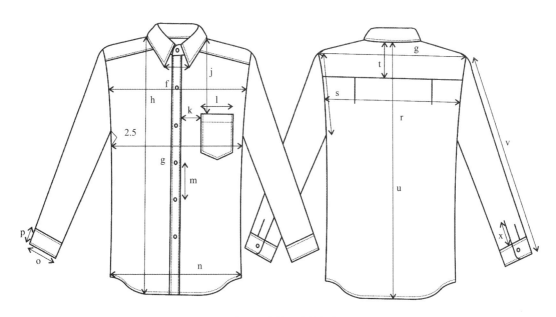

图7-3　衬衫测量方法

（3）前胸宽h：测量前胸处两袖窿弧线之间的最短距离。

（4）前衣长i：颈肩点到前片下摆的垂直距离，注意前后肩位要铺平，量度时尺子要垂直。

（5）袋位一j：从前片颈肩点往下直量到袋口的距离，注意颈肩点要准确，测量时要垂直量。

（6）袋位二k：从口袋右侧边线量度至前中边之间的距离。

（7）袋口宽l：测量袋口的宽度。

（8）纽距m：测量两纽扣之间的距离，注意要从纽扣中心距离量取。

（9）下摆n：衣服纽扣扣好、放平，测量下摆底边之间的直线距离（以周长计算）。

（10）袖克夫长o：将袖口克夫纽扣扣好并铺平袖口，然后测量宽度（以周长计算）。

（11）袖克夫高p：测量袖口克夫的宽度。

（三）后幅尺寸测量（图7-3）

将衣服后幅朝向自己，并铺平需测量的相关部位进行度量，具体尺寸包括：

（1）肩宽q：将衣服扣好纽扣并摊平前后领子与肩位，然后测量两肩点之间的距离。

（2）后背宽r：铺平衣服，测量背部两袖窿弧线之间的最短距离。

（3）袖窿s：铺平袖窿，测量肩点到袖窿底的弯线距离，注意袖窿位不要拉长（以周长算）。

（4）后中线育克高t：铺平后背与衣领，从后中颈点起测量育克的高度。

（5）后中线衣长u：铺平后片衣身，测量从后中颈点到下摆的距离。

（6）袖长v：铺平袖身，测量肩点到袖口之间的长度，度量时注意尺子要沿着袖边直量。

（7）袖叉开口长x：量取袖叉开口的长度。

三、长裤类的尺寸测量

测量时必须把所需测量的部位摊平，并把该部位朝向自己，然后采用软尺进行测量，如图7-4所示。

（一）前片尺寸测量

测量时必须根据订单要求摆放裤子，铺平裤子并将前片朝向自己进行度量，主要尺寸包括：

（1）腰围a：扣好腰头扣，铺平腰头后测量腰围尺寸。

（2）臀围一（横度）b：由裆底向上8cm处坐围线（可根据订单要求确定）横量，注意有褶裥的裤子必须稍微用力拉开褶裥量度。

图7-4　长裤类测量方法

（3）臀围二（V度）b：根据订单要求摆放裤子，然后由前中部位的裆底向上8cm处为底点，由坐围线分别往两侧缝上斜，作V字形测量。例如牛仔裤一般采用V度方式测量坐围（以周长计算）。

（4）前裆弧线长c：由前腰头上口到前裤裆底之间的距离，因为该部位是纵向布纹，注意一定要沿着前裆弧线进行量度，而且不要过分拉伸，以免变形影响测量尺寸。

（5）大腿围d：在裤裆底以下2.5cm处，以平行裤脚口的方式测量（以周长计算）。

（6）膝围e：在裤裆底以下一定距离处（根据订单要求）确定膝围线，然后平行于裤脚口量取（以周长计算）。

（7）裤脚围f：在裤脚口底边测量脚口宽度（以周长计算）。

（8）裤长g：测量由腰头上口至裤脚底边的距离，测量时注意尺子要沿着侧缝直量。

（9）下裆长h：由裤裆底测量至裤脚口底边的距离。

（10）腰头宽i：测量腰头的宽度。

（11）前袋口长j：根据订单要求测量前袋开口的宽度。

（12）门襟长k：测量从前腰头下口处至门襟底边缝线的垂直距离。

（13）门襟宽l：门襟边位到门襟缉线的距离。

（二）后片测量尺寸

测量时必须根据订单要求摆放裤子，铺平裤子并将后片朝向自己进行测量，主要尺寸包括：

（1）后裆弧长m：由后腰头上口到后裆底之间的距离，注意一定要沿着后裆弧线进行量度，而且不能过分拉伸。

（2）后袋口n：根据订单要求测量后袋口的宽度。

（3）育克后中高（牛仔裤类）o：在后裤裆弧线上测量育克的高度。

（4）育克侧缝高（牛仔裤类）p：在侧缝处测量育克的高度。

（5）带襻长q：测量带襻长度。

四、裙子测量方法

裙子测量时必须把所需测量的部位铺平，并把该部位朝向自己，然后采用软尺进行测量，如图7-5所示。

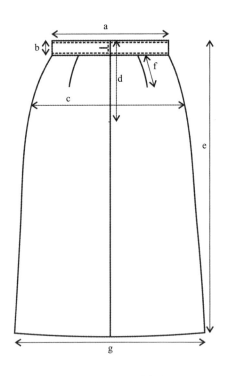

图7-5　裙子测量方法

（一）后片尺寸测量

将裙子后片朝向自己，铺平裙身后测量相关部位尺寸，具体尺寸包括如下：

（1）腰围a：扣好裙扣，在腰头处测量腰围尺寸（以周长计算）。

（2）腰头宽b：直接测量腰头的宽度。

（3）臀围c：扣好裙扣及门襟开口，然后从后腰头上端测量一定距离的尺寸定位（根据制单要求），横向量取臀围尺寸（以周长计算）。

（4）开口长d：从后腰头上端向下测量开口的长度。

（5）裙长e：由后腰头上端垂直量度至下摆边位的距离。

（6）省长f：由腰头下口往下量取省长度。

（7）下摆g：测量裙子下摆边的弧线长度（以周长计算）。

（二）前片测量尺寸

一般情况下，裙子上部分在后片的测量尺寸均可在前片使用，例如，腰围、臀围、裙长等，测量度方法与后片测量的方法基本相同，在此不一一介绍。

第四节　成衣疵病分析

成衣经过检查后，会发现各种各样的疵病，为了进一步提高产品质量，必须分析各种疵病产生的原因，做好预防措施，使疵病消灭在萌芽状态，才能真正提高产品的质量。

一、服装疵病的总体成因分析

（一）材料配置不当

如果服装制品所配置的面料、衬料、里料以及缝线、绳带等辅助材料的缩水率或热收缩率有差异，在缝纫、熨烫加工时会产生伸缩变形现象，形成起泡、皱褶、起吊等疵病。另外，如果操作者对面料特性不了解，采用了不正当的加工方法，同样可使服装生产过程中产生缝皱、不贴体、抽缩等形态上的缺陷。

（二）生产技能不熟练

在服装生产过程中，根据不同的款式与要求，部件缝制需采用各种专用缝纫设备，并运用嵌、镶、滚、夹、包、钉、锁、纳等各种操作技能进行缝合。在工作台上也需相应的工具运用黏、劈、扣、剪、翻、挑、擦、归、拔等技法进行工艺处理，如以上各种生产技能不熟练，亦会造成产品质量上的缺陷。

二、上装疵病的成因分析

衬衫、夹克等上装产品在生产过程中会产生各种疵病，一般成因包括如下方面。

（一）衣领疵病

（1）领角上翘：由于领角里外制作不均匀，领面过紧，从而使领角向上翘起、不帖服。

（2）绱领歪斜：由于绱领时对位不正确，导致缝纫时衣领左右两侧大小不一，整个衣领不居中对称。

（3）领面起皱：由于领面比领里宽太多，或者缝合时领面丝缕被拉歪，导致领面太松、不平服且有皱纹。

（4）后领不圆顺：因为肩缝处领口不圆，后领窝被拉宽，导致衣领在两侧肩部向外豁开，呈三角形、不贴体。

（5）领驳口不平服：因为绱领时前松后紧或前紧后松，或领面与领里缝份不一致，导致领口、领面和驳角之间不平服，出现起伏的皱纹。

（6）串口缝不平：由于缝串口时领面太宽或太紧，导致串口缝处领面不平服，驳角处过面出现酒窝状皱褶。

（7）翻领领面横向绷紧：由于翻领上口弧线弯度不够，导致翻领在横向绷紧，穿着后衣领呈现不自然窝服。

（8）底领起皱：由于底领比领面宽大，或绱领时底领与领口线缉缝产生扭曲，导致立翻折领时底领不平服。

（9）领窝不平：由于领片尺寸偏小，绱领时领口吃势不均匀，导致领窝周围产生皱纹。

（10）底领外露：因为翻领领片弯度过小，绱领后导致翻领盖不住底领。

（二）衣袖疵病

（1）袖口吊起：由于袖里短于袖面布，导致衣袖自肩端点至袖口向上吊起，袖口不平。

（2）袖里扭曲：由于里布没有按照袖面的正确位置固定，袖子面、里错位，引起正面皱褶，歪斜扭曲。

（3）绱袖不圆顺：主要因为袖窿处归拢不充分；胸衬造型不良；袖山缝缩量安排不合理；袖山高度不够；绱袖位置不正等原因，导致绱袖起皱、不圆滑、袖窿多出、袖山部位瘪陷、袖山凹陷、后袖窿塌陷等现象。

（4）袖子偏前或偏后：由于绱袖时袖山高点偏前或偏后，引起绱袖位不正，袖口前倾或后倾。

（5）衣袖与衣身条格不对：对于有明显条格的面料，如果袖山与袖窿的裁配方法不对，或缝合衣袖时缝缩量不正确，从而导致衣袖与衣身的条格对不准。

（三）衣身疵病

（1）省尖起泡：由于省尖缉缝不尖或熨烫不充分，导致省尖处凹陷，四周出现泡泡状皱纹。

（2）塌胸：由于面料与胸衬松紧不适宜，或大身衬与挺胸衬弹性不足，从而导致胸部不丰满、瘪陷。

（3）驳头翻转过高或过低：因为领翘太平或太斜，子口牵条敷得过松或过紧，导致驳头向外翻转后过高或过低，未能与原定位置平齐。

（4）驳头起皱：由于驳头过面与大身驳角处缝缩量过大，驳头面在驳头翻折线里口没有采用暗针扎牢或错位，从而导致驳头正面不平服，产生起皱现象。

（5）袋盖翻翘：由于袋盖面太紧而引起正面袋盖翻翘、不贴体。

（6）袋盖不直：因为袋盖上下层缉合时线迹不直，或翻转前缝份折转不一致，导致袋盖侧面弯曲、凹凸、不挺直。

（7）袋口角起皱：由于开袋口时没有剪到缉线的起止点位置，或者袋口剪得过大而嵌条宽度较小，导致挖袋角口不平、起皱。

（8）袋口裂：由于嵌条宽窄不一致，或者上下嵌条松紧不同导致嵌线上下不对齐、袋口裂开。

（9）门襟子口不直：由于子口处牵带太松，过面里侧过紧，或纽扣与扣眼牵扯，导致前门襟呈起伏波浪状、不顺直。

（10）下摆角翻翘：由于下摆牵条没有敷紧，导致前襟或后衩位下摆向外翻翘。

（11）过面子口反翘：因为过面长度过短，转角处牵条过紧，导致子口翻翘，向里边方向反翘。

（12）装拉链起皱：由于门襟两边分别与拉链缝合时扭曲，拉链的底布与面料厚薄、疏密相差过大，使缉缝时产生错位，导致拉链装合后门襟两边不平服。

（13）塌肩：由于落肩过小使肩部前端下落，面料归拔时领肩部位没有向袖窿方向推拔充分、到位，导致前胸与后背的领肩部位出现向领口方向的斜形皱褶。

（14）裂肩：由于肩宽过窄，前胸撇门量太多，或前后肩缝丝缕不直，导致肩缝纵向出现皱纹。

（15）底边起皱：由于卷边时丝缕没有对正，夹里底边与面料位置不齐，导致底摆卷边出现扭曲不平。

（16）后身吊：由于里料过短，导致后身过短，底边不贴体，出现起吊现象。

三、下装疵病的成因分析

（一）门襟与裤裆位疵病

（1）门襟里不齐：由于门襟里左右裤片前裆长度不一，缝制时上裆弯曲部位被拉回，导致门襟里长短不一，拉链上下口不齐。

（2）门襟里起皱：由于门襟里丝缕歪斜，导致门襟里层不平，产生皱纹。

（3）小裆不平：因为前裆弧部位被拉回，左右两片缝缉时松紧不一，导致前上裆弯曲部位起绺，出现皱褶。

（4）后裆下垂：由于后裆缝倾斜过多，后翘太大，导致后臀部坐落，出现皱褶。

（5）裆缝缉线断裂：由于底面线张力过紧，缉合时裆缝弯曲部位没有充分拉伸，导致穿着后裤裆缝线容易断裂。

（二）腰头与裤脚疵病

（1）腰头起涟形：腰头与裤片在腰口缝合处不同步，使腰头表面出现斜形皱褶。

（2）腰头底缝不齐：由于腰头与裤身腰口缉合时子口大小不一，导致缝线不直，腰头与裤身底缝不平齐，呈弯曲波浪状。

（3）腰头探出：由于腰头尺寸与裤身腰口尺寸大小不一，或是腰头与裤身腰口的侧缝、裆缝上端没有对齐位，导致腰头前口与门襟里子口不对位。

（4）裤脚口起吊：由于底面线过紧，下裆缝熨烫归拔不够，导致裤下裆缝不平服，裤脚口不齐，出现牵紧、起吊现象。

（三）口袋疵病

（1）侧口袋袋垫布外露：因为袋垫布本身缉得过紧，袋垫布外口形状太直等原因，导致侧袋口豁开，袋垫布露出。

（2）侧袋口起皱：由于袋口反面未敷牵带或黏衬，侧袋口缉线后边沿出现皱纹、不平整现象。

（3）侧袋口下端鼓泡：由于袋口线与栋缝线连接有距离，不顺滑，或者封袋口时上下层未抹平整，导致侧袋封口下端侧缝不平服，出现泡状皱褶。

（4）挖袋袋角裂开：由于剪袋口三角时将前道工序缉线剪断，或者袋角处封口时缝线不齐，导致后嵌线袋封角不平整，袋角裂开。

（四）其他疵病

（1）裤前中线外撇或内撇：由于烫缝不与前中线对准，或是裤中线丝缕歪斜，与面料中的经纱方向不一致，导致裤前中线向侧缝外甩或内甩。

（2）侧缝不平整：由于缝合时前、后裤片未摊平，上下层吃势不匀，特别是采用双层包缝时更易产生松紧不一，导致侧缝两边的前、后片不平服。

（3）裙褶裥豁开：由于熨烫定型不牢，折叠丝缕歪斜，导致裥裙下摆裂开，褶裥变形。

（4）裙摆波浪不匀：由于裙中缝丝缕方向错误，或者面料本身的悬垂性较差，导致裙下摆波浪大小不均。

四、其他疵病的成因分析

（1）绣花露印：由于选用的绣线色彩较浅且针迹较疏，导致衣服上绣花部位的底色外露。

（2）水花：因为在熨烫时喷水不均，导致衣服正面水量较多处有明显水渍。

（3）亮光：由于熨烫温度过高，熨斗直接在成衣表面反复推移，过后又没有作蒸汽喷射处理，导致面料上有金属般亮光。

思考题

1．成衣投产前需要做好哪些质量控制项目？并做详细描述。

2．生产制造通知单的检查内容具体包含哪些？

3．对标准样板的检查具体包含哪些内容？

4．对成衣缝制标准的检查具体包含哪些内容？

5．设计一款有关面料质量检查的文件表格。

6．对裁剪用纸样的检查具体包含哪些内容？

7．描述对裁片质量检查的具体内容，并设计一款有关裁片检查的质量文件表格。

8．如何检查外发加工回来的绣花或印花疵病？

9．设计一款缝纫车间半成品质量检查报告表。

10．详细分析男装衬衫主要疵病形成的原因。

11．实训操作：以一款牛仔裤为例，详细描述尺寸量测量的实际操作，并做好成衣尺寸测量报告表。

12．实训操作：以一款男装衬衫为例，详细描述尺寸量测量的实际操作，并做好成衣尺寸测量报告表。

应用与实践——

服装后整理及包装、储运

课题内容：服装后整理
　　　　　包装工艺
　　　　　服装的储运
课题时间：10课时
教学目的：通过本课程的教学，要求学生认识常见的服装后整理
　　　　　工艺，了解服装包装的方法、服装包装材料和设备以
　　　　　及包装的设计要求，了解服装仓储的种类及管理要
　　　　　求等。
教学方式：以课堂讲授为主，通过投影、视频等多媒体教学手段
　　　　　和网络信息技术，并结合对服装企业的现场参观进行
　　　　　教学。
教学要求：1. 使学生了解成衣常见的后整理工艺。
　　　　　2. 使学生认识服装的各种包装工艺与包装要求。
　　　　　3. 使学生认识服装储运的种类及管理方法。

第八章　服装后整理及包装、储运

第一节　服装后整理

目前，服装的后整理范围较广，除了常见的布疵修复、污渍清除、毛梢整理外，还包括丰富的成衣外观特殊效果整理。有些整理是必须在服装生产环节中解决的，应及时解决，如较严重的污渍、布疵等问题，需及时换片。在成品完成后应进行全面的整理，以保证产品的外观和安全质量。

一、毛梢整理

毛梢也称线头，分死线头和活线头。死线头是指残留在缝制物的缝迹端点上、未被清剪的较长线端。活线头是指服装产品在生产流程中所粘上的线头或纱头。通常有以下几种方法处理。

1. 手工剔除法

手工剔除法是使用修剪工具，手工修剪或清除产品的线头。适合清除死线头和活线头。

2. 胶纸粘除法

胶纸粘除法常使用有黏性的胶纸，将产品上的毛梢粘去，可以提高清除线头的效率。适用于毛梢既多又细的活线头整理。但不适用于丝绒、毛衫等绒面料成衣。

3. 机械吸剪法

使用设备将产品上的毛梢、布屑、灰尘吸干净，是目前最受欢迎的方法，省工省时效率高。主要有扫毛机和吸剪机两种。

二、污渍整理

服装生产中的产品污渍，主要是由缝纫设备的润滑油引起的。整理时应注意以下几点。

1. 合理选用去污材料

要根据服装面料的特性选择去污材料，避免损伤面料。如毛织面料是蛋白质纤维，多使用酸性染料，因此应避免使用碱性去污材料，一来防止纤维的蛋白质被破坏，二来防止造成面料掉色。

2. **正确的去污方法**

去污方法分水洗和干洗两种。要根据服装面料的材质和污渍种类，正确选用去污方法。常使用的除污工具有垫面、盖布、玻璃板、牙刷等。垫布必须是清洁的浸水挤干的白色棉布，折成8～10层平放在玻璃板上。除污时，将有污渍的面料放在除污棉布上，然后涂上去污材料，再用牙刷蘸清水按垂直方向轻敲污渍点，或加热使污垢和除污材料逐渐脱落到垫布上去。顽固的污渍要反复多次。使用化学药剂干洗时，操作要注意从污渍的边缘向中心擦，防止污渍向外扩散，用力要轻巧，避免面料起毛。

3. **去污要干净**

去污后，应避免留有污渍圈。无论使用何种去污材料，在污渍被去除后，应立即用牙刷蘸上清水把织物遇水的面积刷得比原来的大些，然后再在周边喷些水，使边缘痕迹逐渐化淡消失，这样无论是烫干还是晾干，均不会留下有色圈迹了。

三、服装外观质感整理

服装通过后整理后可以产生质的变化，不仅外形美观，还可以增加使用功能，是提高产品档次和附加值的重要手段。目前市场上较为流行的服装外观质感整理有仿旧整理、仿丝绸整理、抗皱免烫整理、光泽整理、涂层整理等。服装的后整理可以通过对面料的后整理和成衣的后整理来完成，后整理的方法大致可分为以下三类。

1. **物理方法**

是利用水分、热量、压力或拉力等机械作用来达到整理目的。如上浆、柔软等是为了改变手感；拉幅、定型、预缩等是为了使尺寸稳定；轧光、电光、轧纹等是为了增加织物表面的光泽或凹凸花纹；起毛、缩绒是为了改变织物的外观风格。

2. **化学方法**

是利用一定的化学试剂与纤维发生化学反应，从而改变织物的服用性能。如利用不同的树脂进行整理，使织物达到抗皱免烫、防静电、拒水、阻燃等效果。

3. **物理化学方法**

是将物理和化学方法相结合，给予织物耐久的整理效果或某些特殊性能。如耐久性轧光、轧纹整理，防油、防污、防水、透湿整理等。

上述整理方法的划分并无严格界限，一种整理方法常常兼有多种整理效果，很难划分清楚。这些整理方法除了在服装成品上加入某些特殊的化学试剂外，还会运用机械工具等手段使服装的整体外观或局部外观发生较大的变化，达到个性化或时尚化的外观效果。

第二节 包装工艺

包装是指产品在储存、运输、销售等过程中为了保护产品以及为了识别、销售商品，而使用的容器。

包装涉及面较广，如包装安全设计、装潢效果设计及包装设备的使用等。包装是一门将保护、宣传、法律、制造、材料和物流管理等综合在一起的应用学科。

一、包装的功能和种类

（一）包装的功能

包装的主要功能是分发功能和营销功能。

1. 分发功能

分发功能是指在一定程度上以最低的和最短的时间内保证生产者将产品运送到消费者手中，且不影响产品的质量。这是包装最基本的功能，包装时要使产品做到分类简明、容易把不同的颜色与码数分批存储及提取。并要在减小包装体积时保护好产品，方便分批运输。

2. 营销功能

营销功能是指通过包装的外部造型设计，刺激消费者对产品的购买欲。良好的包装设计能够美化产品及提高产品的附加值，在吸引消费的同时也起到宣传产品、推广品牌的作用。目前，包装的营销功能已成为服装品牌建设中的重要环节。

（二）包装的种类

1. 按包装的用途分类

按包装的用途分类有销售包装、工业包装、特种包装三类。

（1）销售包装。销售包装是以销售为主要目的的包装，它起着直接保护商品的作用。其包装件小，数量大，讲究装潢印刷。包装上大多印有商标、说明、生产单位，因此又具有美化产品、宣传产品、指导消费的作用。

（2）工业包装。工业包装是将大量的包装件用保护性能好的材料进行的大体积包装，这种包装突出保护产品的功能，主要考虑产品的防尘、防污、防潮、防霉、防蛀、防破损等。

（3）特种包装。特种包装是指因产品性能或环境的特殊性而设定的保护性包装，其材料的构成须由运送和接收单位共同商定，并有专门文件加以说明。

2. 按包装的层次分类

按包装的层次分类有内包装和外包装两种。

（1）内包装。也称小包装，是指将若干件服装，如5件或10件、半打或一打组成一个最小的包装整体。内包装是为了加强对成衣的保护，便于分批、销售时计量需要。

小包装内成品的品种、等级必须一致，颜色、花型、尺寸规格等应符合订货的要求，通常有独色独码、独色混码、混色独码、混色混码等多种方式。在包装的明显部位要注明厂名（或国别）、品名、货号、规格、色别、数量、等级、生产日期等，对于外销产品或部分内销需要，有时需要注明纤维名称、纱支及混纺交织比例、产品使用说明等。

（2）外包装。也称大包装或运输包装，是指在商品的内包装外再加上一层包装。

外包装主要用于保障成衣在流通过程中的安全，便于装卸、运输、存储和保管，一般使用5层瓦楞结构纸箱或使用较坚固的木箱。大包装的箱外通常应注明产品的标志、厂名（或国别）、品名、货号（或合同号）、箱号、数量、规格、色别、重量（毛重、净重）、体积（长、宽、高）、等级、生产日期等。

二、包装的方法和材料

（一）包装的方法

服装产品的包装方法主要有折叠包装、吊挂包装两种。

1. 折叠包装

折叠包装是指按订单的规格及外形要求将服装产品折叠后，装入塑胶袋或包装纸盒内的包装方法。此法适用于内衣裤、T恤衫、衬衣、袜子、围巾等服饰产品。

折叠的基本要求是：

（1）按包装袋、盒、箱的规格折叠成规定尺寸（长×宽）。

（2）必须把服装的主要部位及特点直观地显示在包装盒可见位置，如衣领、前肩、口袋、前胸及袖口等。并且领子要叠在前面正中，领形左右对称，领子上的商标要便于观察。

（3）折叠好的产品，四周厚薄要尽可能均匀，使折叠产品外形美观和便于码放。

折叠时可用衬板比折，这样容易做到大小统一，提高折叠速度和质量，如图8-1、图8-2所示。

图8-1 男短袖衬衫折叠效果

图8-2 牛仔裤折叠效果

折叠包装的优点是缩小了服装产品的面积，节省储存空间和运输成本，可以增加包装数量，经济实用；缺点是经过这种方法包装的服装产品容易有折痕，且立体感效果较差。

2. 吊挂包装

吊挂包装是指在服装产品的肩、领部位套上衣架，外罩塑料包装，再吊挂在包装箱内的包装方法。适用于大衣类、西服类、高档男女装、调整型胸衣等高档成衣。这种包装方法能有效克服拆装和运输后产生的皱折，也便于直观服装产品的全貌，因而在近年来发展很快，如图8-3所示。

图8-3 西装吊挂包装效果

吊挂包装的优点是服装外形整体性强，可较好地保持整烫后的平服度及立体造型；其缺点是占用空间过大、包装数量有限、运输成本高等。

（二）包装材料

服装主要的包装材料有包装袋、包装盒、包装箱及一些配套的辅助材料。每种包装材料各有利弊，选用时必须考虑成衣的特性、包装功能要求、包装流行趋势、销售与顾客要求、包装技术、经济适用性等因素。

1. 包装袋

包装袋是最传统和应用最广泛的包装材料，主要由聚酯类材料制成透明状的胶袋或纸袋两种。包装袋分为内包装袋和外包装袋两种。内包装袋一般使用无色、透明的塑胶材料制成，如图8-4所示，包装时一般直接将每件(条)服装产品折叠装入其中。内包装袋的规格大小可视所用的服装产品的外形而定。胶袋外部通常印有品牌资料、成衣款式说明、成衣规格表、产地和胶袋使用警语等资料，主要是为了保护衣物和方便消费者选用产品。

外包装袋一般装有拎绳或拎襻，它的主要用途是便于购物者携带服装产品，质地为一定厚度的卡纸、涂塑纸及塑料材料，在外包装袋的表面多半印有产品介绍和品牌宣传的资料，色彩通常比较鲜艳、醒目，如图8-5所示。

图8-4　透明塑胶包装袋　　　　　　　　图8-5　拎绳外包装袋

2. 包装盒

包装盒一般有纸盒和塑料盒两种。纸盒是成衣包装中常见的包装容器，如图8-6是用于单件成衣独立包装的容器，即每盒装一件成衣，盒体记有尺码、颜色、款式等资料。塑料制作的包装盒，属于硬包装形式，如图8-7所示其优点是具有良好的强度，盒内的成衣不易被压变形，在货架上能保持完好的外观。包装盒主要用于一些立体感比较强、怕挤压、折叠后需要保持一定空间的服装产品。如羊毛衫、男式衬衫等。盒的形式分为折叠盒和固定盒，折叠盒为扁平状，运输时所占空间小；固定盒是按使用时的形式制成立体盒，运输时不能压平，占用空间大。

图8-6　纸包装盒　　　　　　　　　　图8-7　塑料包装盒

3. 包装箱

包装箱多是纸箱或木箱，厚度较厚，体积也比较大，在产品运输装卸和存储中起到较强的保护作用。

（1）纸箱。纸箱是成衣包装中常见的外包装容器，如图8-8所示，纸箱外一般印有标识，标识上主要示明尺码、颜色、款式、生产单位名称、货号、出厂日期、发货目的地、收货单位及搬运警示标志等资料，便于经手人员一目了然。一般按顾客要求或工艺单指令，以颜色和规格作为基本装箱单元。纸箱主要分有瓦楞纸箱和蜂窝纸箱两种结构，如图8-9所示。

(a) 瓦楞纸箱结构

(b) 蜂窝纸箱结构

图8-8　包装纸箱　　　　　　　　　　　图8-9　纸箱结构

（2）木箱。木箱包装有密封型木箱和柳条型木箱两种。密封型木箱笨重，封箱和拆箱难度大，如图8-10所示。运输成本高，适应重型产品的海运。柳条型木箱底部使用木板承托，侧面则留有空隙，如图8-11所示，相对密封型木箱较轻，适宜用于陆上运输，可降低运输负重与运输成本。

图8-10　密封型木箱　　　　　　　　　　图8-11　柳条型木箱

4. 包装辅助材料

服装包装的辅助材料包括衬板、衬纸、夹件、托件、支撑物、油纸以及挂装用的衣架等，如图8-12所示的几种包装配套材料。这些材料在包装过程中能起到稳固、定型、支撑、防潮防污、防磨擦、美观等作用。

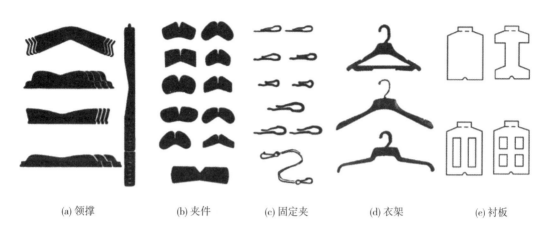

(a) 领撑　　　　　(b) 夹件　　　　　(c) 固定夹　　　　　(d) 衣架　　　　　(e) 衬板

图8-12　包装辅助材料

三、包装设备与工具

1. 吊牌枪

服装销售品需挂有商标、标明厂商、规格、条形码等资料的吊牌或备用扣袋。企业通常使用吊牌枪将吊牌或备用扣袋挂到服装的扣眼、缝份上。连接吊牌和服装的附件大多数采用塑料细线，用吊牌枪将吊牌附件对合封住。不同类型的吊牌附件要使用相应的吊牌针操作，如图8-13所示。

2. 入袋机

已经折叠好的服装成品，可采用入袋机进行包装。将折叠件服装置于导轨上，按动开关，衣服会顺着导轨被送入包装袋中，随后由封袋口机封住，如图8-14所示。装袋机操作简单方便，而且包装整齐、美观。

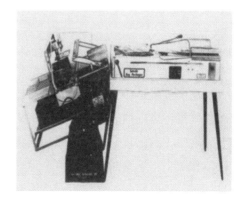

图8-13　塑料细线、吊牌针和吊牌枪　　　　　　　　图8-14　装袋、封袋一体机

图8-15　自动折衣机

3. 自动折衣机

自动折衣机主要是用于衬衫的折叠，具有自动放纸板、可调式自动衣领定型功能。其中，折衣板和衣领定型模能依服装款式随时更换；内置式灯管，方便对位；两个折叠器可单方向高速转动，提高折叠效率，如图8-15所示。

4. 立体包装机

不适合折叠包装的服装品，要使用立体包装（也称挂装），以保持服装的外形。包装时，操作员将服装连同衣架挂到机械吊轴上，按下按钮，塑料袋就会自上而下将服装套入，由电眼感应器控制自动停止、自动热封和切割，如图8-16、图8-17所示。

图8-16　半自动立体包装机

图8-17　全自动立体包装机

5. 真空包装机

真空包装是1970年问世的包装技术。这种包装，就是把成品服装放入袋状包装物中，用抽气机将袋内抽成真空后，再将袋口严密封闭。据称这时的服装袋体积只有未抽气前的五分之一左右。真空包装的原理是将服装的含湿量降低到一定程度，可使成衣的存储和运输体积减小、重量减轻，在整个运输过程中，能有效地防止服装产生褶皱或破损。其工作过程是：降低服装的含湿量→把服装套入塑料袋中→抽出袋中和服装内的空气→封袋口，如图8-18所示为真空包装后的效果。

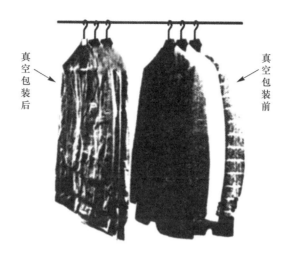

图8-18　真空包装的效果

6. 包装箱打带机

利用打带机将装箱完毕后的包装箱打胶带扎紧、扎牢，便于分批、完整地运送成衣。打带机有折装箱打带机、挂装箱打带机，如图8-19、图8-20所示。

图8-19　折装箱打带机

图8-20　挂装箱打带机

四、包装设计要求

随着社会的发展，产品包装的设计已直接影响到产品的价值与销路，因此，服装的包装设计已成为服装行业中不可缺少的重要环节。就一般情况而言，服装包装设计分为内、外两部分，另包含终端包装设计。服装产品的包装设计主要有以下几方面的要求。

1. 实用性

服装产品的包装设计首先必须达到保持产品清洁，不受环境和人为因素污损的影响。

同时还要满足不同款式服装产品形态、性能的要求，如一般性服装产品可用折叠方式包装，而中、高档服装产品则应当采取吊挂方式包装。一些外包装物品的设计，还要考虑购物者携带方便。

2. 合理性

服装产品的包装设计必须考虑产品自身价值的合理性要求。如中、低档服装产品，在保证保护强度足够的情况下，应以低成本包装材料、包装形式简约设计为主。而高档知名服装产品，包装设计则应在材料和形式运用上，适当多花些成本，突出烘托其相应的效果。此外，还应根据不同服装产品的外形尺寸确定恰当的空间和体积，既保证产品放置不受挤压，又不浪费包装材料。

3. 环保性

进行服装包装设计时，企业要考虑包装材料应符合环保要求，即选用无毒、无害、可回收、可降解的包装材料，以保证产品不受污染。凡是有色包装材料或是印花包装材料，均需注重色牢度，以防掉色、褪色。还应防止一味追求装潢精美而使用大量包装材料的过度包装。因此，包装应考虑在达到包装要求的前提下尽可能简约化设计，尽量考虑使用易降解的材料或可循环使用的材料，以达到对社会环境的环保作用。

4. 美化性

产品包装后的效果应具备显著的对产品宣传和美化修饰的功能。如服装产品在外包装上应形象、醒目地介绍产品的品牌、性能、规格、适用范围及生产单位，达到吸引消费者和扩大产品包装设计的美化要求。实施服装产品包装设计要突出产品的性能特点，同时也要具有鲜明的包装特色，吸引消费，使包装美和内在的性能统一起来，给消费者留下深刻的印象。

第三节　服装的储运

服装储运是指服装的仓储和运输。现代服装的储运包括产品入库、保管、装卸、运输、配送和销售等整个过程。服装储运属于服装物流环节，而服装物流的主要功能有包装功能、装卸功能、运输功能、保管功能、流通加工功能、配送功能、物流情报功能等。改变传统储运为现代物流，已成为现代服装生产与销售的必要。

一、储运标志

储运标志是指出现于服装产品外包装箱表面的醒目文字和图标。其作用是便于经手人员进行产品数量统计、批次分类、盘货和出货、交运等项工作。服装产品的储运标志分为几个大类：

1. 企业信息

企业信息包括生产单位地址、联系电话、经手人、姓名、生产者单位名称、邮政编码等内容。

2. 产品信息

产品信息包括运输号码、产品名称（面料质地、款式和使用对象）、生产批号或货号、产品等级、规格、装箱件数及颜色、箱号、生产或出厂日期等内容。

3. 收货单位信息

收货单位信息包括收货单位名称、地址、邮政编码、联系电话、收货人姓名等内容。

4. 警示标识

警示标识包括产品放置的方向性（不可横放或倒置）、防潮湿、防硬击重压、防抛掷等。警示标识一般以图示表达，如防湿标识常以雨伞图形来警示，防抛掷标识常用高脚玻璃杯来警示。

5. 包装箱外形尺寸

包装箱多是瓦楞纸箱或木箱，包括长、宽、高三个部位，计量单位通常是厘米。

外包装箱是长方形对口盖箱型，目前我国内销产品包装共分三个箱组规格：

第一组：箱子内径（长×宽）51cm×38cm

第二组：箱子内径（长×宽）45cm×34cm

第三组：箱子内径（长×宽）38cm×31cm

每组箱型按箱子的内径高度表示箱号，例如"3—36"，即为第三组箱型，内径高36cm。但是个别产品或新产品，上述箱型有时不适用，允许定做，可适当调整箱高的尺寸。

储运标志通常分为固定印制和现刷两种。固定印制的包括包装箱外形尺寸、警示性标识及生产企业信息、产品信息、收货单位信息的标头。这些内容在包装箱制作就要印在箱体上。而生产企业信息、产品信息、收货单位信息的具体内容，一般要等一批产品生产完成，装箱搭配确定后，才能用手写或以刷空心字板的方式在箱体上出现，以防搞错。这种现写、现刷的方式俗称"刷唛头"。

二、仓储分类

根据服装产品批量生产的程序和环节要求，仓储一般可分为以下几个类别：

1. 原料辅料仓储

凡与服装产品生产相关的面料原料及其他辅料在进厂后都应经过验收，及时办理入库库储手续，在原料和辅料仓库分类存放。生产部门在生产前应凭生产任务书到原料和辅料仓库办理出库手续，领取规定数量的原料和辅料投入生产。

2. 机物料仓储

凡与服装产品生产相关的设备、工具、配件、材料、照明用品、登记用纸等，均应归入机物料仓库分类存放。入库和出库都应办理相应手续。有些机物料的领取还需要办理相应的审批手续，如缝纫机设备的老化、损坏需更换的，应得到相应部门批准后方能办理领取事宜。

3. 服装半成品仓储

服装半成品仓储主要是指对生产过程中将结束缝纫流水操作但未经特殊工艺处理、整烫的服装半成品收集，在进行清点登记、整理和检验等环节处理后放置仓库暂时储存，等待进入下一道工序的加工（如特殊工艺处理、锁钉或整烫等）。

4. 服装成品仓储

服装成品仓储是服装成品装箱出货之前的最后一道仓储环节，其对仓储的环境要求比较高，如清洁卫生、通风透气、干燥去湿等条件。经过整烫处理的服装成品入库后要保持良好的外形，并按类别、规格、颜色等分别放置，以便顺利通过成品检验，按期交货。成品仓储要避免阳光直晒，防止退色现象发生。

三、仓储管理与要求

（一）仓储管理

仓库是物流系统中企业储存原料、半成品、成品的场所。服装企业库储管理主要有以下几点：

1. 收料管理

仓库管理的收料在于检查采购物料的数量和品质。库管员检验和清点送来的物料的种类和合格品数量；填写入库单；发生数量不足和品质不合格时，通知供销科补足或更换；物料进行分类存储，对于外贸出口产品和内销产品所需的原料应分开放置，便于清点和发料。

2. 发料管理

仓库的发料工作主要是为生产提供原辅料和机物料，使用部门填写领料单后才能从仓库取物料，库管员根据领料单所填写数量分发物料。

3. 定期盘点

库管员要定期做好盘点工作，计算仓库内现有的物料种类与数量，掌握和明确库存的实际情况，作为采购和进货的参考。物料经盘点后，若发生实际库存与账面结存数量不符，除追查差异的原因外，还要编制盘点损益单，经审批后调整账面数字，使之与实际数字相符。

4. 物料出入报表

库管员要做好物料出入库的日报表和月结报表，以供相关部门查询和使用。

5. 物料整理

库管员要定期进行翻仓整理。原料和成品在每年雨季结束后进行翻仓整理。在翻仓时，除应将下层货柜翻到上层外，还需将储放货品的木架、柜子、木箱等容器，分别搬到库外进行日光照射和通风。

（二）仓储要求

仓储是确保服装产品品质优良的一个重要环节，环境上的要求应注意以下几点：

1. 通风透气

仓储场地必须牢固干燥，最好有形成空气对流的门窗，可防止服装产品受潮霉变。此外还要防止库内阳光直晒，防止服装原辅料和成品色牢度和质量发生改变。

2. 防湿防潮

库内如果湿度过大，会使服装产品发生霉变。防潮防湿可将服装材料和产品加高和架空放置，货品放置时注意离地30cm,离房顶距离150cm，离开墙壁50cm，这样可降低受潮湿气影响的概率。条件好的企业还可配备湿度仪和除湿机，尽量保持库内湿度在60%~65%。

3. 防盗防火

服装的各类原辅料或成品多数属于易燃物品，仓储场地应严禁带入火种、吸烟或使用易燃、易爆的各类电器设备。要确保仓库的门窗严密、坚固，有较强防盗功能，消防器材、工具要齐全，消防设备能适应需要。电灯、电线、电源等要符合安全要求。要随时防止火灾、盗窃、保障人身、商品和设备的安全。

4. 防虫蛀、防鼠患

仓库场地严禁带入各类食品、香精、饮料，以免引起鼠患。在存放货物之前，要对仓库进行彻底打扫和卫生消毒，防止鼠咬、虫蛀等损害材料和产品的现象发生。

四、搬运和装卸

（一）搬运和装卸分类

批量服装生产的搬运和装卸都属于运输工序的范畴，一般可分为企业内部的搬运装卸和产品出货搬运与装卸两大类。

1. 企业内部的搬运装卸

企业内部的搬运和装卸主要是为了保证产品的生产，加强各工序流程之间的衔接而服务，因基本上是在厂区内，其搬运和装卸的时间和距离均较短，数量不大，但比较分散，通常通过人工加手推车，并利用传送带或货运电梯即可完成。

2. 产品出货搬运与装卸

产品出货搬运与装卸主要是指把包装完毕的服装成品运出厂外，送到订货商指定地点。其操作过程是整体性和长距离的。产品出货搬运与装卸往往按生产批数一次性完成，耗用时间可长可短，搬运与装卸工具通常用运输卡车和铲车。

（二）搬运和装卸的要求

搬运和装卸对保证产品品质有着重要作用。服装生产对搬运和卸装环节的质量要求有以下几方面。

1. 保持清洁、完整、防污损

产品在搬运和装卸的过程中，必须保持清洁。运输工具和运输者自身都必须保持清洁卫生，防止物件遭受油渍、灰尘以及有毒有害物质等各种因素的污染。搬运和装卸过程中还必须做好清点工作，确保物件不发生遗漏、丢失的现象，确保物料和产品数量上的完整性。

2. 防包装箱倒置、防破损、防潮

在搬运和装卸过程中还应严格按包装箱上的警示图标进行相关操作；按照一定方向搬运和摆放包装箱，不横置、不倒置；必须轻拿轻放，防止箱体破损和产品散乱。此外服装成品装箱出运时还应防潮，最好采用全封闭式或有防雨棚的运输工具。对于外贸出口海运的服装成品，一般都采用全封闭的集装箱运输。

3. 防包装箱中途遗失

产品包装箱装上运输工具后，要清点数量，并采用相应的固定方法稳定箱体，避免运输途中因意外急刹车或其他紧急情况，而使包装箱抛出，在中途遗失。对于敞篷式的卡车而言，箱体固定方式主要有网罩和扎捆两种。

4. 装运体积要符合交通规则的要求

批量性服装成品出货装运的体积以运输工具为基准，必须符合交通规则的要求，防止因载货超标，发生碰擦等交通事故，导致货物受损现象发生。如货物的重量、宽度、高度等均应按相关部门的要求来执行。

思考题

1. 简述目前服装产品毛梢整理常用的方法。
2. 简述服装的包装功能。
3. 说明服装销售包装的作用和要求。
4. 说明真空包装的优势。
5. 列举四种包装材料及其作用。
6. 服装产品的包装设计有哪些要求。
7. 简述服装仓储的类别。
8. 服装企业的仓储管理主要包含哪几方面？
9. 服装仓储对环境方面有何要求？
10. 简述服装搬运和装卸要求。

应用与实践——

服装辅料的应用

课题内容： 衬布的应用

里料与支撑物

服装紧扣材料的应用

服装标志

课题时间： 18课时

教学目的： 通过本章的学习，使学生了解各类常用服装辅料的性
能和特点，如衬布、里料、支撑物、紧扣物和服装标
志等，重点掌握能根据服装面料的特性、种类、款式
特点及服装保养方式合理选用各种辅料，并掌握辅料
用于服装上的组合工艺。

教学方式： 以教师课堂讲述和实践操作为主、学生市场调研为辅
的方式，加强学生对服装辅料应用情况的了解。

教学要求： 1. 使学生了解各种衬布的分类及其特点。

2. 使学生掌握黏合衬的选配原则和应用技巧。

3. 使学生熟悉黏合衬的熨烫设备和黏压方式。

4. 使学生掌握里料的选配和支撑物的应用工艺。

5. 使学生熟悉紧扣物的分类及其选配要求。

6. 使学生了解服装标志的应用。

第九章 服装辅料的应用

构成服装的材料，有面料和辅料。辅料包括里料、衬料、缝纫线、紧扣类材料、成衣商标、线带类材料及装饰材料等，在应用上必须根据服装的种类、花色、款式及服装使用保养的方式综合考虑，以提高服装的质量档次。正确地了解和使用服装辅料，是服装设计和生产中的重要内容。

第一节　衬布的应用

衬布通常称为衬或衬垫，它是服装重要的辅料之一，是附在服装面料与里料（或面料与贴）之间的材料，可以是一层或多层。衬布作为服装的"骨骼"，是其他服装材料不可替代的，其应用可以稳定服装造型、美化服装外观形象，同时优化服装缝制工艺、防止服装穿着变形和不良伸缩、增强衣料牢度等优点，广为服装设计者、生产者和服装消费者们所喜爱。

如果衬布应用得当，其对服装的辅佐效果是其他任何辅料无法比拟的。服装衬布按照大身部位、局部补强和内在衬垫"三大角色"的需要，具有"造型、补强和保形"三大基本功用。进一步总结其主要用途可概括如下。

（1）赋予服装优美的曲线和形态。

（2）改善面料可缝性，缓解缝纫难度，简化服装工艺，提高缝制效率。

（3）增强服装挺括性、柔弹性和立体感。

（4）防止服装变形，确保穿着和洗涤后保持原有造型。

（5）改善服装的悬垂性和手感，增加服装的舒适度。

（6）增加服装的厚实感、丰满感和保温性。

（7）对服装局部具有加固补强作用。

衬布种类很多，应用时可根据服装的面料品种和性质、服装种类、款式造型、用衬部位、穿着方法和条件等因素，选择相适应的衬布。下面针对常使用的衬布介绍其应用工艺。

一、黏合衬

黏合衬，全称为热熔黏合衬布。它是通过涂层技术装备，将热熔胶涂敷在梭织、针织或非织造物的基布上而成的黏合性服装辅料。应用时是通过一定的温度和压力使熔化的黏合胶粒将衬布与面料反面牢牢贴合于一体，它最大限度地简化了现代服装的加工工艺。

（一）黏合衬分类及应用说明

"以黏代缝"，是黏合衬在服装工艺中的基本特长，它使服装加工效率大大提高。经黏合的面料，其保型性、挺括性、悬垂性、抗皱性、稳定性等指标得到有效的改善，具有黏合衬的服装挺括、飘逸、稳固、平整、光滑、柔弹、舒适、美观，同时增添了穿用耐用牢度。根据黏合衬在服装中的不同用途和不同部位的使用特点，以下对黏合衬中重要的几个分类按照国家标准做具体解释。

1. 按基布类别分类

（1）机织黏合衬：按纤维成分可分为纯棉、涤棉混纺、黏胶和涤黏交织黏合衬等。纯棉黏合衬热缩率小；涤棉混纺黏合衬弹性好；黏胶纤维黏合衬手感柔软。

机织黏合衬的基布有平纹组织和斜纹组织两种。平纹基布经纬向一致；斜纹基布手感比较柔软，悬垂性也较好。

基布的厚度决定于织物所用的纱线线密度。常用的基布纱线线密度如表9-1所示。织物的密度指每10cm宽的织物中纱的根数。一般服装总要求手感柔软、悬垂飘逸，因此要求黏合衬基布密度小些。

表9-1　机织黏合衬常用基布纱支表

基布纱线线密度(tex)	基布织物平方米质量（g/m²）	用途
97～36	较厚，织物重量150～250	腰衬、领衬、胸衬
29～17	中等，织物重量110～150	领衬、外衣衬
13～9	较薄，织物重量60～120	时装衬、薄型衬

（2）针织黏合衬：针织衬分经编衬和纬编衬两种。经编衬又以衬纬经编衬为主，它的性能类似梭织衬，既有良好的随动性，又有很好的悬垂性。衬纬经编衬的经纱一般采用锦纶或涤纶长丝，纬纱采用纯黏胶或涤黏混纺纱，由于其悬垂性好，多用于外衣前身。纬编衬由锦纶长丝编织而成，由于其弹性好，多用于女装衬衫。

（3）非织造黏合衬：它由涤纶、锦纶、丙纶和黏胶纤维经梳理成网，再经机械或化学成形而制成。按其成网方法分，有无定向成网、定向平行成网和交叉成网。其性能见表9-2。

表9-2 非织造黏合衬性能表

成网方法	性能	用途
无定向成网	各向同性	用途广泛，特别适合针织物
定向平行成网	经纬向强力比相差较大	适合于薄型及纬向有伸缩性的面料
交叉成网	对角线方向拉伸强力高	适合于强力要求较高的服装，如制服、风雨衣等

2. 按热熔黏合剂分类

按热熔黏合剂分类，服装常用的热熔黏合衬可分为以下五大类。

（1）聚酰胺（PA）：聚酰胺（尼龙PA）由三种或三种以上不同的尼龙单体共聚而成。手感较好，悬垂性和弹性较优，且具有较强的黏合性和耐洗性。PA的耐水洗性和黏合温度差异较大。一般PA热熔胶只耐40℃以下的水洗。但是我们国内服装习惯于水洗，因此要选用耐水洗热熔胶（不过其黏合温度要高些）。PA多用于耐（水、干）洗的服装（男女外衣、女衬衫和时装）。

（2）聚乙烯（PE）黏合衬：分高密度聚乙烯（HDPE）和低密度聚乙烯（LDPE）。前者耐水性好而耐干洗性略差，需较高压力和温度方可获得较好的黏合强度，被广泛用于男装衬衫。后者耐干、水洗性均较差，但在较低压力和温度下可获得比较好的黏合强度，多用于临时黏合型衬布。

（3）聚酯（PES）黏合衬：由二元酸和二元醇共聚而成。对于聚酯纤维为主的织物（如纯涤纶或涤棉混纺织物）黏接性好、耐水洗性能较佳，仅次于高密度聚乙烯；耐干洗性能一般，仅次于PA热熔胶。多用于薄型仿真丝面料和仿毛厚面料。

（4）乙烯—醋酸乙烯酯（EVA）及其改性（EVAL）黏合衬：EVA是由乙烯和醋酸乙烯酯共聚而成。其优点是透明性好、易黏合、柔软、耐老化性较好，是用于生产假黏合型黏合衬的较理想热熔衬，可以用熨斗黏合，特别适合裘皮服装用。因其耐水、干洗性很差，只能作临时黏合。对EVA改性成乙烯—醋酸乙烯酯皂化物（EVAL）黏合衬，其熔点提高，树脂的热稳定性和机械加工性能也获得改善，其耐水、干洗性明显提高，用途也因此扩大，适用于丝绸、轻薄化纤服装、鞋帽及非织造布上。

（5）聚氯乙烯（PVC）：聚氯乙烯（PVC）黏合力强，耐水洗，但抗老化性能较差，易渗料。主要用于厚重面料和针织物。

服装常见热熔黏合剂使用情况见表9-3。

3. 按涂层粉的形状分类

将热熔胶均匀涂敷于基布表面并使其固着的加工法，称涂层加工法。涂敷的热熔胶在基布上排列成一定的几何形状，其几种图形如图9-1所示。

（1）规则点状涂层黏合衬：热熔胶粒状按照一定的间距有规律地排列，通常以每2.54cm单位的粒数作为目数，目数越高则分布越密。粉点衬和浆点衬均采用此类转移辊

表9-3　黏合剂用途表

种类	特征	主要用途	黏合温度	耐干洗	耐洗涤	备注
聚酰胺（PA）	适合用途广	所有服装（干洗为主）	120~160℃	特别优良	不适合高温洗涤机	低温型100~130℃耐洗涤型
高密度聚乙烯（HDPE）	洗涤性良好	衬衫	150~180℃	良好	特别优良	黏合时需要温度和高压
低密度聚乙烯（LDPE）	可用熨斗黏合	临时黏合（工作服装等）	130~160℃	溶解	耐久力低	需要压针缝制
聚酯（PES）	容易与聚酯类纤维黏合	化纤服装（可水洗的）	130~160℃	化纤以外的面料稍弱	优良	—
乙烯—醋酸乙烯酯（EVA）	可用熨斗黏合	临时黏合	120~150℃	溶解	耐久力低	需要压针缝制
皂化乙烯—醋酸乙烯酯（EVAL）	可用熨斗黏合	针织服装，配衬，定形胶带	120~150℃	有耐久性	有耐久性	高压、70℃时溶解
聚氯乙烯（PVC）	黏合手感柔软	各种服装（尤其厚面料）	130~160℃	优良	优良	可塑化后使用

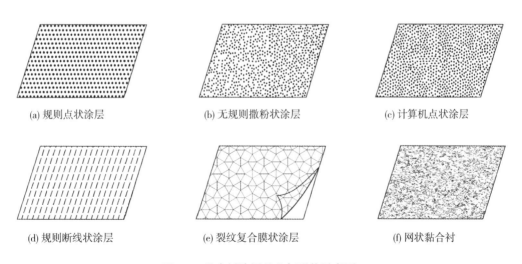

(a) 规则点状涂层　　　(b) 无规则撒粉状涂层　　　(c) 计算机点状涂层

(d) 规则断线状涂层　　　(e) 裂纹复合膜状涂层　　　(f) 网状黏合衬

图9-1　黏合衬涂层的几何形状示意图

（雕刻辊）生产。

（2）无规则撒粉状涂层黏合衬：热熔胶粒的大小不一，分布的间距也无一定规律。工艺比较简单易行，撒粉衬即以此法加工后压辊。较适合暂时黏合衬的加工。

（3）计算机点状涂层黏合衬：热熔胶之间的分布距离一致（相等），但是排列没有规律，浆点非织造衬采用此法，可获得较好的黏合强度。

（4）有规则断线状涂层黏合衬：热熔胶的分布呈有规律的虚线状态均匀排列。

（5）裂纹复合膜状涂层黏合衬：热熔胶以一层薄膜复合在基布上，薄膜间有六角形裂纹，可确保基布的透气性。衬布的黏合强度很高，但手感较硬，仅用作黏合领衬。

（6）网状黏合衬：网状黏合衬共有两种。一种是热熔胶印本身制成网状的非织造衬，另一种是以熔喷法呈网状涂敷在基布上。网状黏合衬多用于服装的接缝固定，属于暂时（临时）性黏合衬。

（二）黏合衬的选择

选择符合服装产品要求的黏合衬是项非常重要的、几乎决定服装加工成败的大事，马虎不得。这里介绍一般意义上的黏合衬的选用原则和程序。

1. 选衬原则

基本原则，要从服装品种、工艺流程、面料特性、衬布种类以及服装穿用习惯等五个方面考虑。

（1）服装品种：不同的服装其款 、结构、工艺等不同，用衬需求（品种、性能、部位需求）也不同。依据服装加工的差异性，应选择适合具体服装和服装加工的黏合衬。

（2）工艺流程：每种服装的工艺流程不尽相同，各服装加工企业在相同服装产品的加工工艺上也各有不同。使用的黏合设备及其性能也存在差异。选用衬布应考虑工艺流程的特殊性（个性特点），寻找既符合本单位工艺流程又适合服装需要的衬布。

（3）面料特性：面料是极其丰富而多样化的，其纤维、组织结构、重量、厚度、密度、手感、颜色、色泽、缩率、牢度、环保性、保健性能等各不一样。选择衬布必须了解、分析所用面料的性能，以确定合理的配伍。

（4）衬布种类：需要对衬布的品种规格、质量性能、主要指标（干热和水洗干洗缩率、剥离强度、褶皱回复性）以及基布种类和特性、热熔黏合剂类别和特点、压烫条件和压烫方式等有一定程度的了解和认识。同时，对衬布供应商的品种和质量信誉要有充分的调查和了解。

（5）服装穿用习惯：不同服装的穿用功能和洗涤方法不同；不同国家的服装穿着习惯、穿用年限和洗涤方式、条件、洗涤次数也不同，因此在选择衬布时，要考虑这些因素区别对待，（特别是外贸服装的加工需注意环保、保健性能等的限制，即"非关税的技术壁垒"）慎重做出选择。

2. 选衬方法

黏合衬种类繁多，五花八门，因性能特点各异，对黏合衬的选定不可轻易下结论，需采用合理的方法来确定。

要合理选用黏合衬，首先要求黏合衬耐水洗或耐干洗；缩水率尽量与面料在同一条件下相一致；黏合衬对面料有较好的黏合强度，一般不少于1～1.5kg/25cm²，经过5次洗涤后，其黏合强度应无明显的下降。作为外衣用衬，应耐45℃水洗和干洗；作为衬衫用的领衬、袖口衬、门襟衬应耐60℃的热水洗涤。

对不同的面料要选用不同的衬布，面料和衬布黏合后，要适应性好、平整、挺括、有弹性，经洗涤后不起泡、不起皱、不剥离。如高档衬衫领衬要有良好的透气性；丝绸服装用衬应耐熨烫；裘皮服装用衬黏合温度要低。因此，必须按使用目的和材料选择黏合衬，从而正确地用好黏合衬，使服装达到设计效果。

（1）黏合衬用于服装后，在消费阶段发生的主要质量问题有：

①黏合衬剥离。

②黏合剂（面料下面、衬布反面）渗漏、脆化。

③起泡、收缩、起皱。

④洗涤后尺寸变化、改变服装的造型等。

这些问题之所以会发生，是因为对黏合衬的选择和黏合条件的设定等未细心谨慎的研讨分析。

（2）选择黏合衬必须注意的事项有：

①须获得充分的黏合力。

②不得发生背面热熔胶渗漏。

③设定准确的黏合条件。

④衬布与面料要匹配。

（3）使用黏合衬时有必要首先用黏合（压烫）机做以下几项严格测试：

①剥离强度。

②有无黏合剂渗漏。

③手感好坏。

④面料缩水。

⑤面料外观质量变化（变色、光泽、起泡等）。

⑥耐干洗性、水洗性等。

（4）选衬程序及操作说明。

黏合衬的选择方法并无统一的法则可循，这里根据企业常用的选衬程序加以具体说明。

①在预选黏合衬前，必须首先确认所要加工服装的面料缩率、压烫温度、时间和压力等四个条件，然后方可预选黏合衬，设定黏合条件，通过测试，论证其选择的正确性。

②确认符合服装设计要求的面料、纤维组织，设定适合该面料的黏合温度（例如天然纤维为160℃，合成纤维为140℃）。

③根据面料组织设定压力（例如机织物为0.3kg/cm²，针织物为0.2kg/cm²）。

④根据面料重量、厚度确定黏合衬，设定压烫时间（参照黏合衬加工企业指定的面料重量、厚度限制选定衬布，设定符合该黏合衬标准的黏合压烫条件）。

⑤做黏合试验之前，参照上述设定温度、设定压力以及试选衬的标准，设定黏合时间及条件。假定黏合压烫条件，试验时测定：黏合力、黏合剂渗漏情况、手感变化、面料缩水情况、面料外观变化（有无变色、发毛、印痕、极光、起泡等）。在以上的测试项目中，若发生异常情况时，应要求改换黏合衬或黏合条件，再度进行黏合试验。

⑥黏合测试结果正常时，主要核查中间压烫和成品压烫情况：有无黏合剂渗漏和逆渗漏。情况异常时，重做相关测试。

⑦做符合服装设计要求的洗涤试验、测试黏合力、黏合剂渗漏、手感、缩水率等。结果异常时，重新按第④项内容测试。

⑧若上述测试结果无任何问题，则可确定最终黏合衬、黏合方式、黏合条件。

必须根据服装种类、服装设计需求的不同，确立适合服装企业各自特点和服装品种、工艺流程及设备特点等的黏合衬选择方法。

（三）黏合使用熨斗或压烫机

1. 熨斗

熨斗常被用于局部黏合压烫作业。当衬片较小，黏合压烫条件要求不高，如低温、低压、短时间压烫时，可以使用熨斗黏合压烫。目前，熨斗一般有普通电熨斗、调温熨斗和蒸汽熨斗三种。

无论哪种熨斗，虽然其达到的温度不同，但都可以用于黏合作业，主要用于局部黏合衬、补强衬、牵条衬以及临时黏合衬等的黏合压烫。但是，它存在一些缺陷：一是温度难以控制或者温度缺乏稳定性，受热面的各部位温差大，影响剥离强度的区域均衡性；二是加热板轻而小，加之手动加压，难以保持黏合面均等的黏合压力，不适合进行全面（永久）黏合衬的黏合压烫；三是因温度压力难以控制，易造成黏合物变色（泛黄）、剥离、起泡、变形、烫光和收缩。因此，使用熨斗黏合作业时务必注意：尽量控制均衡的温度和压力（达到速黏合效果即可）；自上方向下方施加压力压紧衬布，不要来回拖动移位；也不要从面料的正面加压黏合作业；要注意防止熨烫熔结、极光，应尽可能使用蒸汽熨斗。

2. 平板式黏合压烫机

平板式黏合压烫机是最先用于黏合衬黏合压烫作业的机种。它是在服装整烫机的基础上改进而成的。平板式黏合压烫机规格（机体体积和压板面积各异）机种较多。其工作原理是将衬布和面料置于上下压板之间，上压板用电热丝加热，下压板上垫有透气性好的非织造布和罩布，确保压力均匀。它利用空气压缩机压缩空气或者液压使上下压板紧压，在一定的温度、压力和时间及抽空冷却条件下黏合。通常须根据不同服装指定不同的压力、温度以及加热时间。

平板黏合压烫机在使用时须注意以下几点。

（1）温度：板面温度分布的是否均匀一致；温度仪控制的最高和最低温度及温差状况是否正常；加热器的热容量是否适合；加热器电阻丝的状况是否正常；不适宜将压烫机置于透风的场所。

（2）压力：其压力有空压、平压和机械加压。必须注意压力分布的均衡一致；上下压板的变形；下压板垫板的老化问题（缺乏弹性）。注意对上下压板的定期检验和矫正；定期更换下压板的垫板，保持弹性。

（3）时间：所有压烫机的黏合压烫时间是自动控制的。注意计时器和实际时间的时差，需要经常核准矫正。

（4）蒸汽：一般采用过热蒸汽，防止产生凝结水污染黏合物（衣片）。蒸汽量根据面料的特性（毛、麻、棉、涤及其混纺）和衬布性能条件确定。

（5）抽真空：黏合压烫后，要迅速冷却才可以达到应有的剥离强度要求。在未冷却前触动黏合体会损伤黏合效果和外观光洁度。安装抽真空装置可以迅速抽走热量，但要定期更换垫板和过滤网，防止气阻影响抽空效果。

3. 连续式黏合压烫机

连续式黏合压烫机由加热器加热升温，黏合衬布和面料在准备台上备好，排列在输送带上送入机体内，然后经轧辊轧压黏合，黏合体出来后经冷却台冷却，再经反向输送带送回机头下部取出（有进料和出料在同一端的，也有一端进料、另一端出料的）。

如图9-2所示，全自动连续式黏合压烫机分预黏合区和主黏合两个黏合区。有两组加热器和两组轧压辊，可分段作温度和压力调节。预黏合区的缓慢加热可减少黏合体的收缩。加热区的温度可进行程序控制，以适应各种特殊面料的复杂黏合。连续式黏合压烫机目前已经形成系列化。

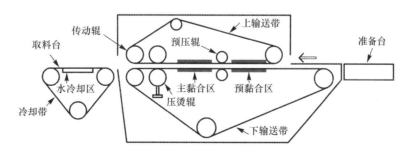

图9-2　全自动连续式黏合压烫机的工作原理图

使用连续式黏合压烫机应注意以下几点：

（1）温度：全自动连续式黏合压烫机的温度分布为自动控制。对于难以黏合的材料，可在初始阶段迅速升温而黏合；对于热敏感型材料可缓慢升温，以防止渗漏和回缩。

但是对机体内温度的均匀性，要经常测量。一般用温度计和测温纸（国产测温纸的温差间隔为5℃）测量。

（2）压力：连续式黏合压烫机采用的是轧辊加压方式，属于线压力，其施压是瞬间的。轧辊的加压约为平板压烫压力的8～10倍。要注意，若两根轧辊不平行或变形，则会影响压力的均匀一致（特别是宽幅机种更要关注）。长时间的高温高压作业容易使轧辊变形，因此必须经常检查。

（3）时间：压烫时间与传送带的运转速度有关。传送带走得越快，压烫时间越短；反之越长。

（4）传送带的传动：有两种方式，一是靠传动辊直接传动；一是依靠链条带动。前者要求传送带要厚实，而且需加调节辊调节传送带张力；后者所用传送带较薄，便于热传导。黏合作业时，要求衬片四周要小于衣片，可以减少衬胶对传送带的沾污（热熔胶熔化附着），即使如此也需要经常清洁，定期更换传送带。

（5）热源与冷却：该压烫机使用电加热，既不用蒸汽升温黏合也不需要抽真空冷却。

（6）机体保护：黏合作业完毕，关闭加热电源，空转半小时使机内和机体降温冷却，以备再工作。

4. 连续式低温黏合压烫机

低温黏合压烫机是新型连续式压烫机种。一般采用电加热或蒸汽加热两种热源。蒸汽加热方式的成本是电加热的1/8。直径145mm的压力滚筒，大大增强了黏合力；采用无接缝的特氟龙传送带；配有收卷式皮带清洁装置；加热装置可以升降，更适合起毛材料的压烫；还配置了出口旋转式刮片。

与一般连续式黏合压烫机相比，它的主要特点如下：

（1）自动控制温度，且温度在105～120℃便可保证黏合强度。

（2）温度低，不易破坏衬布和面料（即黏合体）的手感，黏合后的材料手感柔软。

（3）适用于在同一作业时间内的不同面料和不同黏合衬的黏合，提高了作业效率。

（4）温度分布更均匀，更能有效确保黏合强度的均匀一致。

（5）适合从事量体定制服装的工业化生产需要，具有广泛的适应性。

以上对使用较为普遍的黏合压烫设备作了简要介绍。其中普通的连续式黏合压烫机的使用频率最高。各服装企业应根据服装品种、所用面料和黏合工艺条件选择合适的机型。

黏合压烫机已经实现了国产化，许多改良的机型也已面世，有条件的企业可以根据需要选择性能更优的设备，以提高黏合效果，提升服装产品的档次。

（四）黏合压烫的方式

黏合压烫时，通过改变衬布与面料的叠置方式，可以实现多种方式的黏合。叠置方式的不同也会要求有不同的黏合条件。根据叠置方式可以分为五种主要的黏合方式。

1. 方法一：标准黏合法

标准黏合法是最常用的较为安全的对于面料的黏合方式。将需要黏合的面料（通常是大小不同的衣片，主要是全面黏合衣片）放在下层，其反面朝上；衬布在面料之上，热熔胶（黏合剂）朝下放置，如图9-3（a）所示。这种方式可较准确地放置衬布（衬片）。加热板在上部与衬布直接接触而面料不直接接触加热板，可防止面料变形、变色。

2. 方法二：反向黏合法

与方法一相反，衬布放在下面，热熔胶朝上；面料放在衬布上，黏合面朝下，如图9-3（b）所示。加热板直接与面料接触，热熔胶易渗透至面料纤维中，可提高黏合剥离强度（但要防止渗漏）。此法多用于衬衫领衬的黏合。

3. 方法三：内部夹叠方式

当采用连续式黏合压烫机时，可以一次性将两块衬布和两块面料（两组）同步重叠进行黏合，多用于两个对称衣片的同步黏合，即在方式二的基础上，同时用方法一的方式，将方法一、方法二两组黏合体重叠，使两块面料分别在两块衬布的外侧（一片在衬布上、一片在衬布下），衬布在面料的内侧（夹在中间），如图9-3（c）所示。该法可以提高生产效率，但若加热加压时间长，则面料易搭污。

4. 方法四：外部夹叠方式

外部夹叠方式与方法三中的叠置方式相反。两块衬布在两块面料之外侧，面料夹在衬布中间，两组黏合织物重叠，一次性黏合，如图9-3（d）所示。在批量化服装生产中，特别是西装、衬衫的工业化加工时，经常使用此法,但加热加压时间长了容易渗漏。

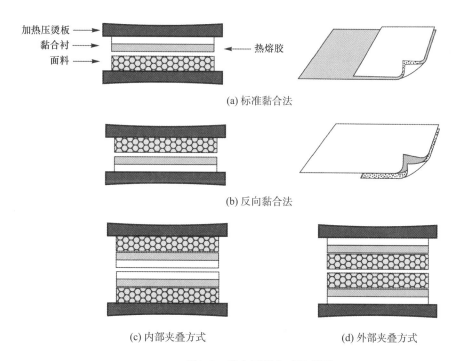

(a) 标准黏合法

(b) 反向黏合法

(c) 内部夹叠方式　　　　　　　　　　(d) 外部夹叠方式

图9-3　黏合压烫方式示意图

5. 方法五：多层叠置黏合法

即在方法一或方法四的基础上，将两组以上的黏合织物重叠在一起，一次性大量（厚度7cm）黏合，多采用高频黏合压烫机，如图9-4所示。由于高频电极转换场（交变电场）的作用，热熔胶分子运动、相互摩擦而产生热量使热熔胶熔融黏合。因该法热穿透力强，一次最多可黏合7cm厚的叠置物。

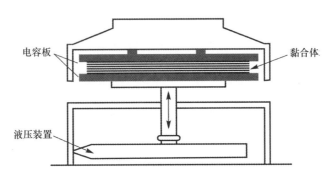

图9-4　高频率黏合压烫机

（五）黏合衬的应用技巧

1. 黏合衬裁片的形状要合理

一般情况下，黏合衬的里侧线条都习惯地裁成直线，如竖直线、横直线。如果能按部位的需要裁成曲线或弧线状，黏合的效果会更好，衣片边缘处不但不易脱胶，正面也不易看出黏衬后的断面痕迹线，特别是薄和软的面料更应这样处理。

2. 黏合衬裁片的大小要合理

裁剪黏合衬时，裁片最好比衣片小一圈，在衣片的边缘向里进0.3~0.5cm，使衬布与面料的边缘依次错开。需要粘两层黏合衬的部位，应该裁一层有缝份的衬，裁一层无缝份的衬，如果两层衬都需要裁有缝份的衬时，边缘也要互相错开0.3~0.5cm，以减少缝份的厚度，还可防止衬布超出面料，使黏胶粘到熨斗或热熔机上。

3. 需黏衬的衣片要防止热缩造成尺寸规格变小

要黏衬的衣片或部件，初裁时要略大些，因面料与衬布加热黏合后会出现程度不同的烫缩现象。特别是黏合面积较大时，收缩的现象较为明显，比如西装的过面，初裁时一定多留出一些收缩量，约1~2.5cm，以免黏衬后衣片变小。

4. 黏合衬的纱向选取要合理

无纺衬不必考虑纱向的问题，这个问题主要针对有纺衬而言。黏合衬使用时要充分利用经、纬、斜纱及其各自特性进行使用。比如，要使服装某个部位如袋口、领面等牢固、不变形，应选用经纱。如单纯想使某个部位挺括，就应选择与面料相同的纱向，比如领里一般是斜纱，黏合衬也选用斜纱；袖口处是纬纱，黏合衬也选用纬纱。

5. 考虑黏衬的位置

黏合衬不要千篇一律地都粘到服装衣片的第一层上，应根据面料的薄厚、软硬等情况来选择黏合部位。黏衬后的部位会变得挺而硬，感觉较呆板。黏薄料、软料时，黏衬要黏到较隐蔽的地方。比如，门襟止口的衬要黏到过面上，袖口衬黏到袖口折边上。这样的工艺处理同样会起到挺括的作用，同时还可避免正面黏衬造成的软硬悬殊效果，保证衣服的整体效应。

6. 黏衬时要遵循好一定的熨烫原则

首先要保证时间、温度等黏合条件。比如，使用熨斗黏合时，熨斗的温度限于130～170℃之间，每处熨烫时间不得低于10s，不可将熨斗在面料上滑来滑去，应采用用力向下压烫的方式。黏衬的部位大部分都是平面的，黏衬时应先将面料摆平，经纬纱线保持垂直不变形，再将衬布放上。熨斗的走向是从一端逐步到另一端，或由中间向两端黏。遇到有窝势的地方要借助于工具，例如放在熨烫馒头上，黏衬后自然形成窝势。

7. 使用黏合衬的可行性

有些面料不合适使用黏合衬。因为使用黏合衬时，要利用热力、压力等黏合条件才可使其与面料黏合在一起，对于一些起绒起毛、热熔点低的面料，使用黏合衬后会影响其面料表面特征或烫熔、烫焦面料，所以此类面料合适选用非黏性的衬布。

二、毛衬

毛衬的经纱通常为细支棉或其他混纺纱线，纬纱则用动物纤维（如牦牛毛、山羊毛、马尾毛、人发等）或毛混纺纱为原料加工成基布，经过各种特殊加工而成。包括有黑炭衬、马尾衬、分段衬等。

毛衬是传统衬布，质感较粗涩，硬挺性好，弹性突出，主要用于西服、大衣等外衣前身、肩部、袖窿部位，使服装上部更挺括，是一种能提升服装丰满感和穿着舒适感的特种衬布。

（一）常用毛衬

1. 马尾衬（马鬃衬）

马尾衬经纱采用棉纱，纬纱用马尾鬃毛。最初，人们在织造时，把马尾鬃毛作为纬纱一根根地喂进去，基布的幅宽受马尾毛的长度限制（一般织成40cm长×20cm），工作效率低，且使用时浪费大。随着科学技术的发展，利用生产电缆的工艺方式，用3根45英支纯棉纱包裹马尾，制造出人工马尾纱，使有限长度的马尾，可织出任意幅宽的基布，大大提高了使用率，但其造价较高。

马尾衬刚性强、弹性优、比较轻薄，它是专用的胸衬，主要用于各类高档西装及大衣的胸部和肩部，使胸部、肩部挺括，效果极佳。

2. 黑炭衬

黑炭衬是以棉或棉混纺纱线为经纱，以牦牛毛或山羊毛（有时还有头发）与棉或人造棉混纺的纱为纬纱而织成的。黑炭衬的弹性和硬挺度较强，宜作高档呢绒服装的里衬，有时也代替马尾衬作胸衬，但弹性比马尾衬稍差些。

3. **分段衬**

20世纪末，欧洲一些国家开发了一种不需添加补强衬的现成衬片。即在织造时，根据上衣前身在人体上的不同形态特点，以适当的间隔改变纱的品种、密度和捻度等，基布本身依次改变厚度和手感，较为理想地解决了服装前身不同部位对衬布的不同要求，保持经向或纬向在风格上的自然连贯与厚薄的渐进性，称之为"分段衬"。不过，分段衬的应用未能全面普及，仅限于一些先进国家的小型加工坊使用。目前，人们普遍使用的仍然是肩部加一块盖肩衬片的成型胸衬（半胸衬）和前身全成型衬片（一般叫做组合毛衬或组合成型毛衬）。因此，分段衬将是今后进一步研究、开发的高档产品。

（二）毛衬的应用工艺

毛衬基布织物的组织结构一般为平纹，在剑杆织机上织造，也有为缎纹结构其正面是平纹结构、反面是缎纹结构的，这是根据其不同的用途而决定的。如用于固袖棉时，因其是斜裁的，而平纹结构的毛衬没有牵伸弹性作用，不便于衣袖的伸缩和摆动，因此在选择毛衬时，考虑采用下面是平纹结构，反面是缎纹结构的毛衬（用于固袖棉的外圈），用来保证其穿着性能。

当衬布用于西装、大衣套装等服装的前身、胸部时，为了创造其美好的形体和满意的穿着舒适感，必须根据不同部位改变衬布的张力强弱。例如用于肩部时，在黑炭衬片上另加一块适当厚度的小增强衬片（叫盖肩衬）作为补强毛衬。

三、树脂衬

树脂衬是以纯棉、涤棉混纺布、麻和化纤等薄型织物为主体，经过树脂整理而制成衬布。其手感根据用途分微软、适中和硬挺三个类别，但仍以硬挺风格作为主流。因树脂衬成本低，稳定性、硬挺性和弹性均较好，至今被作为服装专业用衬而占有重要地位，而黏合型树脂衬的诞生更拓宽了树脂衬的使用范围。

（一）树脂衬的性能和质量

树脂衬的性能体现在服装对于其质量的要求上。树脂衬的质量包括其内在质量和外在质量两个方面。内在质量是指其物理性能和服用性能指标，如：经纬密度和重量、断裂强度、手感、弹性、耐洗尺寸变化、染色牢度、吸氯泛黄性、游离甲醛含量等；外在质量是指其表面的局部性疵点和散布性疵点。服装对树脂衬的内在质量要求更高。

（二）树脂衬的应用

主要用于男女衬衫的领、袖口、门襟部位及领带衬、裤裙的腰衬、西服的硬领衬、牵条衬（如西服胸袋）等，起到挺括、补强作用。

1. 衬衫衬

衬衫用衬的主要部位在领子（底领、面领）、领角、门襟和袖口等部位，其对树脂衬布性能的不同要求主要表现在底布、手感、水洗尺寸变化上。

不同质地的衬衫必须使用相匹配的底布衬布，保持其性能特性的一致性。如纯棉衬衫对应应使用纯棉衬布，涤棉衬衫对应应使用涤棉底布衬布。目前多采用永久性黏合加工，更应注意这一点。

通常，硬领衬衫，领部用硬挺衬，袖口和门襟用硬度适中的衬布；软领和休闲衬衫，领部用硬度适中的衬布，袖口和门襟使用微软衬布（也可不用衬布）。

水洗尺寸变化是衬衫在选用衬布时最为重要的选题指标之一。原则上讲，不论使用何种衬布，都必须事先测试衬布的洗涤尺寸变化，而且衬布相对于衬衫质地而言，必须保持在经纬方向与衬衫面料缩率的一致性。这是不容忽视的问题。

2. 腰衬

腰衬是裤子和裙子腰部专用的条状（带状）衬布，一般分中间型腰衬和腰头装饰衬两类。中间型腰衬分黏合型和非黏合型树脂衬两类，用于裤、裙腰头内（夹于中间层），主要起硬挺、补强、保型作用；腰头装饰衬，仅用于裤子腰衬的最里侧，和腰里组合在一起，称作"成型裤腰衬里"，起到掩盖、装饰、保型和防滑等作用。

（1）中间型腰衬：中间型腰衬不论是否可黏合，通常均预先裁切成条状衬条。宽度一般为3cm或4cm不等。单位面积的质量在160～250g/m²不等，每卷长度为50m或60m。其手感坚挺、断裂牢度大。非黏合型腰衬在缝制裤、裙时，用双面黏合牵条暂时固定缝合腰部；黏合型腰衬可使用熨斗或压烫机黏合固定。

（2）腰头装饰衬：腰头装饰衬由树脂衬（有纺、无纺黏合衬）、织带条和涤棉布缝合而成，分为普通型、防滑型和涂层型三种。防滑型多织带条（塑胶体），起防止腰部滑动的作用；涂层型在衬里上涂上聚氨酯，可起防滑作用，但穿着不够舒适。随着裤业的发展，新的腰头装饰衬在不断产生，如衬布静电植绒，既可防滑，又可装饰，而且穿着舒适。

四、非织造衬布

非织造衬布，是采用非织造布为基布，进行黏合涂层加工或树脂整理等特殊加工工艺处理而成的衬布。

（一）性能特点

非织造衬布除了具有一般衬布的性能外，还有如下一些特点：重量轻、透气性好、保形性、回弹性良好，保暖性优良，洗涤后不回缩，裁剪后切口不脱散，价格低廉，与机织物相比，对方向性的要求较低。

非织造衬布虽不适用于特别强调硬挺性效果的服装和特别注重强度的加固部位等，但很适用于一般性挺度要求的服装（如夹克衫、女式套衫）。

（二）分类与用途

1. 一般非织造衬

一般非织造衬，是最早使用的非织造衬。即直接用非织造布来做衬布。如今大部分已被黏合型非织造衬所替代。但在轻便休闲服装、针织服装、羽绒夹棉服装和风雨衣以及童装等仍在使用。它通常采用化学合成法制成，分薄、中、厚型三类。

一般非织造衬常用的纤维有丙纶、涤纶和黏胶纤维。

2. 水溶型非织造衬

水溶型非织造衬又叫绣花衬布，是由水溶性纤维和黏合剂制成的特种非织造衬。它在一定温度的热水中迅速溶解而消失，主要用于绣花服装和水溶花边底衬。20世纪90年代，伴随着水溶花边和绣花服装的发展，该衬布用量急剧增加。水溶性非织造衬的主要纤维原料为聚乙烯醇纤维。

3. 黏合型非织造衬布

黏合型非织造衬布以各向同性型和稳定型衬布为基布进行单面热可塑树脂撒布、胶合或涂敷加工而成。黏合型非织造衬布省去了过去非黏合衬的覆衬、攘缝等高难缝制工序。可精简缝制工艺、提高生产效率、改善面料可缝性和产品质量。应用时可做全面黏合、局部黏合和双面黏合。

第二节　里料与支撑物

一、里料

里料是服装辅料的一大类，一般用于外衣型服装，是用来覆盖服装里面的材料。应用时应根据服装面料、档次的不同、品牌理念的不同，选择相应的里料，有时也受流行趋势的影响。服装应用里料，大多可以提高档次和增加附加价值。

（一）里料的作用

1. 保护面料

有里料的服装可防止汗渍浸入面料，减少人体或内衣与面料的直接摩擦，尤其是对于呢绒和毛皮服装，能防止面料因摩擦而起绒、起毛，延长面料的使用寿命。对易伸长的面料来说，里料可以限制服装的伸长。里料还可减少服装的皱折，保持面料的外观形象。

2. 装饰遮掩

服装的里料可以遮盖不便外露的缝头、毛边、衬布等，使服装整体更加美观并获得较好的保形性。薄透的面料需要里料起遮掩作用。对于带有絮料的服装来说，里料可以作为填充絮料的包层布，而不致使其裸露在外。

3．衬托

里料的应用还可以使服装具有挺括感和整体感，特别是面料较轻薄柔软的服装，可以通过里料来达到坚实、平整及立体的效果，因此里料具有一定的衬托作用。

4．美观和穿脱方便

由于大多数里料光滑柔软，穿脱服装时可起到顺滑的作用，使人因此而感觉着装舒适。里料光滑的服装在人体活动时不会因摩擦而有所扭曲，可保持服装自然美观的形态。

5．增加保暖性

由于带里料可使服装增加厚度，因此保暖性和防风性良好。

（二）里料的种类及性能

服装里料的分类方法较多，一般以里料生产所用的原料来分类；还可以按工艺制作将里料分成活里、死里、半里和全里等。下面将常用里料在服装上的应用做一简单介绍。

1．按材料分类

（1）天然纤维里料：天然纤维里料包括天然植物纤维里料和天然蛋白质纤维里料。

①棉布里料——是天然植物纤维里料中比较有代表性的一种，以棉纤维为原料。棉布里料的透气与吸湿性好，不易产生静电，保暖性好，穿着舒适；后处理时可降解，不污染环境。其缺点是穿着不滑爽，摩擦后易掉下纤维黏附内衣。主要应用于婴幼、儿童服装及中低档夹克、便服等。

②桑蚕丝里料——以桑蚕丝为代表的真丝里料是天然蛋白质纤维里料。真丝里料吸湿、透气、滑爽、质轻而美观，最接近人的皮肤感，穿着舒适；后处理时可分解，不污染环境。其缺点是易产生静电、尺寸稳定性差、色牢度不够。桑蚕丝里料主要应用于高档服装，如丝绸、纯毛服装及夏季薄型毛料服装等。

（2）化学纤维里料：化学纤维里料最大的特点是强度大，弹性好。

①涤纶里料——涤纶里料坚牢挺括，尺寸稳定性好，色牢度高；缺点是吸湿透气性差，易产生静电、穿着舒适性差，后处理不能降解，污染环境。

②锦纶里料——锦纶里料强伸力大，弹性恢复性好，吸湿透气性优于涤纶；缺点是易产生静电、不平挺，穿着舒适性差，后处理不能降解，污染环境。

以上两种里料由于价廉、撕裂强度大，适合大众类服装的使用，是目前使用最广泛的一种里料。随着人们生活水平的不断提高，对穿着舒服性、环保性提出越来越高的要求，而涤纶、锦纶里料由于其本身存在的缺点，在高档服装上已很少被使用。

③黏胶纤维里料（再生纤维素纤维里料）——最有代表性的黏胶纤维里料就是人造丝里料，简称人丝。人丝里料吸湿透气性好，不易产生静电，光泽感较好，穿着舒适，后处理可降解，不污染环境；缺点是尺寸稳定性差，不适合水洗，色牢度一般。

人丝里料穿着舒适感较好，是中高档服装的主要里料。由于其湿强力低，缩水率大，不宜用于经常水洗的服装，而且需充分考虑里料的预缩及裁剪余量。

④醋酯纤维里料——目前，最有代表性的醋酯纤维里料就是亚沙的里料。亚沙的里料光泽接近真丝里料，色泽鲜艳，穿着有干燥感；缺点是易产生静电，尺寸稳定性差、色牢度不够，撕裂强度差。

（3）混纺和交织里料：混纺和交织里料的优点是兼有两种原料的性能。

①涤纶与黏胶纤维交织的里料——简称涤纶人丝里料，是近年来我国发展最快的一种新兴里料。它吸取了涤纶与人丝这两种纤维的各自优点，吸湿透气性好，不易产生静电，有光泽感，滑爽，穿着舒适，撕裂强度又高，价格适中，已被男女中高档服装普遍采用，成为外销西服配套的主要品种。

②涤棉混纺里料——涤棉混纺里料结合了天然纤维与化学纤维的优点，吸水、坚牢、价格适中，适应各种洗涤方法，常用于夹克及防风性的服装。

2. 按缝制工艺分类

（1）活里：活里是指服装的里料层与面料层可以拆分的一种衣里，其加工制作比较复杂，但拆洗方便。某些不宜水洗的面料，如缎类、锦类或冬季的大衣，最好使用活里。

（2）死里：死里是指服装的里料层与面料层缝制在一起不可分开的一种衣里，其加工工艺较简单，制作方便，洗涤时往往连面料一起洗，但会影响面料的使用寿命及服装的造型。死里还分有半里和全里：半里是对经常摩擦的部位配上里子，比较经济，适于夏季服装；全里是服装内层全部被里料覆盖，加工成本较高，适于厚料的服装。

里料的发展随着服装而发展，随着服装面料而变化，随着服装的功能变化而创新。服装对"轻、薄、柔、软、挺"和绿色环保的要求越来越高，我国里料产品也在不断推陈出新，生产的服装用里料在产量、品种、质地和手感上均有提高，里料开发日益趋于轻薄、软滑、环保，这也是我国服装辅料生产企业面临的重要任务和市场发展前景所在。

（三）里料的应用

里料在实际应用时必须与面料各方面性能相匹配，还要考虑服装款式和应用效果。应用里料时必须考虑以下几方面。

1. 性能

里料的性能特点应符合面料的性能特点，即里料的缩水率、耐热性、耐洗涤性、强力、厚薄、重量等应与面料相近。如棉质里料适用于棉质面料的服装；冬季厚重和蓬松的面料宜用密度大且厚重的里料。

2. 颜色

里料的颜色应与面料的颜色协调，尽量采用同色或近色。对于较薄的面料，若里料的颜色深于面料的颜色，易出现沾色现象。但因装饰需要，可采用与面料呈对比色或非同类色的里料。

3. 质量

里料的质量对服装的影响不容忽视。里料应光滑、耐用，并有好的色牢度，使服装穿脱方便，能保护面料，并能根据季节的需要具备吸湿、保暖、防风等性能，不因出汗或遇水而使面料沾色。

4. 价值

里料的使用价值和经济价值应与面料相近，即要满足穿着美观，又要符合经济实用的原则。

5. 裁剪方法

里料与面料相对应的各裁片丝缕方向要统一，这样在穿着中衣片受力、延伸、悬垂等性能差异就不大，使服装保持里外协调的形态和穿着舒适。

二、支撑物

为了提高服装的使用价值和保持外形美观，在工艺上还会使用一些具有支撑性作用的辅料，如肩垫、领角插片、定位带及特殊撑条等。

（一）肩垫

肩垫是衬在服装肩部呈半圆形或椭圆形的衬垫物，是塑造肩部造型及起加固作用的重要辅料。目前肩垫的种类很多，材料性能各异，应用时应合理选择，并注意装缝细节工艺，才能有效发挥肩垫的作用。

1. 肩垫的种类

根据使用材料划分可分为以下几种。

（1）棉及棉絮垫：以前传统的做法是用白细布填入棉花做成的半圆形肩垫，用于棉中山装、棉大衣上。现在为了适应工业化大量生产的需要，减少不必要的手工工艺，都选用棉、毛毡定型压制而成的半成品肩垫，个人也可以根据实际需要减少或增加肩垫的厚度。该类肩垫柔软平整，可高温熨烫，但不耐水洗，且弹性较差。

（2）泡沫塑料垫：用聚氨酯泡沫压制而成的肩垫，主要用于西装、大衣、中山装、女衬衫、时装、羊毛衫等服装上，在中、低档服装中应用比较广泛，其特点是耐水洗、不易变形、柔软富有弹性，但耐热性差，不宜高温熨烫，容易老化发脆，所以使用时最好用布包住。

（3）化纤针刺垫：是用黏胶短纤维、涤纶短纤维、维纶短纤维、腈纶短纤维等为原料，用针刺的方法复合成型而制成肩垫，多用在西装、制服及大衣等服装上，其特点是质地轻柔，缝制方便，但弹性稍差，且不宜高温熨烫。

（4）定型肩垫：使用EVA粉末，把涤纶针刺棉、海绵、涤纶喷胶棉等材料通过加热复合定型模具复合在一起而制成的肩垫，此类肩垫多用于时装、女套装、风衣、夹克衫、羊毛衫等服装上。这种肩垫具备了一定的造型，使肩部造型圆润美观。

2. 肩垫形状与厚度

肩垫的形状与厚度，主要取决于使用目的、服装种类、个人特点及流行趋势。

（1）肩垫形状：按照肩部造型及线条的需要，肩垫的形状也有不同的设计，在日常生活和服装生产中，主要有如图9-5所示的几种形状。图中，（a）~（c）所示的肩垫被用于一般的平肩袖上，如西装袖、普通褶袖等（图9-6）。其中如图9-5（a）所示的肩垫是最基本形状的肩垫，也是日常生活中看到最多和使用最广泛的肩垫。如图9-5（b）和（c）所示的肩垫只是与（a）中所示形状不同而已，但在实际使用上是相同的。如图9-5（d）~（h）所示的肩垫，造型上突出了肩部的圆形凸势，装上该类肩垫的服装，肩部会显得圆润、饱满，主要用于插肩袖、羊腿袖等服装上，如图9-7所示。

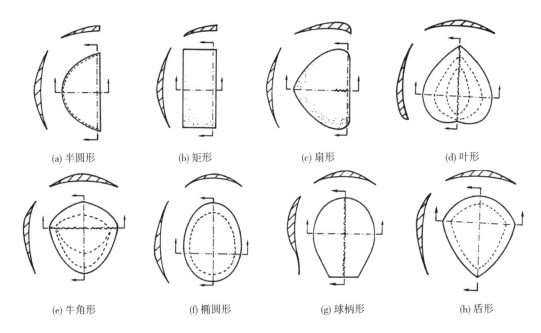

(a) 半圆形　　(b) 矩形　　(c) 扇形　　(d) 叶形

(e) 牛角形　　(f) 椭圆形　　(g) 球柄形　　(h) 盾形

图9-5　肩垫形状

图9-6　西装袖和普通褶袖

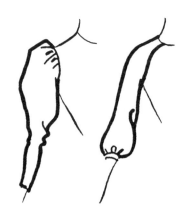

图9-7　羊腿袖和插肩袖

（2）肩垫厚度：肩垫厚度是由人体体型和服装造型所决定的。如是溜肩体型，肩垫厚度要大些，如是平肩，肩垫厚度应小些，甚至可以不要肩垫，但应区分好肩垫的自然厚度和有效厚度。自然厚度是肩垫在无压力情况下自然形成的厚度，一般是1～1.5cm，见图9-8；有效厚度是指肩垫在有压力情况下所形成的实际厚度。肩垫自然厚度与有效厚度之间的关系是随着服装面料的不同而不同的。当面料为轻薄面料时，有效厚度=自然厚度；一般面料时有效厚度=0.9×自然厚度；面料为厚料时，有效厚度=0.8×自然厚度。肩垫厚度越大，衣片在肩袖点部位抬高得就越多，并且前后肩袖端点的抬高量应是相同的，如图9-9所示。

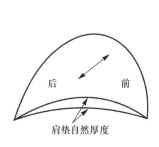

图9-8　肩垫自然厚度

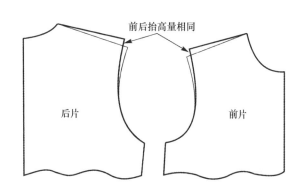

图9-9　肩袖端点抬高量

3. 肩垫的应用

肩垫种类多样，性能各异，所以必须综合各方面的因素，合理选用。

（1）肩垫要与服装面料性能相适应：肩垫应在颜色、厚薄、吸湿透气性、耐热性、缩水性、耐洗涤性、色牢度、坚牢度等方面要与面料相匹配。比如深色面料的服装最好选择深色的肩垫，避免反透肩垫的颜色。如选用与面料不同颜色的肩垫，也应考虑染色牢度，以防相互染色。对于需高温定形、熨烫的服装，也要考虑面辅料间的耐热性相同或相近。

（2）肩垫要与服装造型风格相匹配：服装设计的造型与款式往往会受到肩垫的影响，合理的肩垫能很好地表达设计师的设计意图，设计师可以借助适当的肩垫来完成服装的造型。服装的肩部要突出饱满挺拔时，应选择较厚的肩垫；柔软风格的面料应选择弹性好、质轻的泡沫肩垫。

（3）肩垫要适应服装用途：如经常水洗的服装，应选用耐水洗性的且多次洗涤不变形的肩垫；需要干洗的服装，其肩垫则要耐干洗。同时，也应考虑面料与肩垫在洗涤、熨烫过程中尺寸稳定性等方面的配伍情况。

（4）肩垫要与服装价格、成本和质量配伍：工业生产的服装，服装材料的价格直接影响到服装的成本和利润，因此在能达到服装质量要求的前提下，一般应选择适宜的肩垫。但是，如果稍贵的肩垫可以降低劳动强度和提高质量（如不需要二次加工的肩垫），也可以考虑采用。

4. 肩垫装缝的细节

（1）肩垫的预处理：肩垫装缝在有里服装和无里服装上时有不同的处理，如图9-10所示的肩垫都是在有里的服装上采用的，而对于无里服装的肩垫，一般先用斜裁的同色里布将肩垫包覆缝合，能有效地保护肩垫，使之被长久使用。若是轻薄柔软的面料，也可以采用同种面料包覆缝合。如图9-11所示的肩垫就是用里布包覆后制成的，多用于衬衫、时装和羊毛衫等服装上。

图9-10　半成品肩垫

图9-11　里布包住的肩垫

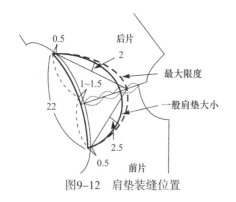

图9-12　肩垫装缝位置

（2）肩垫的装缝位置：肩垫要处在服装肩部合适的位置，一要增强服装外观造型，二要使穿着者感觉舒适。无论是服装工业生产用的肩垫还是个人制作服装的肩垫，为了迎合人体体型的需要，都可以参考如图9-12所示的装缝位置和大小，连衣裙、衬衫用的可在此基础上适当缩小。

（3）肩垫的装缝工艺：肩垫的装缝工艺基本上有两种——固定式和活络式。固定式是使用缝迹将肩垫永久性地缝在服装的肩部，不可任意取下。

装缝时首先将肩垫放在肩部位置，调整出理想的袖子形态，确定肩垫位置后用大头针在外面固定，然后翻到服装里面紧贴着绱袖缝迹用手针固定在缝份上，另一端固定在肩缝缝份上，线迹要求密度适中，不松不紧，如图9-13所示。可以从服装上随意取下的肩垫，称为活络式肩垫。活络肩垫靠魔术贴、揿纽或无形链等系结物装缝于服装的肩部。这类肩垫要用面料或与面料同色的材料包覆，可以提高服装的质量和档次，如图9-14所示。这种装缝

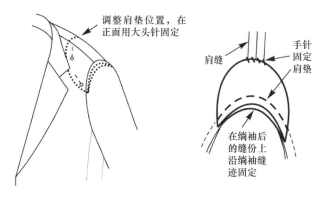

图9-13 肩垫的装缝工艺

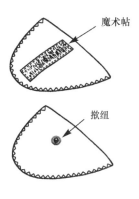

图9-14 活络式肩垫

工艺的肩垫，常用于衬衫、针织服装或经常洗涤的服装上，方便拆卸使用。

服装档次的高低是其综合质量的体现。肩垫虽小，但却是某些类型服装不可缺少的辅料之一，对服装整体外观影响很大，合理地选择和注意应用肩垫的细节，能有效提高产品的整体质量，美化服装的外观造型及提高服用舒适性。

（二）领角插片

领角插片（图9-15）是一种坚韧而又有弹性的条状物，主要用于衬衫的领尖上。人们根据领尖的大小、长度、形状定制插片的尺寸，用它装在领尖中间或侧边，可以使领尖坚挺、不变形，防止领尖卷曲，保持持久美观。领角插片常由涤纶塑胶、尼龙塑胶等材料制成。

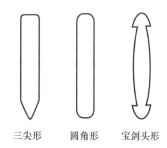

三尖形　　圆角形　　宝剑头形

图9-15 领角插片形状

1. 领角插片的尺码和形状

领角插片的尺码（即长度与厚度）有大有小、有厚有薄，主要是根据衬衫领领尖的长短选择它的长度，而其厚度的选择与布料的厚度有关。

2. 领角插片的固定工艺

将领角插片固定在衬衫领角上的工艺方式有多种，我们可以按需要选择。

（1）永久固定式：利用缝合或黏合的方式把领角插片永久地固定在领角内，如图9-16所示的几种领角插片固定制作工艺。

（2）自由装卸式：为了着装或洗涤的方便，可随意将领角插片装上或卸下，其领角的缝制工艺与固定式有所不同，如图9-17所示为两种自由装卸式领角插片制作工艺。

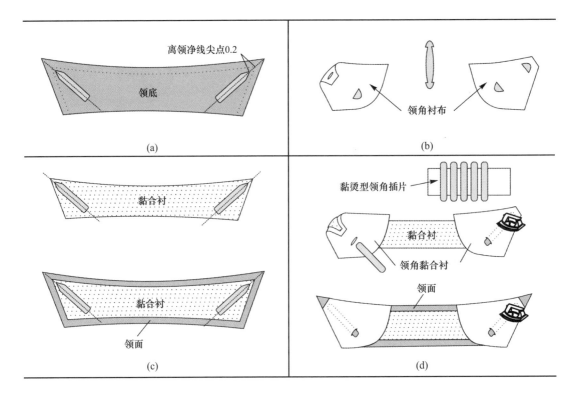

图9-16　永久固定式领角插片制作工艺

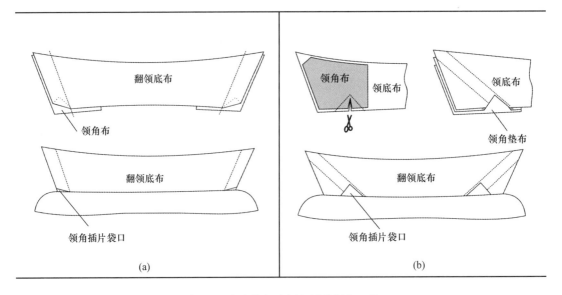

图9-17　自由装卸式领角插片制作工艺

（三）定位带

　　是指可以达到增强服装使用部位的强度和防止变形的带状物料。定位带一般是由组织紧密的织物制成较窄的布条，大多以棉、涤纶、尼龙、T/C布等为材料制成。其常使用的宽度有1/4英寸、3/8英寸、1/2英寸、5/8英寸、3/4英寸、1英寸等。

1. 定位带分类

定位带按加工工艺分类可分为黏性定位带和非黏性定位带。

（1）黏性定位带：定位带上附有黏固涂剂，利用加热方式粘固在衣服部位上。通常是在黏合衬上剪切出所需宽度来使用的，工艺处理方面比非黏性定位带方便。

（2）非黏性定位带——是使用缝纫或手针的加工方法固定在衣服部位上。这种定位带常使用梭织的平纹或斜纹布料（因其低弹性，定位佳）。

2. 定位带常用部位

（1）接缝位：使用在防止拉伸变形的部位，如针织T恤衫的肩部（图9-18）、领围部等，能使其尺寸稳定，穿用过程中不易被拉长。

（2）翻领线：通常使用在翻驳领的翻驳线上，如西装翻驳线的部位（图9-19），该部位属于斜纹位，容易被拉长，加上定位带后，一方面使该部位不易变形，另一方面可使领形容易翻折。

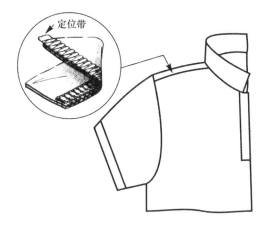 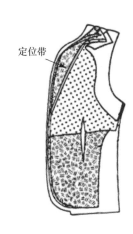

图9-18　肩部加定位带　　　　　图9-19　翻驳线加定位带

（3）袋口位：在袋口位使用定位带后，可增强袋口的强度，避免在穿着使用过程中变形。

（4）标记止口位：通常在袖口和下脚口折边位处会用上定位带（如外套），这样即可显示止口的位置，又可固定该部位形状。

（四）特殊撑条

特殊撑条是指能使服装某部位达到特殊造型或具有定型作用的物料。组成的材料有金属、涤纶塑胶、尼龙塑胶等。撑条可按服装部位所需的外观造型进行设计，常用于塑型胸衣、塑形内衣及需达到特殊造型的服装产品上。

1. 罩杯钢圈

罩杯钢圈是用于塑型文胸罩杯的下缘，是保持罩杯形状的重要组成部分。钢圈可以使塑型文胸保持完美的外形，使其更加贴身合体，支撑和固定胸部，塑造胸部所需造型，如图9-20所示。

（1）钢圈的结构：对钢圈的结构认识主要从钢圈的外形、内径和外长来判断。钢圈的内径是指钢圈两个端点（心位和侧位）的内缘直线长度；钢圈的外长则是指钢圈的外缘线的长度，如图9-21所示。

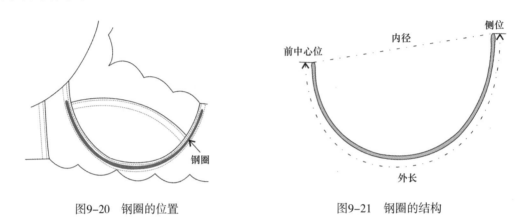

图9-20　钢圈的位置　　　　　　　　　　　图9-21　钢圈的结构

（2）钢圈的外形分类：钢圈按照外形特征、心位和侧位形态可以分为高胸型钢圈、低胸型钢圈、普通型钢圈、连鸡心钢圈、托胸型钢圈等几大类，如图9-22（a）~（e）所示，以适合不同文胸造型的需求。

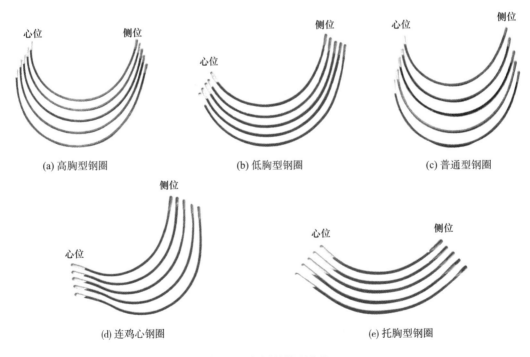

(a) 高胸型钢圈　　　　　　　　(b) 低胸型钢圈　　　　　　　　(c) 普通型钢圈

(d) 连鸡心钢圈　　　　　　　　　　　(e) 托胸型钢圈

图9-22　钢圈的外形分类

（3）钢圈的选择：钢圈的选用要根据款式的造型来决定钢圈的外形，然后根据文胸的号型来决定钢圈的内径大小。不同钢圈的运用会呈现不同的效果，这是内衣纸样设计中较难把握的重要环节。

2.　**塑型内衣撑条**

塑身内衣（也称骨衣）可以重修、重塑身体曲线，在现代女性的着装中发挥了重要的作用。塑型内衣在使用高弹性莱卡面料和蕾丝的基础上，还要借助柔韧的撑条（即PP胶衣骨）来达到塑型和保型的作用，如图9-23所示。该类撑条常用的规格有4mm、6 mm、8 mm、10 mm、12 mm等，如图9-24所示。这类撑条也常用于合体型的女装礼服上。

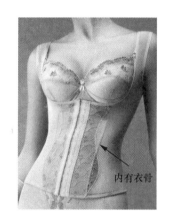

图9-23　塑型内衣

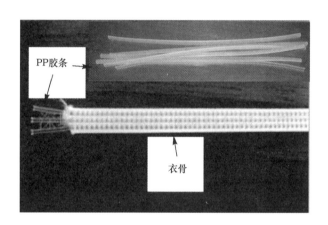

图9-24　PP胶衣骨

3.　**有骨裙撑**

为了达到衣裙着装的美观和体现服装的细节设计，常用裙撑来达到造型所需。裙撑分无骨裙撑和有骨裙撑，无骨裙撑较柔软，难以把大摆裙或较厚重的裙摆撑起来。所以，厚缎的宫廷式裙摆、抓皱的裙摆、大拖尾的裙摆、有层层荷叶边覆盖的裙摆，都是需要有骨的裙撑的，只有这样才能达到应有的工艺效果。有骨裙撑可使用不同材质的撑条，按裙摆所需造型制作，达到支撑裙摆、满足裙摆造型的需要，如图9-25所示。

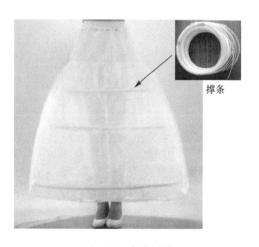

图9-25　有骨裙撑

第三节　服装紧扣材料的应用

紧扣类材料在服装中主要起连接、组合和装饰的作用，它包括纽扣、拉链、钩、环和尼龙子母搭扣等。

一、纽扣

纽扣是服装的主要扣件之一，其形状多样，有球状、片状、条状及不规则形状，用以扣合或装饰衣服开口等部位。

（一）纽扣的种类

1. 按结构和应用方法分类

（1）有眼纽扣：有眼纽扣是一种有两孔、三孔或四孔的扁平纽扣。这些纽孔与纽面中心等距，以便将纽扣平衡地缝在衣服上，如图9-26所示。有眼纽扣可设计成不同的形状或厚度，以满足不同服装的需要。

（2）有脚纽扣：有脚纽扣由实心的纽顶和纽脚两部分构成，如图9-27所示。纽顶有多种不同的尺寸和形状设计，有些纽脚上有一个小孔，以便将纽扣缝在衣服上。有脚纽扣一般用于厚重和起毛面料的服装，以保证服装扣合部位的平整。

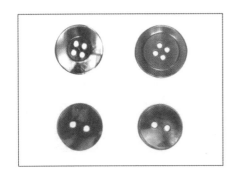

图9-26　有眼纽扣

图9-27　有脚纽扣

（3）揿纽（又称急纽或按纽）：由纽珠和纽窝两块金属片组成，如图9-28所示。分有手缝揿纽和机钉揿纽两种。因揿纽扣合牢固，且容易开启和扣合，所以适用于工作服、运动服、童装，特别是不宜开纽眼的皮革服装。放在需要光滑、平整而隐蔽的扣紧部位也很合适。

（4）工艺纽扣：有些纽扣不属于上述结构，如球状纽，只有一个小孔；编结盘花扣（绳结纽），是用各类材料的绳、饰带或面料制带缠绕打结，做成扣与扣眼，如图9-29所

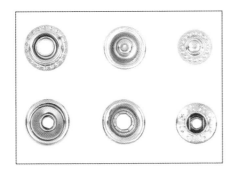

图9-28　揿纽

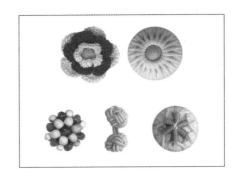

图9-29　工艺纽扣

示。这种纽扣除了有紧固的作用外，主要为了增强服装的装饰效果。

2. 按纽扣的材料分类

纽扣多以天然材料（金属、木材、贝壳、皮革等）和化学材料（树脂、塑料等）制成。其中以金属与化学材料应用最多。下面列举常用的几种。

（1）金属扣：金属扣由黄铜、镍、钢与铝等材料制成。常用的是电化铝扣，铝的表面经电氧化处理，类似黄铜扣。这种扣子轻易不变色，并可冲压花纹和制衣厂家名称、标志，因此，金属扣常用于牛仔服及有专门标志的职业服装，但不宜用于轻薄并常洗的服装，以防服装受损。

现在有不少纽扣，其外观与金属扣无异，但实际是在塑料扣上镀铬或镀铜。这种金属膜层扣，质轻而美观，且有富丽闪烁感，使用中不易损伤服装，是目前常用的纽扣之一。

（2）木材纽扣及毛竹纽扣：它们都属于植物类茎秆加工而成的纽扣。这类纽扣的特点是朴素、粗放、耐有机溶剂，适用于麻类面料和素色的休闲服装，同时可满足人们标新立异的审美观。木材纽扣的缺点是吸水后膨胀，当再次干燥后有可能开裂、变形或变得粗糙不堪，易钩刮服装纤维。木材纽扣抛光后，采用高质量的清漆处理表面，可以避免容易吸水的缺点。

（3）皮革纽扣：用皮革边角料包制或编结而成的纽扣，多用于猎装、皮革服装及皮革镶嵌服装等。

（4）贝壳纽扣：用贝壳制成的纽扣，其质感高雅、光泽诱人。由于受原材料厚薄的限制，这种纽扣多制成白色薄形的小圆扣，用于男女衬衫和贴身内衣上。贝壳扣耐高温洗烫，但其质地硬脆易损。高档时装常使用染色的贝壳扣。

（5）塑料纽扣：用聚苯乙烯过塑而成，可制成各种形状和颜色。塑料纽扣耐腐蚀，但耐热性差，表面易擦伤而影响外观。因其价格便宜、色彩丰富，故中低档女装和童装常使用。

（6）胶木纽扣：用酚醛树脂加木粉冲压制成，价格低廉且耐热性较好，但光泽差，是目前低档服装的主要用扣。

（7）树脂纽扣：树脂纽扣是以聚酯为原料（不饱和聚酯）加颜料制成板材或棒材，经切削加工及磨光而成，可有各种形状，如牛角形、树叶形、月亮形、别针形等，还可以用自动激光刻字制扣机，使制成的纽扣上刻有标志等图案符号。其颜色五彩缤纷，光泽自然，耐洗涤，耐高温，是近年来高档服装常用纽扣，但价格较贵。

（8）尼龙纽扣：尼龙纽扣是使用原料为聚酰胺类热塑性工程塑料采用注塑法成形，其特点是韧性好、机械强度高、有良好的染色性、耐化学性优良，是女性时装纽扣的重要品种。

（9）包覆和缠结式纽扣：这类纽扣是用于服装面料相同材质的材料（如各种织物、人造革和天然皮革等）包覆缝制的纽扣，可使服装高雅而谐调，是流行服装常采用的紧扣物。如中式盘扣的使用可使服装具有工艺品价值和民族风格。

（二）纽扣的应用

1. 应注重服装的整体性搭配使用纽扣

服装的设计应与纽扣的应用（纽扣的种类、材料、形状尺寸、颜色和数量）一并考虑。纽扣的颜色应与面料的色彩、图案相协调，可采用对比色、金银色以突出装饰效果。纽扣的材质、轻重应与面料的质地、厚薄、图案、肌理相匹配，如轻柔的面料应配用较轻的塑料纽扣或包覆扣等。服装明显部位（领、袖、袋口）用扣的形状要统一，大小主次有序。在企业生产时，必须把纽扣的样品附在制单上。

应根据服装的种类选择纽扣，如工作服的纽扣应耐磨、抗腐蚀；婴儿服装尽量少用纽扣；时装的纽扣装饰性要强等。

纽扣的选用要与服装档次、面料经济价值相适应。中、低档面料也可选用质地较好、装饰性较强、价格稍高的纽扣，搭配得当，可提高服装的档次。

在一件服装上，纽扣用量不宜太多。单纯用纽扣来取得装饰效果而忽略经济省工原则，是不可取的。

2. 辅助备用扣的使用

直径小于1mm的、厚度薄的纽扣，可用来作为纽扣钉扣时的背面垫扣，以辅助钉扣处坚牢及保持部位的平整。同时，在服装的里料上常缀以备用纽扣，这是在设计高档服装时必须注意的。

3. 纽扣的型号

由于纽扣的品种、外观等不同，很难有统一的型号标准，但规则圆形的树脂纽扣型号在国际上有统一的号型标示，通常用L（英文Line）标示。纽扣型号与外径尺寸有以下关系：纽扣外径（mm）=纽扣型号×0.635。

常见塑胶纽扣型号与外径尺寸关系可参照表9-4。

表9-4　纽扣型号与外径尺寸对照表

纽扣外径（mm）	纽扣型号	纽扣外径（mm）	纽扣型号
8.89	14L	20.32	32L
10.16	16L	21.59	34L
11.43	18L	22.86	36L
15.24	24L	25.40	40L
17.78	28L	27.94	44L

二、拉链

　　拉链是一种可以重复拉合拉开、由两条柔性的可互相啮合的单侧牙链所组成的带状开闭件，将其缝于服装上时，制作工艺简单，操作方便并具有一定的装饰作用，因而被广泛使用。

（一）拉链的结构

　　拉链的基本结构包括：拉链牙（拉链锁圈）、拉链布、拉链滑头、拉链吊牌、拉链头、拉链尾、边绳，如图9-30所示。

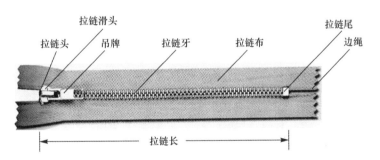

图9-30　拉链的基本结构

1. 拉链牙（拉链锁圈）

　　拉链牙是形成拉链的相互闭合部件，让拉链滑头行于其中。拉链牙可以按构造的形式来分类，如图9-31所示。

金属锁链牙

注塑锁链牙

尼龙锁圈牙

图9-31　拉链牙的构造

（1）锁链构造拉链牙：锁链构造拉链牙以许多单个拉链牙构成，其中许多单个的拉链牙被机器连续地压夹在拉链布上形成锁链形。锁链构造的拉链牙，材料常采用黄铜、铝、镍等金属制造，也有使用塑料、聚酯等制造的。

（2）锁圈构造拉链牙：锁圈构造拉链牙是由一连串紧密的螺圈丝装在拉链布上构成。螺圈丝常采用聚酯、尼龙制造，比金属轻柔，但不耐热。

2. 拉链基布（底带）

拉链基布是用来衬托拉链锁链或锁圈并借此与服装缝合的布条，以棉、涤棉、涤纶等纤维原料织成并经定型整理，其宽度则随拉链号数的增大而加宽。拉链基布有许多不同的颜色，可迎合服装的颜色加以挑选。

3. 边绳

边绳织于拉链布的边沿，作为链牙的依附。

4. 拉链滑头和拉链吊牌（把柄）

拉链滑头滑行于链牙之间，用来控制拉链的开启与闭合。拉链吊牌处在拉链滑头上，是用来方便拉动拉链滑头的手柄。吊牌形状多样而精美，既可作为服装的装饰，又可作为商标标志，如图9-32所示。

制造拉链滑头的原料一般以钢、锌为主，钢造的拉链滑头通常配合金属拉链牙使用；而锌造的拉链滑头则配合聚酯牙或塑料牙使用。

拉链滑头的设计有三种：

①自动头：自动头拉链滑头拉合方便，可随意上下拉动，如图9-33（a）所示。

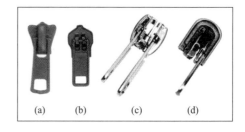

图9-32　拉链吊牌　　　　　　　图9-33　拉链滑头

②针头拉链滑头：在拉链吊牌下有一两支凸出的短针，可用来锁定拉链头的位置，如图9-33（b）所示。当拉链头处在某个位置，把吊牌压下，拉链头便不可随意滑动，只有将吊牌提起，才可继续拉动。该种拉链头具有保险作用。

③双面拉链滑头：一个拉链头有两个拉链吊牌，如图9-33（c）所示，或一个拉头一个拉链吊牌，但吊牌可置于拉链滑头任何一边，如图9-33（d）所示。这种拉链头适合双面穿着的服装使用。

5. 拉链头和拉链尾

拉链头和拉链尾是分别位于拉链头部和尾部的金属或塑胶固定夹，作用是防止滑头滑离拉链布。拉链头和拉链尾之间的距离便是拉链的长度规格。

（二）拉链的种类

1. 按拉链的结构形态分类

（1）封尾拉链：封尾拉链是最常见的拉链之一，分有一端封密式和两端封密式，如图9-34所示。

一端封密式拉链：拉链一端是封密的，另一端则可打开。链头由开口一端拉开至封密的一端。适用于裤子、裙子开口或领口处。

两端封密式拉链：链头和链尾都是封密的，只在链牙处拉开或密合，该型拉链适用于袋口、箱包和装饰开衩处等部位。

（2）开尾拉链：开尾拉链的主要特点是两端都可以完全分开。开尾拉链的结构还包括尾部的插针、针片和针盒，在闭合拉链前，靠针与盒的配合将两边的带子对齐，以对准链牙和保证服装的平整定位，如图9-35所示。而针片用以增加拉链布尾部的硬度，以便插针插入针盒时配合准确与操作方便。开尾拉链适合使用在全开襟的服装上，如风衣、便装外套。另外，一些设计特殊的服装，如可装卸衣里的服装也可以使用它。

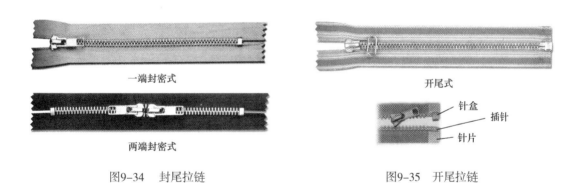

| 图9-34　封尾拉链 | 图9-35　开尾拉链 |

（3）隐形拉链：隐形拉链是由隐蔽的拉链牙或拉链锁圈特别构造而成，常以一端封密式出现，如图9-36所示。隐形拉链主要用于贴身的连衣裙、半身裙等优雅的女式服装，使开口部位帖服自然。

图9-36　隐形拉链

2. **按构成拉链的原料分类**

（1）金属拉链：金属拉链通常用铝、铜（黄铜、白铜、古铜、红铜等）、镍、锑等金属压制成牙后，经过喷镀处理，再装于拉链带上。这种拉链很耐用，但颜色较受限制。主要用于厚实的制服、军服、防护服及牛仔服装上。

（2）注塑拉链：注塑拉链由胶料（聚酯或聚栈胺熔体）注塑而成。其质地坚韧，耐水洗而且可染成各种颜色，较金属拉链手感柔软，链齿不易脱落，是运动服、夹克衫、针织外衣、羽绒服、工作服等普遍采用的拉链。

（3）尼龙拉链：尼龙拉链是用聚酯或尼龙丝作原料，将线圈状的链齿缝织于拉链带上。这种拉链轻巧、耐磨而富有弹性。特别是尼龙易定形，常可制造小号码的细拉链，用于轻薄的服装和童装。

（三）拉链的应用

拉链是服装的重要辅料，随着服装面料材质、款式的变化及服装多种功能的要求，需要各种类型的链与服装配用，以取得与服装主料之间的相容性、和谐性、装饰艺术性和经济实用性。拉链在应用上应考虑以下几点：

1. **应根据服装的用途、使用保养方式及拉链使用部位来选择**

如粗厚型面料的牛仔裤应选择金属封尾拉链，经常需洗涤的服装应选择注塑拉链。

2. **注意拉链的性能与服装性能的协调性**

拉链布的缩水率、宽度厚度、柔软度及颜色应得到考虑。例如，涤纶纤维带的拉链不适于纯棉服装，因其缩水率与柔软度差异较大；轻薄的服装宜选用小号拉链。拉链的规格号数可参考表9-5。

表9-5　拉链的规格号数　　　　　　　　　　　　　　　　　单位：mm

规格号数	1	2	3,4	5,6	7,8,9	10
拉链牙或拉链锁圈紧锁后的宽度	2.7~2.9	3~3.6	4~5.5	5.7~6.6	8.1~9.1	11.4~12.2

三、钩扣、尼龙子母搭扣和绳带

（一）钩扣

钩扣是安装于服装经常开闭处的一种紧扣连接物，多由金属（铜、镍、不锈钢等）制成，并分有左右两部件，常用于不宜钉扣和开扣眼的服装。根据服装开口处的特点，钩扣有不同的选择。

1. **钩棒扣**

一副钩棒扣由阔面钩和棒形扣组成。它们的底部有叉或孔，以便固定在衣服的特定位置上。钩扣分有机钉钩棒扣和手缝钩棒扣，如图9-37所示。主要用于领口、腰头等部位。

2. **钩眼扣**

一副钩眼扣是由钩和眼扣组成，由细金属线折成弯曲状，如图9-38所示。钩眼扣有时会以钩眼扣带的形式出现，以便调节着装的松紧度，如女胸衣的扣合处。

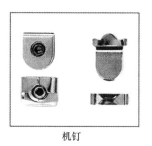
机钉

手缝

图9-37 钩棒扣

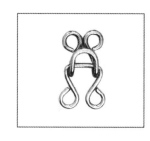

图9-38 钩眼扣

（二）尼龙子母搭扣

尼龙子母搭扣俗称魔术贴，主要使用的材料是尼龙，多用于需要方便而迅速扣紧或开启的服装部位，如消防员的服装、作战服装、幼儿服装、可拆卸垫肩及隐蔽口袋等处。

这种带扣的宽度规格有16mm、20mm、25mm、38mm、50mm及100mm不等，由两条尼龙带组成，一条表面带圈，另一条表面带钩。当这两条带子相向接触并压紧时，圈钩扣紧，从而使服装或附件扣紧。这种搭扣可用缝合或粘贴的方法固定于服装和附件上。

（三）绳带

服装上的绳带即有紧扣作用，也可作为服装细节的装饰，常用于服装腰部、领口、袖口、袋口及下摆等部位。绳带可以是轻柔的丝带、多色多股的绳索、编织带或用服装面料缝制的带条。在应用上，应根据服装的款式、用途、色彩及面料的厚薄确定绳带的材质、颜色和粗细等。

四、紧扣材料的选择

服装面料材质和款式的变化，以及服装多种功能的要求需要各式各样、各种类别的紧扣材料与服装配用，以取得与服装主料之间的相容性、和谐性、装饰艺术性和经济实用性。选择紧扣材料时要考虑以下因素。

（1）服装的种类：幼儿及童装紧扣材料宜简单、安全，一般采用尼龙拉链或搭扣。男装紧扣件注重厚重和宽大，女装则注重装饰性。

（2）服装的设计和款式：紧扣材料应讲究流行性，达到装饰与功能的统一。

（3）服装的用途和功能：风雨衣、游泳装的紧扣材料要能防水并且耐用，宜选用塑胶制品。女内衣的紧扣件要小而薄，重量轻且要牢固。裤子门襟和裙装后背的拉链一定要具有自锁功能。

（4）服装的保养方式：例如，经常水洗的服装应少用或不用金属紧扣材料。

（5）服装材料：例如，粗重、起毛的面料应用大号的紧扣材料，结构松的面料不宜用带钩的紧扣件。

（6）紧扣件的位置和服装的开启方式：例如，服装紧扣部位无搭门时就不宜用纽扣。

（7）紧扣件的应用方式：不同的紧扣件会使用不同的方式和设备固定于服装上，应考虑固定方式的可行性。

第四节　服装标志

服装标志是产品品牌、企业无形资产的一种表达方式，它是指服装的商标、规格标、洗涤标、吊牌等具有品牌信息载体作用的服装辅助材料。服装标志使用的材料很多，有胶纸、塑料、棉布、绸缎、皮革和金属等，标志制作方法更是丰富多样，如织造、印花、刺绣、印刷等。这些服装标志的应用，对于指示消费者选购合适的产品和如何保养产品具有关键的指导意义，承担着产品使用说明和指导消费的功能。

一、标志的种类

服装标志种类繁多，下面介绍常用的几种。

（一）商标

商标又称布标或织唛。主要用于领部或其他装饰部位。

织造商标的工艺与织布类似，特点是经纱一般为黑色或白色，图案、文字则由纬纱构成。如果有特种要求，可将经纱染成所需要的颜色，称染经商标。商标分类方法主要是按照所用机器不同和工艺不同来区分。

商标设计具有很大的灵活性，它可以用文字、图形、记号及其相互组合构成，很多商标往往把企业的标志包含在其中。如图9-39所示为常用于服装领口处的商标式样。

（二）吊牌

吊牌也称牌子、纸牌，主要用于品牌特点进行描述。

吊牌大多为纸质，也有用塑料、金属、织物等材料制作。另外，近年还出现了用激光全息防伪材料制成的新型吊牌。吊牌从造型上看，有长条形的、对折形的、圆形的、三角形的、插袋式的以及其他特殊造型。服装吊牌的设计、印制往往都很精美，而且内涵也很广泛。尽管每个服装企业的吊牌各具特色，但大多在吊牌上印有厂名、厂址、电话、邮编、徽标等。如图9-40所示为纸吊牌的正面图案示例。

图9-39　商标式样

图9-40　吊牌式样

（三）洗涤标

洗涤标识主要是向消费者示明如何对服装进行正确的洗涤和保养。在洗涤方法的标注方面，根据国家有关标准规定了五项使用说明的图形符号，这些符号适用于各种纺织品和服装，具有很强的权威性。其内容包括水洗、干洗、熨烫、氯漂和水洗后干燥等。

1. 水洗

水洗符号用洗涤槽图案表示，是指将服装置于容器中进行水洗涤（包括机洗和手洗）。水洗是人们比较熟知并经常采用的洗涤方法，但由于不同纤维其特性各异，如果不掌握好洗涤时的水温、洗涤方式、时间等因素，会引起服装面料的收缩、变形、绽开、褶皱、掉色等毛病。水洗图形符号表示及说明见表9-6。

表9-6　水洗常用图形符号及说明

水洗常用图形符号		说明	水洗常用图形符号		说明
95	70	最高水温：按洗涤槽内所示温度 机械运转：常规 甩干或拧干：常规	95	70	最高水温：按洗涤槽内所示温度 机械运转：缓和 甩干或拧干：小心
60	50		60	50	
40	30		40	30	
手洗图案		不可机洗：用手轻轻揉搓，冲洗 最高温度：40℃ 洗涤时间：短	叉号图案		不可水洗

2. 氯漂

氯漂符号用等边三角形图案表示，是指在水洗之前、水洗过程中或水洗之后，在水溶液中使用氯漂白剂以提高洁白度及去除污渍。漂白剂杀伤力强，容易分解纤维，较适宜单色棉质品服装。丝绸、羊毛、尼龙、聚丙烯、氨纶等不能用氯漂。氯漂图形符号表示及说明见表9-7。

表9-7 氯漂常用图形符号及说明

氯漂常用图形符号	说明	氯漂常用图形符号	说明
△ △CI	可以氯漂	不可氯漂	不可氯漂

注 表中并列的图形符号是同义，可任选一种使用。

3. 熨烫

熨烫符号用熨斗图案表示，是指使用适当的工具和设备，在纺织品或服装上进行熨烫，以恢复其形态和外观。根据不同特性的面料纤维，在整理熨烫服装时，要选择合适的温度、熨烫方式，以避免造成面料烫焦、熔融、表面产生极光或面料纤维收缩等不良现象。例如，棉、麻、人造棉等可用高温熨烫；混合纤维面料、羊毛织物、桑蚕丝织物等可用中温熨烫；人造毛、尼龙、人造丝等可用低温熨烫。熨烫图形符号表示及说明如表9-8。

表9-8 熨烫常用图形符号及说明

熨烫常用图形符号	说明	熨烫常用图形符号	说明
●●● ●● ●	熨斗底板最高温度：分别是200℃、150℃、110℃	垫布熨烫	垫布熨烫
蒸气熨烫	蒸气熨烫	不可熨烫	不可熨烫

4. 干洗

干洗符号用正圆形图案表示，是指使用有机溶剂洗涤纺织品或服装再加以蒸汽熨烫的洗衣过程，包括必要的去除污渍、冲洗、脱水、干燥。

干洗可避免衣物缩水、走样、开胶、起泡，保持衣物原型挺括。裘皮、纯毛料、织锦、缎类服装及蕾丝绣花的丝绸衣物必须干洗。尼龙、化纤等化学成分的衣物就不可过多干洗。干洗图形符号表示及说明见表9-9。

表9-9 干洗常用图形符号及说明

干洗常用图形符号	说明	干洗常用图形符号	说明
○	常规干洗	○（下有一横）	缓和干洗
⊗	不可干洗	Ⓐ	可使用所有常规干洗剂
Ⓕ	仅可使用三氟三氯乙烷和白酒精干洗	Ⓕ（下有一横）	仅可使用三氟三氯和白酒精干洗，但要注意干洗程序严禁加水，机械动力缓和并注意干衣温度
Ⓟ	可使用四氯乙烯、一氟三氯乙烯和符号F代表的所有溶剂，不可使用三氯乙烯和三氯乙烷	Ⓟ（下有一横）	可使用符号P代表的溶剂干洗，但要注意干洗程序严禁加水，机械动力缓和并注意干衣温度

5. 水洗后干燥

水洗后干燥简称干衣，用正方形图案表示，是指在水洗后将纺织品或服装上残留的水分予以去除。干衣的方式应根据不同面料的组织、面料色牢度等方面去考虑，例如，棉质的服装，除白色外，各种棉染色服装在日光下晾晒时均要晾反面，不要曝晒；而印染服装宜在阴凉处阴干；丝绸服装合适在阴凉处滴干，防褶皱和褪色；用松软且易拉伸面料做的服装不宜悬挂晾干，以防服装拉长变形。干衣图形符号表示及说明见表9-10。

表9-10 干衣常用图形符号及说明

干衣常用图形符号	说明	干衣常用图形符号	说明
⊡（方内圆）	滚筒式干衣机转笼翻转干燥	⊠（方内圆带叉）	不可使用转笼式干衣机
▢ ▽	滴干	▢ ▽	平摊干燥
▢ ▽	悬挂晾干	▢ ▽	阴干
∞	拧干	⊗	不可拧干

注 表中并列的图形符号是同义，可任选一种使用。

洗涤标上的图形符号应依照水洗、氯漂、熨烫、干洗、水洗后干燥的顺序排列。根据纺织品或服装的性能和要求，可以选用必需的图形符号，当以上图形符号不能满足使用需要时，可用相关文字补充说明。

（四）规格标

规格标志是表示服装规格尺寸的标志。每一个国家和地区对服装的规格都有相应的标准，我国的服装号型定义是根据正常人体的规律和使用需要，选出最有代表性的部位而合理设置的。"号"指高度，以厘米表示人体的身高，是设计服装长度的依据；"型"指围度，以厘米表示人体胸围或腰围，是设计服装围度的依据。人体以胸围腰围的差数把人体划分成：Y、A、B、C四种体型。"服装号型系列"标准规定，在服装上必须标明号型。号与型之间用斜线分开，后接体型分类代号。例如：170/88A，其中170表示身高为170cm；88表示净体胸围为88cm；体形分类代号"A"表示胸腰落差在16~12cm之间。

规格标志通常在领口商标下，并且常与洗涤标、吊牌甚至商标结合在一起。应多处增加规格标志，便于消费者查对服装规格。

（五）品牌标志

品牌标志是表明服装产品品牌特征的记号，它在服装很多地方都会明显地表露出来，除了在商标、吊牌、拉链、纽扣、洗涤标等辅料中使用外，品牌标志还会被广泛用于服装刺绣、印花等，如图9-41所示。

（六）条形码

条形码是一种自动识别技术的信息载体，是现代物流的标志。超级市场和大型商场都要求商品标注条形码。关于条形码的使用和商品分类，一定要科学合理，不能随便编码，如图9-42所示。

图9-41　品牌标志

图9-42　条形码

1. 条形码技术优点

（1）输入速度快：与键盘输入相比，条形码输入的速度是键盘输入的5倍，并且能实现"即时数据输入"。

（2）可靠性高：键盘输入数据出错率为三百分之一，利用光学字符识别技术出错率为万分之一，而采用条形码技术误码率低于百万分之一。

（3）采集信息量大：利用传统的一维条形码一次可采集几十位字符的信息，二维条形码更可以携带数千个字符的信息，并有一定的自动纠错能力。

（4）灵活实用：条形码标志既可以作为一种识别手段单独使用，也可以和有关识别设备组成一个系统实现自动化识别，实现自动化管理。

（5）条形码标签易于制作，对设备和材料没有特殊要求，识别设备操作容易，不需要特殊培训，且设备也相对便宜。

2. 条形码编码遵循规则

（1）唯一性：同种规格同种产品对应同一个产品代码，同种产品不同规格应对应不同的产品代码。根据产品的不同性质，例如重量、包装、规格、气味、颜色、形状等，赋予不同的商品代码。

（2）永久性：产品代码一经分配，就不再更改，并且是终身的。当此种产品不再生产时，其对应的产品代码只能搁置起来，不得重复启用再分配给其他的商品。

（3）无含义：为了保证代码有足够的容量以适应产品频繁的更新换代的需要，最好采用无含义的顺序码。

（七）特种认证标志

特种认证标志是指产品的特征性标志，例如反映产品质量保证的ISO9001／9002、环保ISO14000、全棉标志、纯羊毛标志、欧洲绿色标签Oeko-TexStandardl00、欧洲生态标签E-co-1abel、美国杜邦公司的特许标志如cool-max。悬挂这些标志，有利于反映产品的质量特点，体现企业形象，赢得客户的信赖和认知。

（八）其他标志

用于服装的标志性辅料还有很多，常见的还有胶唛、吊粒、不干胶贴、防伪标志、胸标、徽章、各种织带等。

二、使用标识的基本要求和附着工艺

服装的标识在使用过程中越来规范，在GB 5296.4—1998《消费品使用说明、纺织品和服装使用说明》中，规定了使用说明的10项内容和多种形式。例如，标志的内容应包括：产品名称、规格、纤维成分、洗涤方法、执行标准、产品等级、检验合格证、生产企业、地址、电话等。有的毛类产品还要说明贮藏要求。

（一）基本要求

（1）标识内容要真实、规范、简单易懂。

（2）耐洗、耐磨、与成衣的使用寿命相匹配。

（3）标志上的文字应适用于销售地区的文化。

（4）不同面料制成的成衣或能分拆洗涤的服装要有两个标志说明。

（5）标识应固定在服装上容易看见和寻找的地方。

（二）附着工艺

根据服装的款式和需要，常用以下的工艺方式把各种标志附着在服装产品上。

（1）车缝固定：使用缝合的方法将标志固定在成衣的后领中、过肩、侧缝、腰头等位置上。

（2）悬挂固定：用细绳、胶带把标志挂在成衣的纽扣、拉链、里子上。

（3）粘贴固定：标志反面附着热熔涂层，固定时可利用熨烫工具和设备将标识用热力黏在成衣指定的位置上。

（4）刺绣标志：通过刺绣的方式将图形绣在服装前中、袋口、袖口等位置。

（5）印标志：直接将标志图案印在服装上。

（6）机钉商标：把属于金属的标志用铆钉钉在服装贴袋面、腰头处等。

思考题

1．分析黏合衬与非黏合衬在服装应用中的异同点。

2．选择使用黏合衬时要考虑哪几方面的问题？

3．如何使黏合衬工艺符合质量要求？

4．在哪些情况下合适使用黏合衬、毛衬、树脂衬？

5．如何选用里料，以保证服装配里的质量？

6．如何选用合适的肩垫，以保证服装所需的造型？并说明装肩垫的要求和工艺技巧。

7．简述定位带和特殊撑条在服装应用中的作用。

8．制作一款衬衫领，要求具有使用领角插片的工艺制作。

9．具体列明服装选择纽扣时必须考虑的因素。

10．天鹅绒面料适合选用哪种拉链？请说明原因。

11．伤残人士合适选用的紧扣物有哪些？

12．说明服装及纺织品使用标识的重要性。

应用与实践——

特殊面料生产工艺处理

课题内容： 轻薄面料

　　　　　　绒毛面料

　　　　　　弹性面料

　　　　　　皮革面料

　　　　　　涂层面料

课题时间： 12课时

教学目的： 通过本课程的教学，要求学生掌握特殊面料缝制生产的处理工艺并能在实践中运用。该课程的重点内容在于，使学生了解如何预防特殊面料在缝制过程中出现问题以及出现问题应如何处理，从而确保特殊面料成衣的质量。课程要求学生在熟练掌握本课程内容的同时，能在实践中运用，达到理论与实践相结合的目的。

教学方式： 以教学课堂讲授为主、案例分析和课堂讨论为辅，结合企业的生产实际，运用投影、视频网络等多媒体教学手段进行教学。同时，通过实训实践教学，培养学生的动手操作能力。

教学要求： 1. 使学生了解特殊面料的种类与工艺特征。

　　　　　　2. 使学生掌握各种特殊面料在不同缝制阶段的生产处理要点。

　　　　　　3. 使学生掌握各种特殊面料在缝制过程中的常见问题。

　　　　　　4. 使学生掌握缝制各种特殊面料时常见问题的处理工艺。

第十章　特殊面料生产工艺处理

在成衣加工生产中，常常会用到各种不同的面料。通常将外观特性明显、生产时容易产生问题的面料或是生产过程中需要特别处理的面料统称为特殊面料。常见的特殊面料有以下几种类型：

① 轻薄面料：包括丝绸、雪纺、绉纱、玻璃纱等纤薄、透明的面料。

② 绒毛面料：包括灯芯绒、天鹅绒、毛巾布等表面起绒毛的面料。

③ 弹性面料：包括针织面料、泡泡纱、网状料、弹性梭织料等具有延伸性的面料，或组织特别疏松的面料如麻纱、网眼布、麦司林等。

④ 合成纤维面料：包括涤纶、腈纶、维纶、锦纶等化学纤维面料以及经涂层整理的塑胶布或涂层面料。

⑤ 皮革面料：包括羊皮、牛皮、麂皮、各种人造革、PU皮以及皮草类面料。

⑥ 絮填料：包括棉絮、羽绒、丝绵、泡沫棉、喷胶棉等羽绒类面料等。

由于这些面料在重量、结构、纤维、后整理（防缩、印花、洗水、丝光）等各方面都存在很大的差异，生产过程中需使用不同的缝纫机件，如果配合不当则容易导致各种问题和成衣疵病的产生。

用特殊面料缝制成衣时常见的问题主要有：面料被拉长或容缩、缝道起皱、透明脆弱的面料被损坏、硬挺的面料被损坏、格条和花色对位工艺不符合要求、热熔塑胶布被熔融损毁等。

为避免以上问题的发生，必须在生产前做好三个方面的准备：

① 在进行款式设计和组织生产以前，必须首先了解面料的质地、特性和优缺点。

② 配合面料的结构特点和纤维特性合理选用合适的缝线、机针、线迹、缝型的种类和适用的送布装置。

③ 在进行产品设计、缝制加工（工艺处理、整熨）以及后整理过程中，均应注意保持面料原有的特点与质感。所有破坏面料外观、质感的工艺方法都不宜采用。

面料的特性和结构不同，采用的缝制加工工艺也应该有所区别。为了减少问题的发生，通常需要在缝制加工过程中，针对不同的面料进行特别的工艺处理，确保成衣质量与合格率。

第一节　轻薄面料

一、轻薄面料的特点

轻薄面料质地薄轻滑爽、轻盈透明、柔软透气、富有光泽、色彩绚丽、高贵典雅，如图10-1所示，用该类面料制作的服装造型线条流畅，轮廓自然舒展，但容易起折皱，穿着时容易吸身、不够结实、褪色较快。

常见轻薄面料有丝绸及软薄的麻纱料、雪纺、绉纱、玻璃纱、乔其纱、缎条绢、蕾丝等。其中，丝质料主要是由桑蚕丝、柞蚕丝、人造丝、合成纤维长丝为主要原料的织品。真丝光泽柔和、质地柔软细腻、富有弹性、不易折皱、面料间相互揉搓发出特殊"丝鸣"声，用手攥紧料子后放开可见少许不明

图10-1　轻薄面料

显的皱纹，干湿态的弹力基本一致。人造丝具有金属般耀眼的光泽，手感较粗硬并有湿冷感，用手攥紧料子放开后可见较多皱纹，拉平料子后仍有皱痕，干湿状态的弹力差异大，从布边抽出丝线用水湿揉后伸直容易被拉断。涤纶丝反光性强，表面光滑挺括，回弹迅速，抗皱性能好，刚度与强度较大，结实不易断。

轻薄面料适用于制作各种女士服饰。但是在缝制过程中容易出现抽纱、缝道起皱、对位困难和长短缝道等现象。尤其是真丝面料滑动性大，在制作过程中常常会出现拉伸不均匀、缝制不平整的问题。

二、轻薄面料的加工工艺要点

由于轻薄面料透明，容易出现滑动走位、抽纱、起皱、阴阳色、长短脚等问题。为预防各种问题的发生，在整个缝制过程中的工艺要点有以下几方面。

1. 设计

（1）采用轻薄面料进行服装设计时，宜采用简练造型来体现人体优美曲线，或采用松散型、圆台型和褶裥造型，表现轮廓线条的流动感。

（2）为减少缝合时出现起皱和滑移造成难对位的问题，应尽量选用线条流畅、款式简单的结构外形，减少切割线的运用，例如用连肩袖的款式设计服装。同时，尽量减少用压明线装饰缝道的工艺设计。

（3）为避免轻薄面料缝边外露影响服装外观，设计款式细节时，应尽量用蕾丝花边或荷叶边遮盖缝道的线迹和衣摆的折边。同时，需要加贴的部位最好改用包边代替，如前襟、腰头、无袖无领款式的领窝和袖窿位等。衣摆、袖口和荷叶边等的毛边宜用卷细边（0.3~0.5cm）或锁密珠的工艺设计，以免宽阔的缝边透出表面，影响服装外观。

2. **辅料的选用**

（1）根据轻薄面料的特性，应选用透明小号纽扣、隐形拉链或薄型橡皮筋作系结物。

（2）为防止阴阳色问题，应尽量少用衬料，如果确实需要通过加衬保型，可以选用与面料颜色相似或相近、质地柔软的黏合衬，以免加衬后的服装出现阴阳色。如果轻薄面料粘上黏合衬后出现"渗胶"的问题，可以选用与面料同一色系的薄绸替代。另外，为防止有衬的印痕外露，需要加衬的部位采用整幅裁片加衬，其服装的整体外观效果比局部加衬布更为理想。

3. **纸样与裁剪**

（1）根据面料的透明性特点，进行结构设计时要尽量少用或不用贴边纸样，以防贴边透出表面而使服装出现阴阳色。同时尽量用小尺寸的缝份（宜0.6cm左右）和小折边（宜控制在0.3～1cm之间），以防宽阔的缝份和折边透出衣料表面而影响外观。

（2）由于面料容易滑动，裁剪时一般先在裁床面铺上一层薄纸，然后铺放需裁剪的面料和纸样，再用大头针固定并与底层薄纸一起裁剪，减小裁剪的难度。

（3）在批量生产时，铺料工序中通常每隔10～15层面料之间铺一层薄纸隔开布层，该方法既可以防止裁片滑动和裁剪走刀，又可以方便分类捆扎裁片。铺布高度控制在15cm（即6英寸）以内，防止裁片过高而倾斜变形。

（4）在正式裁剪以前，为防止裁片滑移和裁剪走刀，应先用布夹、大头针或钉书钉固定布层和薄纸，合成纤维面料可以使用热熔针，在纸样外围的废弃处点位热熔，通过热力熔黏固定布层。

（5）规格小的裁片如袋盖、衣领等，宜采用先黏衬再裁剪的方法，可以防止裁片滑移变形。裁剪时刀锋要光滑锋利，裁剪动作要迅速麻利，以防小裁片的缝边参差不齐而脱散，影响缝合。

（6）裁剪完毕，注意应在裁片的净样线外作编号或尺码等标记，防止作记号的划痕透出裁片表面。对于划粉记号容易脱落的面料，通常在缝合前由专人对裁片进行逐片点位，以防记号消失。

4. **缝纫**

（1）由于轻薄面料的纱线比较纤细、脆弱，所以应选用小号的机针、细密的送布牙，以防止缝合机件钩损面料。同时，宜选用细的缝纫线和薄型线迹，并尽量用单行线迹缝合。为避免在表面缉压明线，应用可一次性缝合裁片的线迹，如平缝、五线锁边缝或人字缝等。

（2）缝边用"来去缝"进行收边整理，可以防止锁边线迹透出衣料表面，尺寸比较长的毛边如宽摆裙摆边，可以用细的金丝线锁密珠或烧毛法装饰边缘。

（3）为防止缝道起皱的现象，宜调低送布牙的高度，调松压脚的压力，换用光滑的塑胶压脚，以方便输送上层面料，减少上下面料的滑移现象。此外，在压脚下垫层薄纸与裁片一起缝合，也是防止缝道起皱的有效方法，同时，还可以避免机针在衣料表面留下隆起的针眼。

5. 洗涤

由于轻薄面料比较柔软薄脆，洗涤时最好用冷水手洗。尤其是真丝面料，不可用力搓洗，也不能用碱性皂液，应用中性或酸性洗涤剂，同时宜在通风阴凉处晾干。

6. 熨烫

（1）熨烫轻薄面料时，应在成衣反面低温熨烫，或是在面料上铺一层干净的垫布，隔布中温熨烫，减少熨斗对面料的损伤。

（2）应减少蒸汽的直接喷射，防止热力蒸汽损伤面料。尤其是丝质的薄料沾水后容易形成难以消除的水印痕迹，熨烫这类面料时切勿直接喷水到面料表面，而应使用干熨法或垫上拧干的湿布熨烫。隔布喷水蒸气时需注意受面要均匀。

三、常见问题与处理方法

1. 缝道起皱

缝道起皱直接影响到服装的品质及外观效果，是轻薄面料成衣缝制时比较常见的问题。其成因主要有三点。

（1）原因一：缝线张力过紧导致缝道缩皱。

由于缝纫底线或面线的张力过紧，致使缝纫线被拉长后缝于面料上，缝合完毕后缝纫线的张力回缩原状，缝道中的线迹缩聚变短，使面料起皱并在周围呈现许多小皱褶，如图10-2所示。由于厚料结构比较结实，故能阻碍缝纫线的收缩，而柔软的薄料则非常容易出现这种问题。

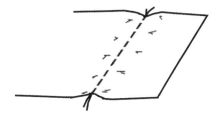

图10-2 缝道缩皱使缝道变短

由于缝线张力过紧导致缝道缩皱的工艺处理方法如下：

① 在形成线迹正常的范围内，尽量调松缝纫底线与面线的张力。在调节平缝线迹的张力时要注意保持底、面线张力的平衡，使底面线的扣结点藏于布层中间；锁边线迹也需尽量调松，以免面料缩皱变形。需要注意的是，后裆缝等经常需要受外力拉扯的部位，其线迹张力不宜过于松弛，以免影响其牢固度。

② 适当调密线迹密度。通常情况下，线迹针距越大，缝道越容易起皱，故线迹密度宜密，普通服装一般将线迹密度调整为（10~12针/英寸）较为适中。此外，应选用链式结构的多锁链线迹，如400类链式线迹、500类锁边包缝线迹以及各种人字线迹等都具有较强的拉伸性，可以有效防止缝道缩皱。

③ 选用与面料弹性相接近或伸缩率较小的缝纫线，同时尽量选用柔软纤细的缝纫线，例如用短纤维缝纫线代替人造纤维缝纫线，或用天然纤维线代替人造纤维缝纫线，均可以有效防止缝道缩皱。

④ 确保缝纫机上所有送线部位平滑顺畅（包括线环、挑线杆、针眼、取线钩、缠线盘、针板孔等），与衣料接触的所有机件如压脚、送布牙、针板孔以及针板上的螺丝等也

应保持表面光滑，以免损坏面料。

⑤ 调小梭床的转速，降低车速，同样可以减少缝道缩皱的现象，但这种方法会影响生产效率，批量生产的制衣企业并不主张采用。

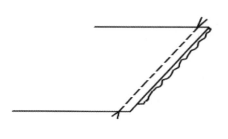

图10-3　缝道缩皱出现"长短脚"

（2）原因二：送布不均导致缩皱。

由于送布装置上下机件的输送速度不均衡，其中压脚的压力太大或送布牙调节太高，致使底层衣料被送布牙向前推送过快，面层衣料被压脚吸附或拖拽而难以前行，以致缝边长短不一，接缝位出现缩皱的现象，如图10-3所示。另外，如果送布牙的齿距过大，面料容易陷入齿牙间而出现褶皱。

由于送布不均导致缩皱的工艺处理方法如下：

① 缝制这类面料时应选用特氟隆材质的压脚，因为这种压脚具有较强的除静电、抗摩擦性能。也可以选用坑槽比较窄的无尾压脚，或用带有滚轮的压脚，以便减少摩擦，平衡输送。

② 适当调节压脚的压力，力度约为3 ~ 5kg较适中。观察面层衣片，如果有压脚印痕，则需调松压脚压力，如果面层衣片难以前行而且并无压脚印痕时，则需加大压脚压力。此外，还应注意检查压脚底部的平滑程度，及时更换底部已被磨损的压脚。

③ 选用齿距为1.0 ~ 1.6mm（32 ~ 38齿/英寸）的密齿牙，可以减少面料陷入齿间，避免底层料被输送过度甚至被送布牙损伤的现象。

④ 在合理的范围内调低送布牙的高度。一般常见的牙高为高于针板0.3 ~ 0.5cm。注意调节送布牙时最低不能低于0.15cm，若送布牙太低，则会导致压脚的压力不足，送布力度不平均，线迹疏密不一致，无法顺畅地输送面料。

⑤ 将针尖、针板面与送布牙调节在同一个平面上，可以保证机针上升时送布牙能同时升起并输送面料。

⑥ 将送布牙调节成前部比后部高出0.1 ~ 0.3mm，能有效解决轻薄面料缝道缩皱的问题，如图10-4所示。

⑦ 在缝纫机上加装滚轮式输送装置或牙状送布牙等联合推动送布装置，如图10-5所示，能有效改善面料输送不均等现象。由于轻薄面料纱支细，比较容易被机针损伤，所以针式送布装置不适用于轻薄面料的输送。

⑧ 车速过快也会导致缝道缩皱，所以应将缝纫机的马达转速控制在2500 ~ 3500针/min的范围内。对于特别容易起皱的面料，在缝合关键部位时还应适当减慢车速。

⑨ 缝合弧形缝边时切勿拉拽或容缩衣片，正确的缝合手势应轻轻拖拽下层衣料，松弛上层料；在容易变形的缝边粘上一层黏合衬，可使缝边平伏不缩皱，并能保持挺括的外形效果。

⑩ 在缝边粘上黏合衬条，可以防止裁片变形、移位，减轻起皱的现象。缝合时可以

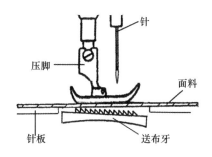

图10-4　调校送布牙成前高后低型

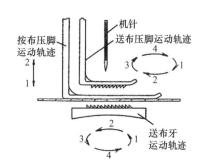

图10-5　复合（牙状压脚和送布牙）送布装置

加一片纸板或布条于压脚下帮助面料前行。也可以在布片的缝边处垫一层薄绵纸与面料一起缝合，以减少压脚的送布阻力，缝合完毕将纸条撕离面料即可。

如果使用以上处理方法后仍然有轻微的缩皱现象，则可以在生产流水线上增设半制品的中间熨烫工序，将缝道铺于海绵垫板上熨烫平服，减少缝道缩皱。

（3）原因三：面辅料缩率不均导致缝道缩皱。

由于在选用辅料时没有注意缩率与面料一致，面辅料缝制成衣后，由于辅料缩率大于面料缩率而导致成衣部分缩皱。通常出现缩皱的类型有热缩和水缩两种。

由于面辅料缩率不均导致缝道缩皱的工艺处理方法如下：

①选用辅料时（包括缝纫线、带条、绳索、袋布、里料、衬料、拉链等），要特别注意辅料的纤维成分、缩水率等均应与面料的特性相符。例如：缝纫线的缩率应与面料缩率一致或控制在1%的差异以内，以防出现缝纫线与面料的缩率不一致的现象。

②在正式投产前，必须将所选用的面辅料缝制样衣并进行热缩、水缩测试，找出各种面辅料的缩率，并检查缩水后的外观效果，最终确定辅料是否适用。

③对于测试样衣中缩率较大又难以找到合适替代品更换的辅料，应先将辅料进行缩水、热缩等定型处理，以降低缩率。

④对于热缩比较敏感的物料，在可塑型的熨烫范围内，可以适当调低熨烫温度，加长熨烫时间和加大熨烫压力。

2. 抽纱

原因：由于轻薄面料的纱线纤细薄脆，在高速缝合过程中，容易被钝损的送布牙、压脚、机针、针板孔等钩出纤维丝，或因机针快速频密的穿刺运动而刺断纱线并抽紧周围纱线，俗称"抽纱"。例如，用纽门机上的刀片冲割纽眼时，经常会出现纽眼周围被刀片拉出纤维的情况，严重者还会出现纱线脱散的疵点。

抽纱的工艺处理方法如下：

① 为防止机针对面料的损伤，宜选用针尖呈圆形的小号型机针。以下是几种适合用于轻薄面料的机针型号：

A. 日本针：针号7~12，S或J形针尖（特小圆头针或小圆头针）。

B. 欧洲针：针号60~80，Spi针尖（小圆头针）。

C. 美国针：针号022~032，Ball Tip针尖（小圆头针）。

②针板孔的大小必须与机针的型号匹配，即小号型的机针需配用小孔的针板，以免缝合时出现跳线或抽纱等问题。

③换用塑胶压脚和套有塑胶膜的送布牙，同时注意选用圆顶型的送布牙，及时更换已经钝损的送布机件等，都可确保裁片输送顺畅，减少抽纱、钩丝等损伤面料的问题发生。

④在裁片的缝合边缘扫浆或加粘黏合衬，可以降低缝合困难度，减少缝合机件对纱线的损伤。

⑤选用有平直刀锋和刀托垫的纽门车。刀片运动模式以向下冲压代替横向割破的开纽眼操作方式，可以有效防止抽纱的产生。

3. 车缝痕印

（1）原因一：常见的车缝痕印有两种，一种是由于缝合线迹以后，面料上的纱线被逼挤，导致线迹表面因不平滑，经光线反射而显示出的阴影，俗称"蜈蚣纹"。

"蜈蚣纹"工艺处理方法：

①减少或不用分割式结构线，必须做切割的部位可以考虑用斜线代替直线和横线，避免在组织紧密的直纹方向开切割线和进行裁片缝合。

②减少或不加容位的放量；用简单的缝边翻折处理毛边和单行线迹缝合面料，不压或少压装饰明线，特别是两行以上的近距离明线。

③勿用针牙送布装置输送面料。由于双针车都配备有针牙送布装置，所以应避免用双针车缉双行明线。如果款式上确实有缉双行明线的设计，可以使用单针平车分别缉双线。

④尽量用斜纹或直斜丝方向裁剪裁片，以减轻面料缉线部位产生的波纹现象。

⑤选用结节少且光滑的缝纫细线，减少缝纫线在面料纱线组织之间的占用空间。勿用凹槽明显的压脚，选用小号圆头机针、小孔针板，减少机针对面料纱线的损伤。

⑥选用五线锁边法，或链式线迹代替平缝线迹，可以减少因纱线逼挤产生的缩皱现象。

⑦适当调疏线迹密度，并调松底面线的张力，以减少面料间蕴藏的缝纫线。

（2）原因二：车缝痕印的另一种原因是由于薄软、轻盈的面料经过缝合以后，衣片的缝边处被送布牙、压脚、针板等送布机件钩坏，或划出一道明显的送布牙痕迹，俗称"牙痕"。

"牙痕"工艺处理方法：

①调松压脚的压力，用菱形或圆顶的细密送布牙，或用塑胶压脚和有橡胶保护膜的送布牙，以减轻送布机件对面料的损伤。

②送布牙与压脚调节成垂直状，使送布牙与压脚力度均衡并相互抵消，防止损伤面料。

③在缝边粘上黏合衬，或在易出现印痕的缝合处垫纸缝合，可以减轻"牙痕"的出现。

4. 线迹摇摆

原因：由于机车送布机件松动，使送布操作不稳定，压脚压力过松，使缉缝到面料表面的线迹呈现歪斜摇摆的外观，或是由于缝纫线合股纱线高"捻度"所致，如图10-6所示。

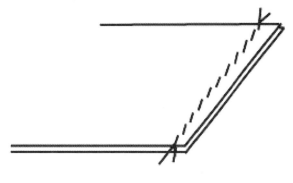

图10-6　线迹摇摆

线迹摇摆工艺处理方法如下：

①选用小号型的机针和小孔的针板。

②检查送布牙的螺丝是否松脱。

③稍微调紧线迹的张力，调疏线迹的密度，加大压脚的压力。

④选用纤细的缝纫线，用与面料颜色一致的缝纫线，弱化线迹摇摆的缺陷。

5. 油污

原因：缝纫机在缝合停顿时，机油不能快速回流油盘而附在针柱而污染裁片。尤其是透薄的丝质面料使用高速运转的缝纫机缝合，更容易吸附从机床和送布牙中渗溢出的机油。

油污工艺处理方法如下：

①选用运油系统优良的缝纫机，或选用特别设计的密封运油缝纫机，这种缝纫机的针杆由合金制成，表面涂有一层化学剂，可抗摩擦、抗高温，并有效防止机油溢出，机床内可自动调节输油量。但这种缝纫机成本较高。

②定期检查并清理油路，给机车上油时只装半盒油，并调小输油管的油门，减小输油量，以防止机油外溢。

③减慢车速可以减少油污的渗溢。

④换用微油系列机车。

第二节　绒毛面料

一、绒毛面料的特征

绒毛面料是在棉、化纤等原材料织制成底布后，经过起毛机等设备的拉毛、割绒等加工后整理处理，把经向纱线从面料表面拉出或割断纱线并形成绒毛状的面料，也可以用纬编或经编织造针织毛圈剪绒等织物，再经植绒处理而形成绒毛面料。起绒织物手感柔软厚实、坚牢耐磨，绒毛浓密耸立，色泽柔和，保暖性佳。常见的绒毛面料有单面起绒料和双面起绒料、整幅起绒料和局部起绒料，其中局部起绒面料是依据印花花形的需要，在起绒机上将需要拉毛成花的部位进行拉毛处理，达到局部起绒效果。

绒毛面料根据不同的加工方法可分为割绒、印花、剪花、喷花、压花、植绒、轧皱等，按底布结构可分为机织绒面料和针织绒面料，按功能性可分为服饰类绒面料和家纺类绒面料，从绒毛外观可分为普通绒面料和人造毛皮面料，按绒毛尺寸可分为长绒类面料

图10-7　灯芯绒面料

和短绒类面料。常见长毛绒类面料有：仿裘皮、割圈绒、海派绒、滚束绒、印花拔色绒、毛巾布、松针绒、蒸汽绒等。其中，仿动物毛皮的植绒类毛绒织物，手感厚实柔软，保暖性好，常见织物有毛尖绒、羊羔绒、鹿皮绒、仙鹤绒、仿水貂皮绒、麒麟绒、狮子绒、孔雀绒、羽毛绒、高档提花绒等。短绒类面料有灯芯绒（图10-7）、天鹅绒、金丝绒、乔其绒、珊瑚绒、珍珠绒、摇粒绒、稻草绒、珊瑚绒、蚂蚁绒、桃皮绒等。

绒毛面料中的表面绒毛或线环通常朝一个方向平行整齐地倾斜，形成顺向或逆向倾斜的毛向，使衣料表面因顺逆毛向的差异而形成不同的光泽感。这个特点也导致生产过程中容易出现"倒毛"、阴阳色和易滑动难对位的现象，加大了缝制加工的难度。

二、绒毛面料的加工工艺要点

由于绒毛面料有顺逆毛向，如果裁片用错布纹或裁错方向，则会使成衣出现阴阳色差。而且，缝制加工过程中如果处理不当，很容易使绒毛被压倒而出现光泽不均和阴阳色差的现象。另外，绒毛料容易滑动，所以缝合时由于难以对位而出现"长短脚"。在缝制加工过程中应尽量避免以上问题的发生。

1. 存储

（1）绒毛面料，尤其是昂贵的丝绒面料储存时不能折叠或用力卷缠，以免将绒毛压倒。为防止面料绒毛被挤压而出现"倒毛"的现象，应使用含有排针的卷布筒卷折面料。

（2）切勿堆积挤压布匹，宜将布匹单独存置于小箱格内，或用架子分开架起每匹布。

（3）由于绒毛面料比较容易吸湿受潮，所以储存绒毛面料的仓库必须做好防潮措施，利用抽湿机或空调调低相对湿度，以免面料发霉。

（4）绒毛面料的疵点通常比较难发现，所以在采购前和面料到厂后都应认真检查面料，疵点处要作好记号，以便裁剪时避裁，从而防止色差、走纱、破洞等问题的产生。

2. 衬布的选用

（1）用热力粘压黏合衬的方法，容易使面料出现"倒毛"，而且绒毛面料本身具有一定的浮厚感，所以在进行工艺设计时应考虑尽量不加衬。

（2）如果确实需要通过衬料才能达到塑型保型的效果，可选用薄软的衬料。用机缝或手针固定衬料的方法，可以减少热力和压力对面料的损伤。中低档绒毛类成衣生产也可以选用低温低压粘牢的黏合衬，从而提高生产效率。

3. 排板

（1）大多数绒毛面料有毛边容易脱散的特点，因此，裁剪纸样应加大缝份尺寸。

（2）排板长度不宜过长，主要衣片应排在面料的中央部位，防止裁片之间出现色差。

（3）排板时必须确保所有外露的裁片都朝一个方向排列，即用单向布纹法。

（4）排板前需先观察面料的顺逆毛走向，以确保排板时能用逆毛或线环朝下的方向排列所有裁片，这样裁剪缝合出来的服装看起来更加新颖亮丽，避免顺毛成衣的陈旧感。

（5）通常在面料的反面进行排板。但是如果用划粉在绒毛面料的反面划纸样或作记号，容易出现因面料滑动致使画印不准，由于面料的滑移性，划粉也特别容易消失，因此，切勿直接在面料的反面画纸样和作记号。可以在排板专用纸上画样排板，需要作记号的裁片则在关键工序缝合前再逐片作记号。

4. 铺料

（1）铺料时应注意将所有面料的绒毛朝向同一个方向，即用单面向上或单面向下铺料法或双面单向铺料法铺料。

（2）铺料力度要轻盈，确保每一层面料的各个角度所受张力均匀，防止面料滑动变形。

（3）铺料层高宜控制在裁刀1/3以下的高度，以免因裁片滑移而产生裁剪走刀的现象。

5. 裁剪

（1）裁刀刀刃要光滑锋利，定期打磨和润滑刀片并及时更换已经钝损的刀片。

（2）裁剪时切勿用力压紧裁片，以免裁片被挤压翘起而变形。

（3）需要剪刀口作记号的裁片，宜采用先剪刀口再裁剪的方法，剪刀口时切勿移动布层，以免裁片上的刀口不均直，或剪得太深而加剧裁片脱散。也可以将裁片送至车间以后由专人用褪色笔作记号再缝合。

（4）用布条捆扎裁片容易出现"倒毛"、阴阳色或黏附捆条的颜色而污染裁片，所以裁片分类后宜用胶袋装运，或选用浅色布条，并注意勿捆扎过紧而挤压裁片。

6. 缝纫

（1）在确保正常缝合的条件下，尽量调松缝线的张力。

（2）选用缩率低、韧力好、色牢度强的缝纫线。

（3）选用14号～16号的长眼机针可防止因机针高热而熔断纱线，同时要确保针身光滑和针尖锐利。

（4）测试缝合效果，并观察面料的缝合状态。如果上层衣片难以向前顺畅输送，可调低压脚，即加大压脚的压力；如果衣片出现压脚印痕，则需升高压脚，释放压力。

（5）为防止送布机件对面料的损伤，勿选用尖锐型的送布牙，应定期检查压脚、机针和针板并及时更换已经钝损的送布机件。

（6）由于绒毛面料的毛边容易脱散，在整个生产加工过程中应尽量减少搬运，以免加剧毛边脱散。裁剪完毕的裁片应尽快进行防脱散处理（如锁边、包边、折缝等）。

（7）绒毛面料通常比较浮厚，要选用平薄的缝型，如平缝。缝边整理时可用修小内层缝边的方法，减薄折边的厚度。衣摆折边缝不宜用缲边车，可用手针缲边。

（8）为使衣片对位准确，减少"长短脚"的出现，缝合前必须查找对位刀口的准确位置，同时对需要缝合的裁片先进行临时定位，例如用大头针、缝纫机疏缝或手缝跑针等方法进行临时假缝后再进行正式缝合，确保一次缝合成功。

7. 后整理

（1）绒毛面料具有较好的回弹性，普通热力和压力难以使衣片塑型，而高温和过大的压力又容易损伤面料，所以绒毛面料类成衣尽量不作熨烫或减少熨烫的次数和时间。为使缝道平服，缝边可作劈开缝处理并用双面黏合衬粘牢。

（2）熨烫前应用毛刷刷去面料表面的尘灰或线头，同时将毛向理顺。因生产处理不当致使成衣某部位已经出现"倒毛"的问题时，也可以通过逆向梳理绒毛来减轻阴阳色差。

（3）确实需要熨烫的部位，可将面料的正面扣倒在针床或绒毛面料上，然后加上垫布，低温轻压熨烫。

（4）熨烫完毕必须作抽湿处理，以防成衣带着水汽入包装袋。尤其是天然纤维绒毛面料应加长抽湿时间，经过干燥处理的成衣包装时应作密封处理。

（5）包装前必须清除所有杂质，尤其要留意有无粘上有黏性的物质，对将返工粘纸或粘线头用的包装纸等撕离衣片后残留下来的黏胶，必须完全清理干净。

（6）包装时切勿挤压成衣，同时尽量用挂装入箱和运输成衣，以免因挤压使成衣"倒毛"。

三、常见问题与处理方法

1. "长短脚"

原因：由于绒毛面料具有浮厚和容易滑动的特点，缝合时容易出现输送部件力度不足、不均，面层衣片输送困难而停滞不前，底层衣片输送速度太快而缩聚，以致两衣片长短不一的现象。天鹅绒、丝绒面料尤其容易出现"长短脚"的问题，更有甚者，底层衣片被刮损或钩丝，严重影响成衣质量。

"长短脚"工艺处理方法如下：

①为减少绒毛面料的滑移，防止出现"长短脚"，正式缝合前应以直立式针法作假缝。

②适当调节压脚压力，确保上层衣片向前输送顺畅。如果面层衣片有压脚印痕，则需调松压脚压力。

③换用塑胶压脚或带拖轮的压脚，减少压脚与上层面料间的摩擦，使上下衣片平衡输送。

④安装滚轮式输送装置或针牙送布装置，帮助裁片输送。另外，缝合衣片时应注意对准上下衣片的对位刀眼。

⑤输送厚重面料时，如果只有下层面料陷于齿间，上层面料就不能畅顺输送。所以缝合绒面衣料、毛衣、罗纹面料、毛毡等厚重面料时，选用齿距为2.5mm的粗钝型送布牙，使上下层面料均能同时下陷，以使面料顺畅输送。

⑥定期检查所有送布机件，确定是否需要打磨光滑或更换。

⑦如果缝纫机调校后仍难以达到理想的效果，可以尝试在送布牙与面料之间或压脚与面料之间加薄纸、带条、纸板等窄型材料，减轻送布牙、压脚与面料的摩擦。

2. 断线

原因：成衣生产过程中，断线通常是由于缝纫机的车速过快，机针穿刺运动过快产生高热而无法快速散热，致使缝纫线被机针高热熔断，也有可能是小号型的机针配用粗缝纫线所致。

断线的工艺处理方法如下：

①检查机针型号与缝纫线的粗细是否相匹配。

②定期更换针尖已经钝损或起钩的机针，选用抗热型机针（例如长眼针、抗热两节针、镀铬或镍的机针）。

③在缝纫机上加装润滑油盒，经过润滑的缝纫线更具有韧性，同时能将油液带至机针，能有效给机针散热降温，防止机针产生高热。

④减慢车速。

3. 绒毛被压倒

原因：由于切割线设计不合理或生产方法不恰当所致。

绒毛被压倒的工艺处理方法如下：

①设计时尽量减少切割线和缉明线的设计，工艺设计时尽量选用简单的平缝，缝道处尽量不缉明线。

②熨烫时不作推门处理，也不宜用力压烫。通常将面料铺在针板上熨烫，也可以将面料起绒的一面扣倒在另一块绒毛面料上进行熨烫，有褶皱或容位的部分作熨烫时，熨斗与面料相隔0.5cm喷干蒸气焗烫定型即可。

③被压倒的绒毛处喷撒湿蒸气，再用毛刷或绒毛面料反向刷理绒毛，使倒下的绒毛竖起。

第三节 弹性面料

一、弹性面料的特征

弹性面料包括经编或纬编针织面料（图10-8）、含有氨纶（莱卡）、锦纶（尼龙）的机织面料、缉有橡皮筋底线的皱饰面料、组织疏松的斜裁机织料、特殊结构的机织面料如网眼布、泡泡纱等。弹性面料制成的成衣柔软适体，具有伸缩性和抗皱性，适合各种体型人群穿着，且易打理。

图10-8 纬编针织面料

二、弹性面料的加工工艺要点

由于弹性面料的拉伸性较大，致使衣片的尺寸稳定性差，质地不坚挺，容易变形和脱散，同时布边位容易卷曲回缩。为预防这些问题的发生，生产过程中的工艺处理要点如下：

1. 款式设计

（1）要求造型简单，尽量减少切割线的分割，以免缝合时变形和破坏衣片的拉伸性能。

（2）弹性面料服装以贴身外形较多见，围度松量要根据面料的实际情况作调整。每次设计更换面料时，都要通过样板试制来检验成衣的合体度和外形轮廓的设计效果。

（3）尽量不用或少用适体性省缝，成衣可以考虑用活动褶裥、局部抽缩碎褶等装饰工艺，达到服装造型与装饰要求。

2. 储存

弹性面料组织松软，存储不当容易拉伸变形，需水平存放布匹。

3. 衬料和里料

（1）为防止弹性面料的拉伸性受限制，应尽量减少黏合衬的使用，确实需要用衬定型保型的部位，可以用非黏合衬或针织底布制成的黏合衬。

（2）含有里料的弹性成衣应选用针织里料或网眼状梭织布料。

4. 铺料与裁剪

（1）弹性面料在卷折成布匹时都有适当外力，在铺料裁剪前通常先用松布机将布匹松散放置约24小时，以使面料回缩原状。

（2）使用专用的针织铺料机铺料，确保拉力均匀轻巧，有效防止面料变形。

（3）面料的铺料长度需比排版长度长6~12cm，以便面料回缩。

（4）为防止裁剪时出现走刀现象，铺料长度和高度应控制在5m×0.1m以内。

（5）面料铺拉完成后，布层要静置一段时间才能进行裁剪，以便面料回缩原状。通常人工铺料需静置5~12h，铺料机铺料只需静置2~4h即可。

（6）由于弹性面料结构的稳定性较差，不适合用自动裁剪设备，建议用直剪进行人工裁剪，选用的剪刀刀锋要光滑锋利。

（7）对于容易出现卷边的平纹针织面料，可在布边贴上黏胶带，以方便裁剪和防止衣片变形。

（8）一般采用套裁方式进行排料设计，常用的有平套法、互套法、镶套法、提缝套法、剖缝套法等。

（9）通常用穿线记号法和打线钉法在弹性衣料上作记号不易消失及不伤及面料。

5. 缝纫要求

缝制弹性面料，选用的线迹类型、缝纫线等应具有与弹性面料相应的拉伸性和强力，同时对线迹密度、压脚压力和缝纫线的张力等进行调节试缝。

（1）缝纫线的选用：缝纫线的拉伸性要配合弹性面料的特性，普通棉线弹性欠佳，不宜用于缝制弹性面料。应选用柔韧、伸缩力强、不易被拉断的包芯线或廉价的纯涤纶线。纯棉弹性面料可选用9.8tex×4或7.4tex×3的纯棉及涤棉混纺线，化纤弹性面料宜用7.8tex×2的弹力锦纶丝和5tex×6的锦纶线。

（2）线迹类型与缝纫设备的选用：选择具有伸缩性的线迹类型，配合弹性面料的拉伸性能，例如，拉伸性良好的400类链式线迹，适用于袖下缝、裤下裆缝、裤内缝等长型缝口，而300类的平缝线迹只适用于无需拉伸、需要固定的部位，如粘有黏合衬的部位、翻领的缉领窝线、肩缝、前襟贴边、缉贴袋、订商标等。

为保持面料的弹性，侧缝和袖子的缝合要用四线包缝机进行四线安全缝，下摆、领口与袖口可直接用绷缝机的绷缝线迹进行绷缝处理，高弹性面料的内衣则通常采用人字车的人字线迹或用绷缝机的绷缝线迹绷缝。

（3）机针的选用：如果机针选用不当，弹性纱线会被钩丝或被刺断，致使折边位或缝口边缘的纱线滑出并形成散边的现象。应选用圆头针尖的机针，圆头的针尖不易损坏纱线。同时，机针号型要适宜，通常，中薄厚度的针织料宜选用公制针号65~80的欧洲针或9~12号的日本针。

（4）送布机件的选用与调整：送布机件包括压脚、送布牙及输送动力形式。压脚的压力调节在2~5kg之间，轻微的压力能使缝纫均匀而平整。换用塑胶压脚可以确保顺畅输送面料，选择前后送布牙输送速度比为1.3：1的差动式输送装置或上下同步输送装置，可防止面料被拉长而出现变形起波纹的现象。送布牙前端调高1~1.5mm，可以平衡前端面料的重量，防止被拖长。

（5）机床的调校：由于针织面料结构松散，缝纫线在面料下形成的线圈容易随机针上升而变小，或因高速缝合时（5000针/min），面线无法快速顺畅提供，造成缝纫线被拉长，无法形成大线圈而导致跳线。此时应将钩子的转动移前，当机针下至最低点准备上升时，钩子便会钩入面线圈内。另外要调大挑线弹簧的摆动位置，使面线有足够的松动位，以便机针能顺利将面线带入机床下形成较大的线圈，方便钩子取线。

（6）线迹密度的调节：面料的拉伸大于线迹长度时，线迹就会造成断裂。不同厚度的弹性面料线迹密度参考值如下：

①厚料：3～4针/cm（平缝机）；2.5～3.5针/cm（包缝机）。

②中厚料：4～5针/cm（平缝机）；3～4针/cm（包缝机）。

③薄料：5～6针/cm（平缝机）；4～5针/cm（包缝机）。

如果平缝线迹密度小于3针/cm则缺少弹性，线迹密度大于6针/cm，则不仅浪费缝纫线和造成产能低下，而且由于机针在单位长度面料中的穿刺运动过密，容易损伤面料甚至刺断纱线。此外，还应尽量调松缝纫线的张力，以确保缝纫线迹有足够的拉伸性。

（7）缝制工艺的选用：领口可以用牵条包边、装罗纹或内贴边，也可以用本布双折拼接，直接用四线锁边机缝合或用绷缝机绷缝处理。袖口和下摆通常用单折边绷缝。

开扣眼的部位需烫衬或垫布加固处理，以免被拉伸变形，采用冲床式代替横割式开扣眼，确保扣眼位不容易散口。无需伸展的部位需加牵条固定或使用黏合衬定型、保型，同时用平缝线迹加固缝。对于无法准确把握的特殊工艺，应先试制样板，修改确定后再进行批量生产。

由于弹性面料结构比较松散，尤其是针织面料均由线圈串套组成，裁剪后的衣片边缘容易脱散，裁剪完毕应尽快对衣片边缘进行锁边处理。

6. 熨烫

（1）试样：大批量熨烫前必须先进行试样熨烫，仔细查对工艺单上的黏合条件与试样后的参数差异，并确定准确的熨烫参数。

（2）模板熨烫：熨烫弹性面料的成衣时，通常会在成衣内套入一定形状和尺寸的模板（比成衣略大），以确保成衣具有统一的规格，防止成衣回缩或拉伸。含有罗纹的成衣注意要抽出模板后，再熨烫领口或袖口部分。熨烫时勿用力推烫，宜用点压式熨烫手法，熨烫蓬松的毛衣时，熨斗应隔开面料0.2～0.3cm的距离喷蒸汽焗熨定型，切勿挤压毛圈。

（3）熨烫温度：熨烫温度控制在180℃～200℃之间，以防止烫黄、焦化等疵点。

三、常见问题与处理办法

1. 缝口破裂

原因：由于缝口处的线迹张力不适应缝口的使用要求，缝纫线被扯断，导致缝口破裂。

缝口破裂的工艺处理方法如下：

①选用弹性缝纫线和富有拉伸性的线迹（如400类、500类、600类）。

②在合适的范围内，适当调密线迹的密度。

③使用牢固的缝型。

2. 缝道露齿

原因：缝纫线张力不均，面料被外力拉伸时缝道松裂并形成齿状缝隙。

缝道露齿的工艺处理方法如下：

①在合理的范围内，尽量调密线迹的密度。

②在合理的范围内，均衡调紧底面线张力，并确保底面线张力一致。

3. 面料钩丝起毛

原因：由于机针、压脚、送布牙或针板孔等被断针撞坏，或因生锈钝损，致使面料的缝合部位被钩出纱线而起毛。

面料钩丝起毛的工艺处理方法如下：

①定期检查并更换已经钝损、生锈的机针、压脚、送布牙或针板。

②换用圆头针尖的小号型机针。

4. 接缝处纱线熔黏、断裂或脱散

（1）原因一：缝合化学纤维面料时，高速缝合使针与面料摩擦产生高热，纱线被熔断、面料脱散，甚至断针。

原因一工艺处理方法如下：

①选用抗热突眼针、两节针或镀有铬、镍或硅酮的小号机针。

②定期检查机针针杆与针尖的光滑程度，及时更换钝损的机针，减轻机针与面料的摩擦。

③机针旁边加装吹风装置，帮助机针散热。

④选用条干均匀、光滑柔软、韧性大、不易断的缝纫线。

⑤安装过线油盒，经过油盒的缝纫线可以有效减轻缝韧线在线槽和针孔中的摩擦，增强缝纫线的柔韧性，避免断线。同时，润滑液通过缝纫线带至针眼和缝料周围，还可以润滑机针与缝料，防止机针产生高热和断针的现象。

⑥换用塑胶压脚，有效减少压脚与面料间的摩擦系数，并相应减少静电与高温的产生。

⑦稍微放慢机车的缝合速度，以免机针产生高热而熔断纱线。

⑧应选用不易断裂的包芯线或涤棉混纺缝纫线，因为这类缝纫线具有吸热、散热功能和一定的弹性，不容易断线。

⑨选用弹性佳、不容易断线的链式线迹（400类）、锁边包缝线迹（500类），或网状绷缝线迹（600类）等也有一定的帮助，同时将线迹的密度和张力调密调松，以增加线迹的弹性，都可以减少断线问题。

（2）原因二：缝合天然纤维面料时，经常会出现机针钩丝或切断纱线的现象，主要原因是机针针尖型号选用不当、机针钝损而未及时更换或送布机件（例如压脚、送布牙、针板孔）表面因使用太久被磨损等。

原因二的工艺处理方法如下：

①为避免机针刺断纱线，通常应选用针尖呈圆形机针。针尖呈圆形的机针在缝制过程中，可以轻易地拨开面料的纱线，从纱线之间的空隙穿越而形成线迹，从而避免刺断纱线，如图10-9所示。

②缝合一般的针织衣物应根据面料的厚薄程度选用偏小号的机针（如65号～90号），以防机针损伤面料。下表所示是各种类型针织面料与各种型号机针的选配。

针织面料与各种型号机针的选配

针尖形状	针织面料或棉针织面料	机针规格（号）
SUK（特小圆）	细纱或特薄料，如女装紧身内衣	60（8）
SES（小圆）	普通薄料，如普通薄型针织罩衫、T恤等	65～75（9～11）
SUK（中圆）	粗纱或厚料，如针织春秋外衣、运动衣等	75～90（11～14）
SKF（大圆）	特粗纱或极厚料，如特厚的针织外套以及富有弹性或含松紧带类的衣物等	75～90（11～14）

③选定机针型号的同时，还应换用针板孔大小相应的针板，以免引起跳线或织物被机针带入孔内而受损，如图10-10所示。另外，还应经常检查机针针尖的光滑程度，及时更换已钝损或生锈的机针、针板和送布牙，确保送布机件平滑顺畅，以免破损的机件拉丝或钩断纱线。

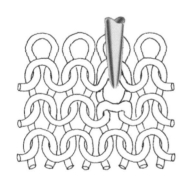

图10-9　圆形针尖拨开纱线形成线迹

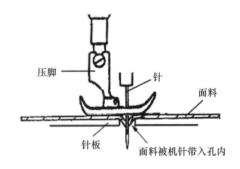

图10-10　针板孔过大容易扯坏面料

5. 缝边起波纹

原因：由于两层面料间的弹性有差异或缝合操作不恰当，导致缝边起波纹和上下层裁片出现长短不一的现象，影响成衣的平整和美观。

缝边起波纹的工艺处理方法如下：

①换用塑胶压脚，并适当调松压脚的压力，以免压脚吸附上层面料而无法顺畅输送。

②缝合前对准对位刀口，或在正式缝合前先作假缝处理，防止面料变形移位。

③缝合时放松裁片并稍微带紧下层衣料。通常弹性小的面料放上层，同时要顺应面料的自然输送应力，确保面料没有被拉扯变长。

④选用富有弹性的线迹类型，在线迹工整的情况下适当调松线迹的张力，防止面料起皱。

⑤加设输送装置，确保上下层裁片能同步顺畅输送。

⑥垫纸缝合，或在缝边处上浆、黏衬，都可以防止缝合后出现起皱或起波纹的现象。

第四节　皮革面料

一、皮革面料的特征

皮革是经过鞣制而成的动物皮或仿制动物皮的人造皮革面料，分为光面革和绒面革，光面革又分为天然皮革和人造皮革，如图10-11所示。

天然皮革（俗称真皮）是经过去毛处理的动物皮革，其皮质柔软挺括、耐磨耐压、柔韧耐折、透气、厚重、有一定的伸缩性，价格昂贵，而且由于皮张规格限制了衣片的大小，致使天然皮革成衣分割线较多。天然皮革表面有自然毛孔及皮纹，从表面向里层呈坚密到松散的组织变化，并有皮革纤维，

图10-11　皮革面料

点燃后有烧毛发的焦煳味。人造皮革（俗称假皮）无皮革纤维，是在非织造布或针织布表面用聚氨酯涂复加工并采用特殊发泡处理制成仿皮革，表面光泽柔和，手感酷似真皮，柔软滑润，富有弹性，免烫性优良，具有良好的挡风、防雨、防水功能，从切口和背面可见到非织造布或纺织物底基，点燃后有化工原料的异臭味，其透气性、耐磨性、耐寒性都不如真皮。

绒面革又称为裘皮，是指经过处理的带毛皮革，如麂皮、貂皮等，其优点是轻盈保暖、雍容华贵，但是价格昂贵，贮藏和护理要求较高。为保护动物，动物真皮面料不宜普及推广。

二、皮革面料的加工工艺要点

1. 设计

（1）皮革面料厚实挺括，形稳性较好，具有形体扩张感，不宜过多采用褶裥和面料

堆砌的手法，设计中应以A型和H型等简洁造型为宜。

（2）款式设计时注意合理切割，尽量减少切割线条尤其是弯形缝道，防止拼接缝时机针对皮料的损伤。

（3）在缝道表面压上明线可以使缝份平坦，同时还能防止熨斗烫缩面料。

2. 画样与裁剪

（1）由于皮革面料较厚重,画样时尽量采用小缝份,如手套或钱夹用0.2~0.5cm的缝份，衣片用0.5~1cm的缝份,以免增加缝边厚度。

（2）皮革面料常用的裁剪工具包括划刀、眼钻刀等。

（3）裁剪手法有笔画法、扑粉法、刀割法。为防止纸板硬样被磨损变形，硬样边缘可作刷漆处理。

（4）裁剪时要分主次按顺序划料（前后片→袖片→碎料→配里料），如图10-12所示。划完的样板要及时标记，以防少料或重划。

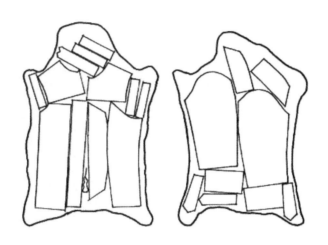

图10-12　主次裁片的排划顺序

（5）有瑕疵的皮革面料可裁剪襟贴、底层衣领、底层袋盖、袋贴、侧衣片等，隐蔽裁片或非主要部位的裁片。

（6）由于皮革面料结构紧密，而且比较厚重，可以采用对应角剪角法作标记，以防裁片颠倒或左右调换的现象。

3. 辅料的选用

（1）皮革成衣选配的里料和衬料均应手感清爽保暖，耐磨耐穿，并具有一定的弹性。

（2）皮衣用的纽扣、拉链、带扣等应选用金属、皮质或塑胶制成的具有一定厚重感的配件，如脚纽、金属牙拉链等。

（3）缝纫线可选用结实和富有弹性的粗丝线，如包芯线等。此外，天然橡胶溶液、黏胶带等也是皮衣生产过程中必备的辅助材料。

4. 缝纫

（1）常用的缝型有敞开缝、翻缝和搭接缝等。

（2）缝边处理方法有外层扣压底层平铺的半光缝、上下层缝边均扣黏再压明线的全光缝。

（3）厚重的缝边通常先用划刀对缝边进行斜形铲薄处理。平薄型的皮革缝边通常用手工刷浆或落浆机在缝边处刷层薄胶水后劈开缝边并黏牢在衣料底层，然后用锤子敲平，也可以用翻压缝法压明线固定。注意刷浆时刷面要尽量缩小范围，浆料要均匀平薄，以防浆料过多而导致皮革表面僵硬。

（4）选用针尖呈三角形、棱形或矩形等异形针尖的机针，如图10-13所示，可以确保有较强的切割性，有利于缝合。

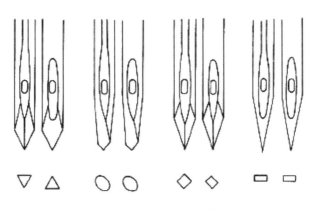

图10-13　异形针尖机针

（5）缝合前必须校对左右裁片，确保对称和规格一致，修剪完善后方能进行缝合。

（6）皮衣通常使用包边纽眼，钉纽时需在反面垫上小号垫扣，以加大纽扣部位的承托力。

5. 熨烫

由于皮革面料受热容易剧缩变形，所以切勿喷过多热蒸汽，同时尽量减少熨烫，或只是熨烫里层，以防皮面老化。如果确实需要熨烫皮面，可以在皮面垫一层薄的牛皮纸或干绸缎，并用低温低压快速熨烫。

三、常见问题与处理方法

1. 缝制时皮料停滞不前或出现长短脚

原因：由于皮革面料柔软而且涩糙，缝合时上层皮料吸附压脚而停滞不前，下层皮料反而走势过快，从而导致两层衣料长短不一的现象。

其工艺处理方法如下：

①换用光滑的塑胶压脚，适当增加压脚的压力。

②在机针、缝纫线、压脚、皮面涂上润滑液或滑石粉，或在衣料上垫层薄绵纸一起缝合，均可以有效帮助衣片顺畅输送缝合。但是绒面皮革、浅色皮料和皮料的反面不能加润滑液和云母粉，以免弄污面料。

③安装滚轮式送布装置或牙状压脚和送布牙同步输送的辅助送布装置，可以确保衣料顺畅输送。

2. 皮面有压痕或针孔

原因：由于线迹张力过紧、机针号型太大、压脚压力太大所致，或是由于次品需要返修，故拆线后留下的针孔和印痕。印痕和针孔一旦出现则难以消除，影响皮衣美观。

印痕或针孔的工艺处理方法如下：

①在合理的范围内，尽量调松缝线的张力，并调疏线迹的密度（2~3针/cm）。

②调松压脚的压力，并尽量调低送布牙的高度。

③选用中等号型的机针（14~16号），可以避免皮面残留针孔。选用中等规格针孔的针板，可以防止线迹跳线。

④尽量在皮料的底层作记号，或用热铁枝压痕，避免钻眼处理。

⑤缝合前注意细致检查和对位，确保一次性缝合成功，减少拆线返工对皮革面料的损伤。

⑥尽量不使用倒针法固定线迹，线迹头尾的线长可以留长些（约10cm），以便下一道缝边处理时将外露的线头用线迹固定包封处理。

⑦对容易有明显压痕而且缝合时输送困难的皮料，缝合前应润滑机针、缝纫线或皮料，可以在皮面撒上云母粉或加层薄膜、纸片，均可以辅助缝合输送，减少压脚印痕的现象。

第五节　涂层面料

一、涂层面料的特征

涂层面料是在机织料、针织料或非织造布表面加上胶质涂层形成的一种复合型面料，常用的涂层材料包括：涤纶、锦纶、腈纶、氨纶、维纶等。涂层面料强度大，手感较硬挺，悬垂挺括，滑爽舒适，具防水防风功能，易产生静电，吸湿性、透气性差，熔点低，具有热可塑性，遇热容易变形或出现衣片"熔黏"的现象。随着科技的进步，现在已经研发出高品质的"可呼吸"的涂层面料，具有较好的透湿性能，既能抵挡雨雪和寒风的入侵，又能让人体的汗气排出，保持干爽和温暖。通常用于制作雨衣、风衣、防汗罩衫、防水透湿透气的登山服、潜水服、消防服、宇宙防护衣或油布袋、围兜等各类服饰。

防水透湿涂层面料使用的涂层材料是亲水高聚物，主要有改性聚酯、聚酰胺、聚氨酯，如早期的PUS微孔涂层织物和亲水PUS薄膜织物，日本的微孔聚氨酯涂层材料、美国的聚偏氟乙烯涂层材料和聚氨酯织物（受热吸热、遇冷防热）等。层压织物是把功能性的隔离层与织物胶合，利用特殊的黏合剂作为层压膜，使之胶合于织物上，如美国的Core-Tex织物、Sympatex织物，英国的Porelle膜，中国的PTFE层压织物等。

二、涂层面料的加工工艺要点

1.设计

由于涂层面料较硬挺，可考虑用宽松的设计外形，如果需要收去多余的面料，可用省道整理，尽量少用或不用缩碎褶的工艺处理方法。

2.储存

仓存时避免在阳光下暴晒或过热的环境中存储，以防衣物变硬、变形、老化或熔黏。

3.辅料的选用

（1）由于这种面料的涂层材料通常为化工物料，遇热容易变形或出现衣片熔黏的现象，故应尽量不用黏合衬，需要加衬的部位可选用非黏合衬。

（2）缝纫线、拉链等辅料的材质需经防水处理，并选用不易生锈、容易开合的系结物，如塑料按纽、尼龙拉链、魔术贴黏扣带、尼龙绳索等。

（3）缝纫线、装饰带、绳索等辅料的成分、缩率、色牢度应与面料的特性相近，部分含天然纤维比重较大的辅料应先经预缩定型或免烫整理。

（4）如果面料的横向缩水率与直向缩水率之值相差超过4%，所有零部件的裁片布纹与衣片的布纹应一致，可以防止成衣缩水变形。

4.铺料与裁剪

（1）铺料的布层数量控制在70～140层之间，或将布层控制在15cm以内的高度。铺料时每10～15层面料之间加铺一层薄纸，不仅可以防止不同布匹之间的色差，防止裁剪时衣片滑动，还能帮助裁刀散热，避免因裁刀升温导致裁片边缘熔黏现象。

（2）裁刀必须锐利光滑，减少与衣片间的摩擦，防止裁刀升温。

（3）作记号时，切勿用钻孔法，可选用石灰笔、陶土笔或褪色笔记于里侧部位或缝边位，确保衣片不留划痕。

（4）降低裁刀速度，以防裁刀高热而使衣片出现"熔黏"现象。

5.缝合

涂层面料的缝合方式有针线缝合和无线缝合两种。

（1）针线缝合的工艺处理。

① 选用聚酯线、尼龙线或经过防水处理的丝光棉细线。在合理的范围内适当调疏线迹密度。如果缝道出现起皱，应适当调疏线迹密度；如果线迹摇摆，则应适当调密线迹密度，例如衬衫应将线迹密度调节在14针/2.54cm（14针/英寸）。

② 选用小号机针，并确保一次性缝合成功，以免因拆线遗留针孔而影响面料防水防风的功能。选用镀铬钢针，防止机针在缝合时产生高热而熔黏衣片。同时机针与缝纫线的

号型应相匹配，如：

A. 803#线用11号圆头机针。

B. 603#线用11~14号圆头机针。

C. 604#线用14号圆头机针。

③ 选用和小号型机针相匹配的密牙和小孔针板。

④ 在合理的范围内调松压脚的压力，调松线迹的张力，换用塑胶压脚或缝合时在缝边位垫层薄纸，帮助衣片顺畅输送。

⑤ 涂层面料纱线比较不容易脱散，缝边可以不作锁边处理，或用单折边法绲装饰明线固定。需要染色或重石磨洗的成衣，则缝边必须用锁边法整理毛边。

⑥ 定期检查机针和所有送布机件，发现钝损的机件应马上更换，避免缝合时涂层面料出现断纱或洗水后出现针孔的现象。

⑦ 适当降低马达的转速，方便机针散热。

⑧ 在缝合完毕的缝边上加黏一层黏合衬，可以有效防止缝边漏水或透风。

（2）无线缝合的工艺处理。

无线缝合的生产工艺主要是运用焊接熔黏技术，通过热力、超声波震荡、激光等，将衣片热压（图10-14）或点黏熔合（图10-15），完成服装的缝合，也可以将胶条热压在衣片的缝边（图10-16），使服装达到防水、防风、防雪和御寒等功能。无缝技术可以有效解决户外防水透气无缝休闲运动服装生产的众多技术难题。

图10-14 热压缝

图10-15 点压缝

图10-16 压胶缝

① 常用焊接熔黏方式如下。

A. 热力焊接：是将发热的球体压在面料上，直接加热黏合裁片，适用于厚重面料的缝合。

B. 热风焊接：是通过发热管吹送热风，热熔加在面料上的加密封胶带，将裁片黏合焊接。

C. 超声波焊接：是通过超声波滚筒机，利用超声波的高频震荡加热的原理反射到面料上，使分子间摩擦生热，并经过滚筒钢轮在面料上滚压，将衣片黏接牢固。滚筒设备按不同的功能可以细分为热封机、胶带压胶机、无缝内衣机、切割花边机等各种机型。适宜高档内衣、风衣、雨衣等生产。

D. 激光焊接：是将操作程式、技术参数录入计算机，由计算机控制操作，可同时操作多台焊接机。激光焊接机上有两个激光射点，热熔带一接触滚轮，滚轮上的一个射点预先加热熔合带（最高可达500℃），熔合带与面料接触后，机台上另一个射点加热面料（最高可达300℃），使熔合带与面料稳固熔合。高性能激光焊接机的熔黏速度达到20m/min，而且缝合位牢固不渗漏，即使是三层物料的热压熔合，也能保证非常理想的效果。在熔合三层物料时，一般会选用加密的压胶带条压在衣片的接缝处，以使接缝更加牢固。

②焊接熔黏方式的优点如下。

A. 操作简便。无线缝合设备操作简单且性能稳定，安全可靠。有些无线缝合设备同时具备分条、切孔等多种功能，可以一次性完成复杂的生产工序，达到一机多用的效果，既省省人工，又提高效率。

B. 节约高效。无线缝合在生产过程中无需针线，不会出现跳线、断线等生产问题，省去频繁换线的麻烦，也无需剪线头等额外的工序，激光剪裁可减少材料的浪费。焊接设备不需要预热，即插即用，并可连续操作，缝合速度是针车车缝的5~10倍，大大提高了生产效能。同时，焊接熔黏的速度可随意调节，并配有红外线定位装置，热熔定位准确。在黏接衣物时如果熔合不佳，超声波滚筒机、激光焊接机都能自动停机，省去中间检查的生产环节。

C. 轻巧防护。无缝黏合工艺减少了面料边缝宽度，同类型成衣比针式缝纫机缝制的轻10%~15%，有效减轻成衣重量。其更少的面料用量和柔软的拉链装置更利于减小收纳体积；没有针孔的表面和缝边无缝黏合的工艺处理，有效避免雨水渗漏和透风，防风、保暖性能更佳。

D. 环保健康。缝边没有针眼，可以阻止液体、化学制剂、病原体和有害微粒的渗透，安全性能更强，避免了缝合加工有断针残留的情况，消除了安全隐患。超声波缝合无污染，免除使用带有毒性的黏胶或溶剂。早期超声波滚筒机的超声波振幅在20000次/s以下，会发出刺耳的"吱吱"声，而现在最新的超声波滚筒机运用高频震荡，超声波振幅能达到35000次/s，操作时几乎听不到声响，生产环境非常安静，对操作人员的听觉不会造成任何不良影响。由于无线缝合无需裁剪、锁边、剪线等工序，降低了生产过程中的材料损耗，生产车间保持干净整洁，没有粉尘污染，是典型的环保清洁生产方式。

E. 更换灵活。无线缝合机配置有高速电机，功率强大，可以根据面料的厚度调节功率，有适合超薄面料和细小缝份的熔合机，也有适用于厚重面料和多层衣料熔合的焊接机。加装有切刀的焊接机，焊接时还可以边熔合边切割面料的毛边，切边效果不脱散不起毛、不烧焦不硬化，能保持面料原有的弹性和柔软性。换用不同的钢轮，可以对面料进行切边、镂空雕花、烫金（图10-17、图10-18）等工艺处理，以获得各种特殊的装饰效果。附带差动式上下滚筒的滚轮输送，可以对面料进行直线和曲线熔接加工，方便有转角位的成衣部位熔合，也可以缩缝衣料（图10-19）。用于平缝，可以避免"长短脚"或小皱褶生产问题的发生。熔切花型的变换也非常简易，可按照客户的需要随意更换各种花款的钢轮，制作出不同的花边款式（图10-20），同时滚筒表面可以刻上客户公司品牌或商号。

图10-17　罩杯切边缝

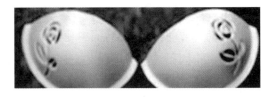

图10-18　镂空雕花

图10-19　热压缩缝

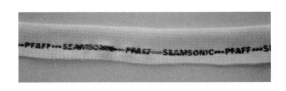

图10-20　滚轮压花缝

③焊接熔黏方式也有其使用上的限制。

A. 焊接熔黏条件的限制。无线缝合是通过恰当的热能温度、压力和时间（即传送速度）等条件，运用焊接熔黏技术接缝衣片的一种新型的生产工艺。如果滚筒钢轮的温度过高、压合压力过大或时间过长，都会损坏面料和胶条，而温度、压力、时间不足，则会减低黏压效果，造成衣片焊接熔黏不牢。所以确定焊接熔黏的条件非常关键，必须依据所选用的不同面料和胶条，确定合适的焊接熔黏条件，才能保证缝合出高质量的产品。

B. 适用原材料的限制。无线缝合焊接工艺适用的主要材料有：PVC（聚氯乙烯）、PE（聚乙烯）、PP（聚丙烯）、PA（聚酰胺）、PU（聚氨酯）、PES（聚酯）、EVA（乙烯E乙烯基醋酸盐VA共聚物）等化学纤维针织布料，以及非织造布、喷胶绵、热塑性薄膜、复合型三层塑料胶带（如PE+复合材料）、各种人造革等。全棉或混纺棉织物等天然纤维成分较多的物料，则不适合熔黏焊接。该方法选用防水热封胶带要求不含氯乙烯，出口服装选用的胶带还要求能通过德国偶氮染料测试和欧洲毒性元素安全标准检测等。

要想通过熔黏焊接各衣片并达到好的焊接熔合效果，首先必须了解焊接机械的特性和功能限制，还要清楚熔合的面料与防水压胶条的纤维成分、受热情况、熔合效果以及熔合参数（温度、压力、时间）。例如松散的面料熔黏焊接后仍然容易散开，所以使用前必须测试新型防水热封胶带和测试面料的受热熔黏效果，从而找到最适用的热封胶带。

④焊接熔黏工艺适用的服饰范围。

A. 防水、防风、防毒功能服。通过热压缝和压胶缝的无线缝合焊接工艺，通过在成衣的缝口处压上胶条，可以避免因针孔和线迹而渗水透气等现象，特别适用于生产对防透性、密封性要求高的特殊功能服装，如户外防护风楼、防水楼、登山服、滑雪服、防寒羽绒服、潜水服、钓鱼裤、航海服、防毒罩衣、防弹背心、非织造布服装等服饰，如图10-21所示。

B. 弹性针织服。点压缝的无线缝合工艺，解决了针车缝合线迹牵扯面料拉伸性的缺陷，可使缝合后的弹性成衣仍保持原有的拉伸性能和柔软度，非常适合弹性针织服装的生产，如女式胸衣、内衣裤、泳衣、高弹力的针织衣与运动衣等，如图10-22所示。

图10-21　压胶式缝合成衣　　　　　　　　图10-22　点压式缝合成衣

C. 花边服饰。切边雕花缝的无线缝合工艺利用无线缝合机械所具备的切边、镂空雕花、烫金等功能，适用于花边婚纱、花边内衣、镂空内衣、手帕、花边雨伞以及门襟流苏花边的加工。

D. 其他。无线缝合的生产工艺还可用于汽车用品、医用或防护用品、家居和床上用品、手套帽子等服饰用品、帐篷营幕等军事野营用品、户外旅游用品以及所有防水产品、防水贴膜等产品中。

6. 熨烫

（1）由于涂层面料熔点较低，应尽量减少蒸汽熨烫，以防面料失去光泽。需要塑型的成衣可适当增加中熨的工序。

（2）尽量将成衣铺在软垫上熨烫，防止面料起泡。

（3）在面料表面加一片湿的薄棉布，并用低温熨烫，防止热力损伤面料。

三、常见问题与处理方法

1. 断线断纱或缝边熔黏

原因：低速缝制衣物时机针产生的温度一般为150℃，高速运转的缝纫机可使机针热度高达250℃。普通化学纤维面料的熔点都比较低，受热容易出现熔黏或导致纱线熔断的现象。而机针产生高热时，缝纫线中的绒毛纤维也容易熔黏在针身上并阻塞针孔，进一步加大机针与面料间的摩擦，使机针更易产生热量，导致缝纫线或面料中的纱线被熔断，使面料出现纱线脱散等现象。

其工艺处理方法如下：

①选用合适的机针。为防止面料出现针洞，影响面料外观和防水性能，应尽量选用小号型的机针，尤其是缝合纱线比较纤细的面料。勿用钝损的机针，以减少机针在上下穿插面料时与面料间的摩擦和高热的产生。镀有铬、镍等金属膜或经过特氟隆胶膜等特殊处理的机针，比普通机针更加光滑坚固，耐摩擦且不易生锈，降低机针与面料间的摩擦，降低针眼针槽对纤维的附着力，防止细纤维淤积于针身，并能迅速散热，从而有效避免了因针高热所引发的一系列不良现象。

建议使用长针眼的机针、抗热两节针或突眼针。长眼针可以防止缝纫线中绒毛纤维熔黏针身而阻塞针孔。抗热两节针能减少与面料间的摩擦，减少热能的产生，同时机针本身所产生的热也可以通过两节状的针身快速地散发。而突眼针则可以将面料中的纱线逼胀开，只是突出的针眼位与面料摩擦，既减少了机针与面料的摩擦面，又可让机针有更多的空间迅速散发针热，所以这类机针非常适合涂层面料，以及富有弹性的薄型针织面料的缝制。

②合理使用硅油润滑剂。硅油具有润滑、减少摩擦、冷却、散热等作用，可用于润滑缝纫线、缝边和送布机件。配备了缝纫线供油装置和针冷却硅油装置的缝纫机（图10-23、图10-24），可以有效防止因缝纫机高速运转而产生跳线、断线、针孔堵塞等现象。因为在缝纫线上加硅油，可以使缝纫线更加坚韧，避免断线。同时在缝纫过程中，缝纫线将硅油带到机针，可以冷却高热的机针，并润滑针身，减小机针与面料间的摩擦。

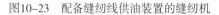

图10-23　配备缝纫线供油装置的缝纫机　　　　图10-24　配备针冷却硅油装置的缝纫机

在面料上加硅油，同样可以减小面料与机针间的摩擦。方法如下：

方法一：在面料后整理时加硅油。将面料浸于硅油（0.5%～1%）液剂中再进行丝光、热定型等处理。面料定型时尽量少用树脂，选用合适的硅油软剂，使面料柔韧、润滑，可避免因缝纫机件钝损钩伤面料，减小面料与机针间的摩擦，使机针更加容易穿过面料。

方法二：缝合前在面料接缝处喷洒硅油喷雾剂。注意一定要选用易挥发、无污染的硅油，缝合完毕硅油即可挥发，不会在面料上留下污迹。这种方法增加了操作工序，比较浪费时间和人力。

③安装吹风装置。在机针旁安装吹风装置可以使高热的机针快速冷却，如图10-25所示。此装置只适用于自动化机械，如自动装袋机等。如果应用于人手操作的机器中会阻碍正常作业。

④缝纫线和线迹的选用。缝纫线的性能应与成衣面料相同或相近，确保其缩率、耐热性、色牢度、耐磨耐用性等统一。缝制防水服装时，为防止针孔漏水，一般采用经过防水处理的涤纶缝纫线缝制。例如一件雨衣锦棉混纺面料，里布为格仔布（69%棉和31%锦纶），应选用11号机针，面线与底线用402号细线，线迹密度为（8~9针/英寸）。

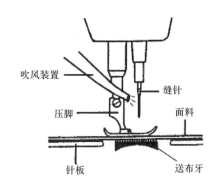

图10-25 安装吹风装置的缝纫机

选用不易断裂的包芯线或涤棉混纺缝纫线（具有吸热、散热功能和一定的弹性，不容易断线），选用弹性佳、不容易断线的链式线迹（400类）、锁边包缝线迹（500类）或网状绷缝线迹（600类）等都有一定的帮助，同时调大线迹密度，调松线迹张力，可以增加线迹弹性，减少断线的现象。

2. 缝边渗漏

原因：针线缝合的雨衣类服饰因缝边工艺处理不当，导致雨水从针孔或缝边渗漏。

缝边渗漏的工艺处理方法如下：

①选用三层高度防水双向弹性的透湿材料，膝部、裤筒、臀部等经常受拉伸的部位用双向弹性尼龙进行无缝焊接，增强耐磨及防水防透性能，同时防止因受力撕拉而导致雨水渗漏的现象。

②选用经过防水处理的缝纫线、拉链基布或尼龙绳索等辅料，提高防水性能。

③缝制后，运用无线缝合技术将胶带（带状黏性薄膜）黏封缝道，防止针孔漏水。

④使用防水压胶拉链，拉链头设有尾端覆盖保护，提高成衣的防水性能。

思考题

1. 常见的特殊面料有哪些类型？

2. 特殊面料在缝制生产前需做哪些准备工作？

3. 请说出轻薄面料的工艺特征与生产工艺要点。

4. 试述轻薄面料生产过程中常见的问题与解决方法。

5. 试述缝道缩皱的原因及解决方法。

6. 请说出绒毛面料的工艺特征与生产工艺要点。

7. 试述绒毛面料生产过程中常见的问题与解决方法。

8. 请说出弹性面料的工艺特征与生产工艺要点。

9. 试述弹性面料生产过程中常见的问题与解决方法。

10. 请说出皮革面料的工艺特征与生产工艺要点。

11. 试述皮革面料生产过程中常见的问题与解决方法。

12. 请说出涂层面料的工艺特征与生产工艺要点。

13. 试述涂层面料生产过程中常见的问题与解决方法。

应用与实践——

成衣缝制工艺与流程

> **课题内容**：裙类服装的缝制
> 上衣类缝制
> 裤类缝制
> 西式上装的缝制
>
> **课题时间**：150课时
>
> **教学目的**：通过本章的实践学习，要求学生能掌握各类常用服装的缝制工艺，达到掌握基本工艺、发挥创新能力的要求，并能结合理论知识，掌握工业化缝纫加工生产流程中工序的分解和流程的设计，强化服装生产的管理知识。
>
> **教学方式**：以课前对产品工艺进行分析，课中实践示范操作，课后加强制作训练的教学方式。强调学生讨论分析、边动手边思考的学习方式。
>
> **教学要求**：1. 使学生掌握裙类服装的缝制工艺与流程。
> 2. 使学生掌握上衣类服装的缝制工艺与流程。
> 3. 使学生掌握裤类服装的缝制工艺与流程。
> 4. 使学生掌握西式类服装的缝制工艺与流程。

第十一章　成衣缝制工艺与流程

这一章节主要介绍工业化生产中常加工的服装产品的缝制工艺与流程，分裙类、上衣类、下装类、西式服装。通过本章的实践学习，要求学生能结合理论知识，掌握缝纫加工生产流程中工序的分解和流程的设计，强化服装生产的管理知识。

在本章中，缝制流程的设计在缝制工序上尽可能做到细分，而西装因版面的限制，在流程图中用粗分工序表示，但制作工艺中相关的工序仍再进行了细分。有的流程图设有检验点，有的则没有，在学习过程中可自行确定。牛仔裤的工艺图使用了工艺卡的表达形式，达到了工艺规范化的要求。在学习中要结合文字说明和工艺图示的表达进行实践操作，才能达到学习的目的。

第一节　裙类服装的缝制

常见的裙装类型有窄身裙、A型裙、大斜裙；也可划分为半身裙和连衣裙等。这里主要介绍A型休闲裙和旗袍的缝制工艺。

一、A型休闲裙

A字裙款式可按各人喜好来设计，但整体造型较宽松，可使用各种面料缝制，穿着方便和舒适。A型裙款式虽然简练，但其制作工艺基本上包括了一般裙子的制作要点。下面以A型休闲裙为例说明其缝制工艺。

（一）款式及说明

1. **款式**

A型休闲裙的款式如图11-1所示。

2. **款式特点**

该款裙为装腰头，腰头压明边线；前两侧缝装弯形插袋，袋口压0.6cm宽线迹；后腰收两个省；后中缝上端开口处装拉链，拉链处压1cm宽线迹；下摆双折边，压1.2cm宽线迹。

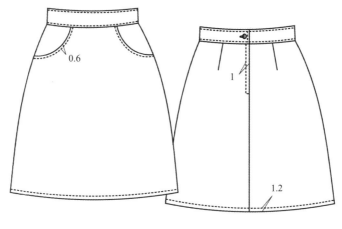

图11-1　A型休闲裙

（二）裁片与辅料

1. 裁片

该款休闲裙的裁片有前片、后片、腰头、袋垫布、袋口贴边等。如图11-2（a）所示，当面料门幅使用114cm时，根据排料情况（双幅排料），计算出用料长度约为：裙长+20cm。

2. 辅料

辅料包括袋布、腰头衬、聚酯拉链和纽扣等，如图11-2（b）所示。

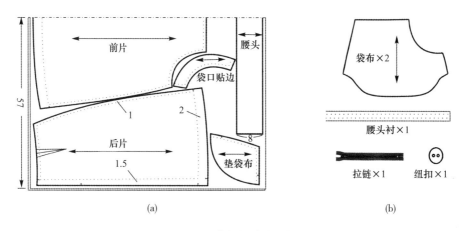

（a）　　　　　　　　　　　　　　　（b）

图11-2　A型休闲裙裁片排料图及辅料

（三）缝制工序流程

该款式在划分缝制工序时设置了几个前置准备工序，方便缝制流水线的操作，如裙片包缝、烫腰头等工序（图11-3、图11-4）。因此在设计缝制工序流程图时这几个工序将被省略。A型休闲裙缝制工序流程如图11-5所示。

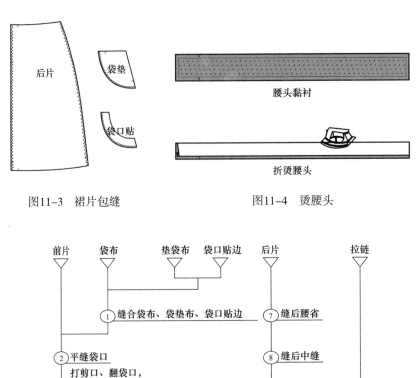

图11-3　裙片包缝　　　　　　　　　图11-4　烫腰头

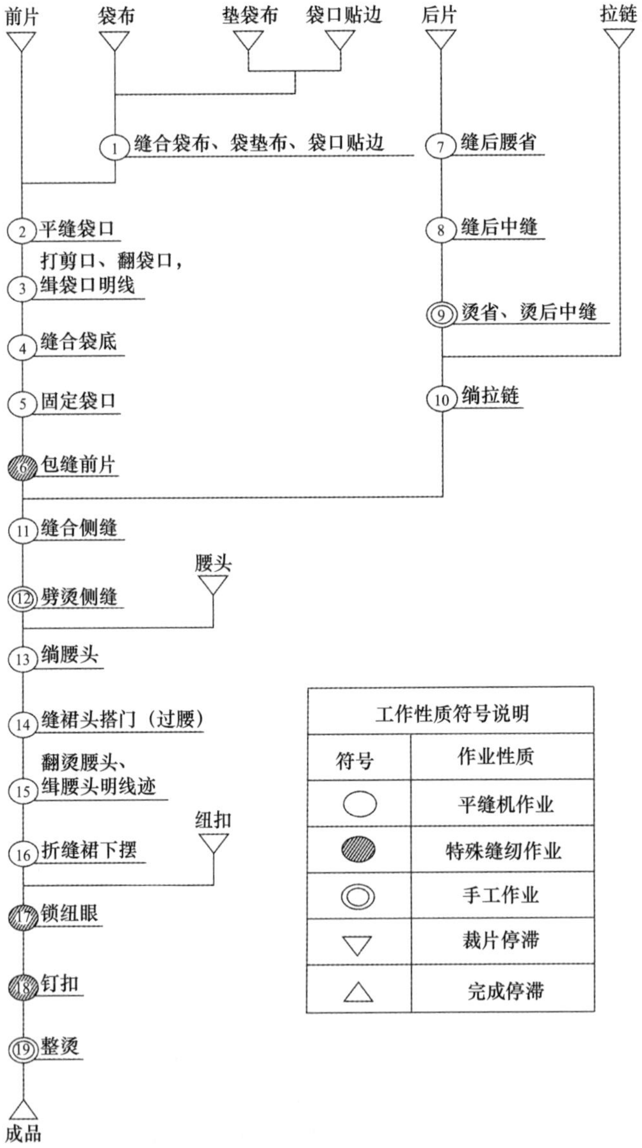

工作性质符号说明	
符号	作业性质
◯	平缝机作业
⬤	特殊缝纫作业
◎	手工作业
▽	裁片停滞
△	完成停滞

图11-5　A型休闲裙缝制工序流程图

（四）缝制工艺与要求

以下按缝制工序流程，说明A型休闲裙各工序的缝制工艺与要求。

1．缝合袋布、垫袋布、袋口贴边

（1）如图11-6（a）所示，将垫袋布、袋口贴边反面置于袋布正面，相应位置对准确；沿垫袋布和袋口贴边弧线缉0.3cm宽线迹缝合。

（2）要求线迹圆顺，垫袋布和袋口贴边不走位。

2．平缝袋口

（1）如图11-6（b）所示，将袋口贴边与前片袋口位正面相对，沿袋口弯线位平缝1cm缝份。

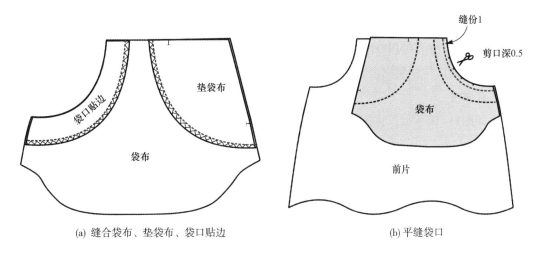

(a) 缝合袋布、垫袋布、袋口贴边　　　　　　(b) 平缝袋口

图11-6　袋布和袋口处理

（2）要求缝迹圆顺，缝份使用标准。

3．打剪口、翻袋口、缉袋口明线

（1）在袋口缝份处剪若干个剪口，以便保持袋口平服，剪口深约0.5cm；如图11-7所示，将袋口翻出正面，袋口按正面边缘比里面吐出0.1cm整理，距袋口边缘0.6cm处缉明线。

（2）注意剪口量适宜，要求袋口边翻折圆顺，袋口平服不变形，袋口左右规格一致。

4．缝合袋底

（1）如图11-8所示，先将袋布沿中线反面相对对折，对齐袋底，按0.5cm缝份缝第一道线迹，然后翻出袋布，整理袋底缝份，再按0.7cm线迹完成第二道线迹，使用"来去缝"缝合袋底。

（2）注意袋底缝边对齐，袋底缝合要平服、圆顺、左右一致。

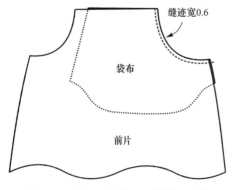

图11-7 剪口及翻袋口、缉袋口明线

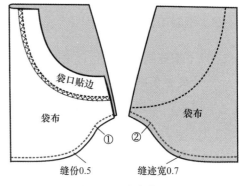

图11-8 缝合袋底

5．固定袋口

（1）如图11-9所示，将袋口的上端与侧端对准垫袋布相应的袋口对位记号，腰线、侧缝要对齐平顺，使用距袋口0.5cm宽的线迹固定袋口与垫袋布。

（2）注意袋口与垫袋布需保持平服，袋口松紧适宜，腰线边与侧缝边平顺对齐。

6．包缝前片

（1）如图11-10所示，将前片侧缝用三线包缝线迹包缝，包缝左右侧缝时，前片正面均向上。

（2）注意包缝时线迹要饱满不虚出，切边控制在0.1cm内，侧缝包缝后要求缝边圆顺。

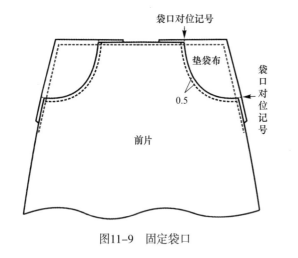

图11-9 固定袋口

图11-10 包缝前片

7．缝后腰省

（1）如图11-11所示，按省剪口及省尖记号将后片正面相对对折，从省底缝向省尖处。

（2）缉省位置、尺寸要准确，线迹均匀顺直，省尖要尖，缝合后不起"酒窝"。

8. 缝后中缝

（1）将两后片正面相对对齐，留出拉链长的开口位，如图11-11所示，按1.5cm缝份从上向下摆处缉合。

（2）要求缝份均匀，线迹平顺，缉合后左右后片长短一致。

9. 烫省、烫后中缝

（1）将省缝向后中线方向烫倒，并在省尖处横向来回熨烫，把省下端部位烫圆，使之略有胖势。

（2）把后中缝份劈开熨烫，并将后中开口位左边1.5cm缝份量扣烫，而右边只扣烫1.3cm缝份量，留出0.2cm作为拉链开口的叠搭量，以防拉链外露，如图11-12所示。

10. 绱拉链（注意使用单边压脚）

（1）如图11-12所示，把拉链上端对齐后中腰线处，拉链齿与右中缝并齐，缝0.1cm边线。然后将左后片后中线叠过右后片0.2cm，从开口止点处向腰线处以距边缘1cm宽车缝。

（2）要求开口处拉链齿不外露，封口平服，线迹均匀，左右腰线平顺。

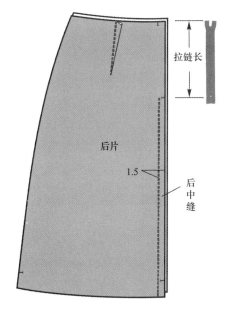

图11-11　缝后腰省、后中缝

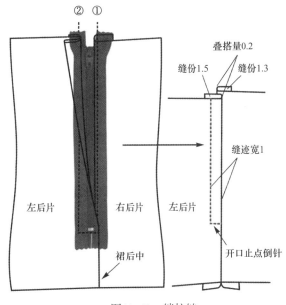

图11-12　绱拉链

11. 缝合侧缝

（1）如图11-13所示，将前后裙片正面相对，按即定缝份平缝侧缝。

（2）注意对齐前后片，要求缝份均匀、平顺。

12. 劈烫侧缝

（1）将左右侧缝的缝份劈开熨烫，如图11-14所示。

（2）要求侧缝熨烫平贴，可使用臂式烫台辅助熨烫，效果更佳。

图11-13 缝合侧缝

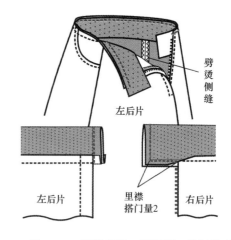

图11-14 劈烫侧缝、绱裙腰、缝裙头咀

13. 绱裙腰

（1）绱裙腰前，要作好门襟、里襟的对位标记。然后把腰头面和裙片腰口反面相对，在门襟处腰头留出1cm，在里襟处腰头留出3cm。先从门襟开始，对齐对位标记，按1cm缝份绱腰头。

（2）缉缝时，裙片腰口要略松些，并注意不要使省缝、侧缝缝份等牵拉变形；要求缝份均匀、线迹圆顺，腰头和腰口缝合后长短适宜。

14. 缝裙头搭门（过腰）

（1）腰头里襟搭门一侧对折后缝合为筒形，搭门量为2cm，另一侧对折后直接缝完缝份即可。

（2）注意搭门缝合要方正，线迹与绱裙腰线迹对接要准确。

15. 翻烫腰头、缉腰头明线迹

（1）将腰头两端翻到正面，熨烫裙头；将腰头正面向上，沿腰头边缘缉缝明线，见图11-15，缉线时，下层略带紧，以防腰头面起链形。

（2）要求腰头搭门角位要翻足、方正，缉线要顺直，裙头宽窄一致、平整美观。

16. 折缝裙下摆

（1）在裙片下摆处先折进0.8cm缝份，再按下摆净样线将余下的1.2cm缝份量扣净，然后沿折边缉0.1cm明边线，如图11-16所示。注意应在侧缝处起针。

（2）要求缝份、折边宽度均匀，线迹圆顺，缝边不起链形。

17. 锁纽眼

在离左裙腰头搭门边进1cm处居中锁纽眼，纽眼大小需与纽扣尺寸相符。

18. 钉扣

在右裙腰头搭门处钉纽扣，纽扣位于拉链齿对上居中的位置。

19. 整烫

把裙子成品摆平，盖上水布，喷蒸汽将各部位烫平即可。

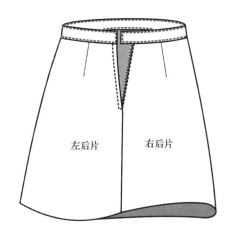

图11-15 翻烫裙头、缉腰头明线

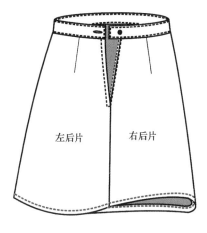

图11-16 折缝下摆

二、旗袍

旗袍是中国女性传统服装的代表，是贴体类型服装，注重精细制作工艺，将镶、嵌、滚、盘等传统工艺融于一身。通过学习旗袍的缝制，可以加深对传统服装缝制工艺的了解。

（一）款式及特点说明

1. 款式

如图11-17所示为偏襟长袖旗袍。

2. 款式特点

该款旗袍为立领、一片袖、圆偏襟、开摆衩，前身收腋下省和胸腰省，后身收腰省，右侧缝装隐形拉链，装全里子。

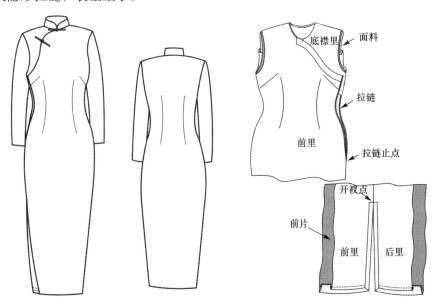

图11-17 旗袍款式及部位细节

（二）裁片与辅料

1. 面料和里料裁片

该款旗袍的面料裁片包括前衣片、后衣片、袖片、底襟、偏襟贴边、领子等，如图11-18所示。当面料门幅使用114cm时，根据排料情况（单幅排料），计算出用料长度约为：裙长+袖长+15cm。里料裁片包括前里、后里、袖里、底襟里等，如图11-19所示。

2. 辅料

辅料包括树脂领衬、丝绸领衬、偏襟贴边衬、牵条衬、拉链、盘扣、钩眼扣、揿纽等。

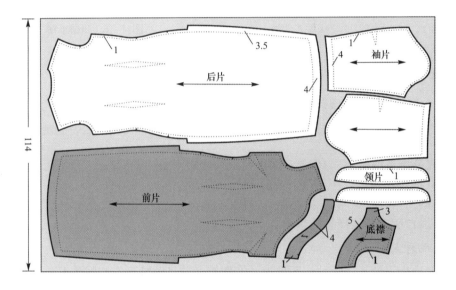

图11-18　旗袍面料裁片及其排料图

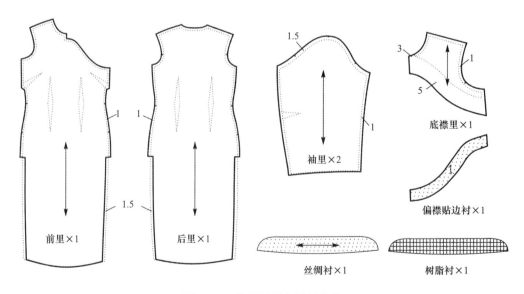

图11-19　旗袍里料和衬料裁片

（三）缝制工序流程

旗袍的缝制流程如图11-20所示。

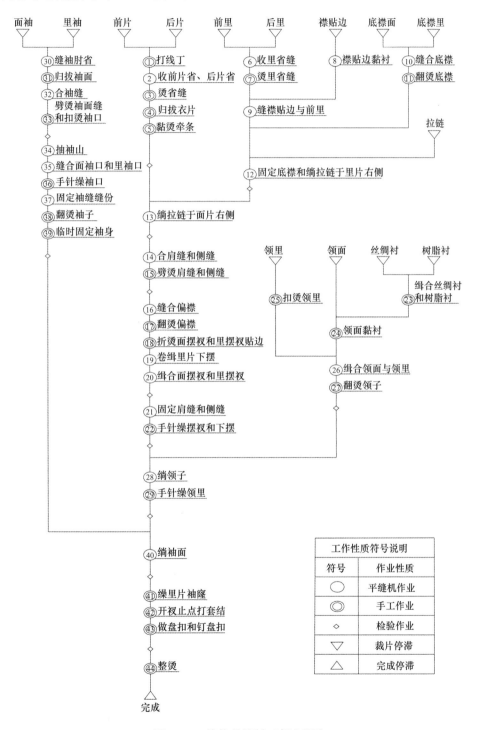

图11-20 旗袍的缝制工序流程图

（四）缝制工艺与要求

在缝制之前，必须检查面料、里料及零部件的裁配是否齐全准确。

以下按缝制工序流程，说明旗袍各工序的缝制工艺与要求。

1. 打线丁

按照样板将前片、后片、袖片、领片和底襟的面料裁片沿净样线打线丁。操作时对称部位对折打线丁效果更佳，如图11-21所示。

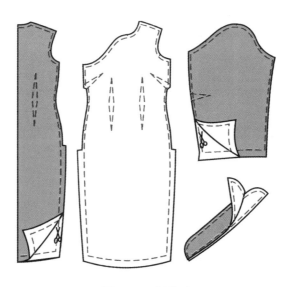

图11-21　打线丁

2. 收前片省、后片省

收前后片腰省时，在腰省中线衣片正面相对折叠，沿线丁标记从上到下缉线，在省尖处线尾打结处理。收腋下省时，由省底缉缝至省尖。省尖要缉尖、缉均，如图11-22所示。

图11-22　收前片及后片省

3. 烫省缝

将裁片放在烫板上，从反面熨烫省缝。腰省倒向前中线、腋下省倒向上方。

4. 归拔衣片

将前衣片按照前中线正面相对折叠，熨斗在前中线反面腰节上下拔伸熨烫，将腰省拔伸烫平服，再在侧缝腰节上下拔伸熨烫，将腰节拔出。臀围至开衩止点一段略归，胸部应垫在馒头上熨烫，以烫出胸部胖势。后衣片归拔方法可参照前衣片的操作，如图11-23所示。

5. 黏烫牵条

需黏烫牵条的部位包括前衣片圆偏襟弧线和侧缝处，具体位置如图11-24所示。牵条距净缝线0.2cm左右，侧缝弧线凸处牵条要略松、凹处要略紧，并应根据需要打剪口。牵条在圆偏襟偏下1/2处要将襟边容缩约1cm，以使衣襟处贴身合体。

6. 收里省缝

后衣片里子收省缝与后衣片收省缝工艺相同。

7. 烫里省缝

里子省缝烫倒的方向与后衣片的相反，目的是避免省缝重叠在一起造成过厚现象。

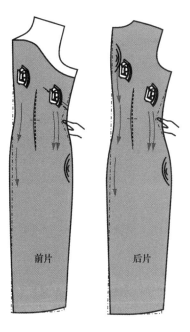

图11-23 归拔衣片

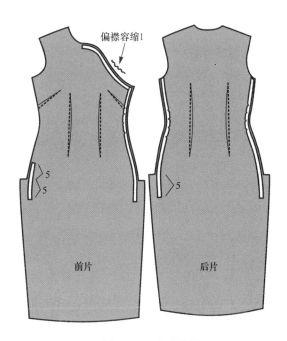

图11-24 牵条位置

8. 襟贴边黏衬

在襟贴边反面黏上机织黏合衬，注意黏合强度。

9. 缝襟贴边与前里

如图11-25所示，将襟贴边与前里正面相对缝合，注意转角处要打剪口，使用缝份准确。

10. 缝合底襟

如图11-26所示，将底襟面与底襟里正面相对，绱合前中和底边处。注意线迹应圆顺。

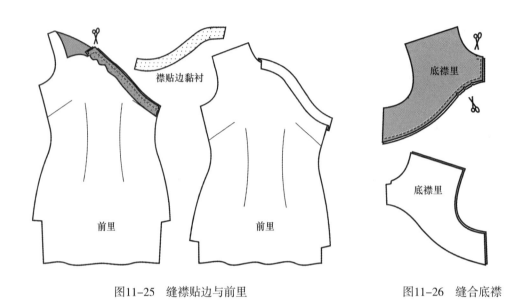

图11-25　缝襟贴边与前里　　　　　　　　　　　　图11-26　缝合底襟

11. 翻烫底襟

将底襟打剪口后翻出正面，整理圆顺后熨烫平服。

12. 固定底襟和绱拉链于里右侧

先将底襟侧缝置于后衣片里子右侧缝的正面，对齐侧缝和袖窿底点，用线固定，如图11-27所示。然后将拉链绱于里子右侧缝处，如图11-28所示。注意拉链的位置、方向，绱拉链时需设对位记号车缝。

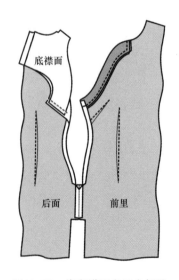
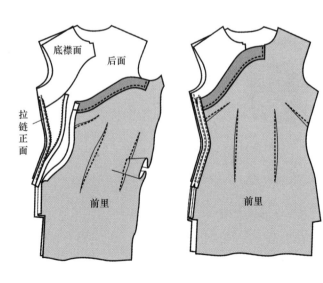

图11-27　将底襟固定于右侧缝　　　　　　　　　图11-28　绱拉链于里子侧缝

13. 绱拉链于衣片右侧

使用隐形拉链压脚或单边压脚，将拉链分别绱于前片右侧缝和后片右侧缝，如图 11-29所示。注意拉链的位置、方向，缝拉链时需设对位记号车缝。保持侧缝平服、拉链不外露。

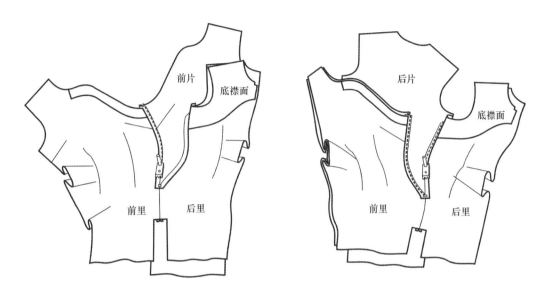

图11-29 绱拉链于衣片侧缝

14. 合肩缝和侧缝

将衣片和里子的前后片肩缝分别正面相对，以前片在上、后片在下的方式缝合，吃势分布在靠近领圈的后肩缝的1/3长度范围内。然后，将侧缝缝合。拉链下端的侧缝缝迹要与缝拉链缝迹交错约0.5cm，使用单边压脚操作，如图11-30所示。

15. 劈烫肩缝和侧缝

在腰部缝份处剪若干个剪口，使缝份劈烫后平服。先烫反面缝份，后烫正面缝口。面衣片和里衣片的缝份均需劈烫。

16. 合缝偏襟

将襟贴边与偏襟正面相对缝合，操作时应往前推送不拉伸，以防襟边变形，如图11-31所示。

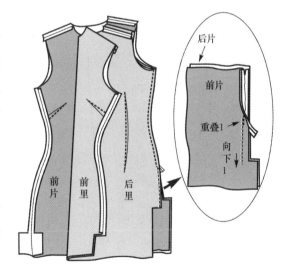

图11-30 缝肩缝、侧缝并劈烫

17. 翻烫偏襟

将襟边翻出正面之前必须在弧线处剪若干个剪口，翻出后整理圆顺，烫平服，如图 11-32所示。

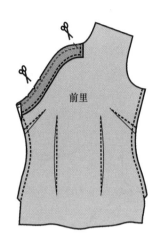

图11-31　缝合偏襟

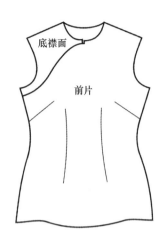

图11-32　翻烫偏襟

18. **折烫衣片摆衩和里子摆衩贴边**

首先将衣片面摆衩和下摆贴边按线丁记号折向反面熨烫平服，在下摆转角处贴边折成切角，如图11-33所示。然后在里子摆衩转角处剪剪口，缝份扣烫平服，便于合摆衩之用，如图11-34所示。

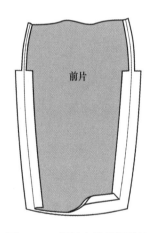

图11-33　折烫衣片摆衩贴边

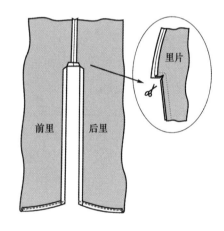

图11-34　扣烫里子摆衩

19. **卷缉里子下摆**

将里子下摆双折边1cm后用线迹缉牢，注意缝边要平服、均匀、不扭曲。

20. **缉合衣片摆衩和里子摆衩**

使用车缝的方法将衣片摆衩和里子摆衩缝份正面相对合缉在一起，如图11-35所示。缉缝时注意对位准确，不出现左右缝边不一致的现象。封衩摆顶端时要对齐衣片和里子的侧缝，如图11-36所示。

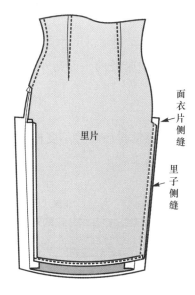

图11-35　缉合衣片摆衩和里子摆衩

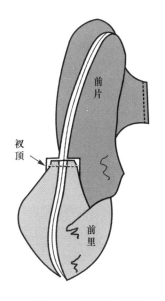

图11-36　封摆衩顶端

21. 固定肩缝和侧缝

将前、后衣片反面对准里子前、后片的反面，将肩缝、侧缝粗缝固定，如图11-37所示。注意缝份是劈缝相对。要求缝份合对平整，位置准确。

22. 手针缲摆衩和下摆

将摆缝、下摆再熨烫一次，保持平整，然后翻开里料，先用三角针将衣片摆衩贴边缲牢，再用缲针将下摆贴边缲合。注意正面不露线迹，针迹控制均匀，贴边平服，如图11-38所示。

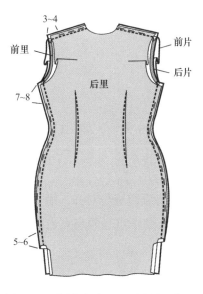

图11-37　固定衣片、里子肩缝和侧缝

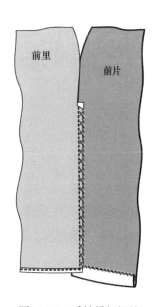

图11-38　手针缲摆衩缝
和下摆

23. 缉合树脂衬和丝绸衬

领部的树脂领衬大小是从领子净线周边向内缩0.1cm，丝绸领衬尺寸大小是从领子净线周边向外放0.1cm，将两者相叠后沿边缉合，注意丝绸衬带胶的一面朝外，如图11-39所示。

24. 领面黏衬

将丝绸领衬黏于领面的反面，如图11-40所示。注意粘衬后领片不变样，且粘衬应牢固。

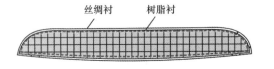

图11-39　缉合树脂衬和丝绸衬

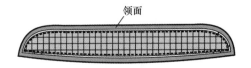

图11-40　领面黏衬

25. 扣烫领里

在缉合领子前先将领里下口缝份扣烫，便于下道工序的操作，如图11-41所示。

26. 缉合领面和领里

将领面、领里正面相对，领子上口沿边对齐，沿树脂领衬边缘缉合领子，如图11-41所示。操作时领里的圆角处应稍带紧些，并注意缉合时缝迹圆顺，左右对称。

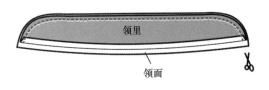

图11-41　缉合领面与领里

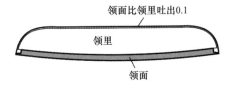

图11-42　翻烫领子

27. 翻烫领子

将领子缝份修剪至0.5cm，翻出正面，整理平顺，用熨斗烫平，如图11-42所示。要求领边平服，领面边比领里边吐出0.1～0.2cm。

28. 绱领子

将面领的正面置于衣片正面，将面领下口与两层衣身领窝缝份对齐，沿领子净样线绱领，如图11-43所示。绱领时，除了领子两端要对准外，领中点、领肩点也必须对准，以免出现偏领的严重疵点。

29. 手针缲领里

领里将领窝缝份覆盖，用熨斗烫平，然后将领里下口与衣身领线缲针固定，如图11-44所示。要求针迹细密，缲针后领子端正、平服。

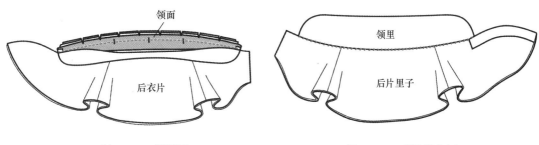

图11-43 缲领子   图11-44 手针缲底领

30. 收袖肘省

收袖肘省与收腋下省工艺相同。

31. 归拔袖片

拔开袖片的前侧缝内弧线，再将后袖缝进行归烫，使袖片达到立体造型，如图11-45所示。

32. 合袖缝

将袖片正面相对，对齐袖缝，车缝时后袖缝在下，缝至肘部稍作容缩，使袖子的弯势适合胳膊的造型，如图11-46所示。

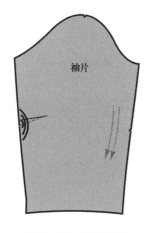

图11-45 归拔袖片   图11-46 合袖缝

33. 劈烫袖缝和扣烫袖口

将袖缝缝份劈开熨烫，并按袖口线丁扣烫袖口贴边，如图11-47所示。

34. 抽袖山

旗袍袖的袖山一般有1~2cm的吃容量以使袖山美观合体。抽袖山工艺可使用手工抽或机械抽，使袖山达到立体造型。袖里子做法同袖片做法，如图11-48所示。

35. 缝合衣袖袖口和里子袖口

如图11-49（a）所示，将衣袖袖口和里子袖口正面相对，并对齐袖缝，沿袖口缉缝一圈。

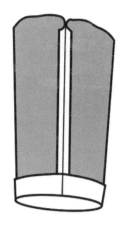

图11-47　烫袖缝及袖口

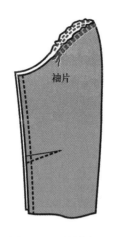

图11-48　抽袖山

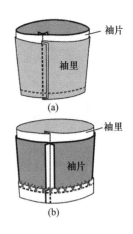

图11-49　缝袖口、缲袖口

36．手针缲袖口

整理好衣袖袖口贴边，用三角针固定里子和袖片袖口，如图11-49（b）所示。

37．固定袖缝缝份

把袖片、袖里的袖缝缝份对好缝合，如图11-50所示，上下留空，并注意，在袖子缝上端，袖里缝份要比衣袖缝份多1.5cm，以适应人体的活动。

38．翻烫袖子

将袖子翻出正面，熨烫袖口、袖缝和袖山抽容处，并修理袖里袖山，如图11-51所示。

39．临时固定袖身

用绗缝临时固定袖片、袖里的相对位置以利于装袖之用，如图11-52所示。

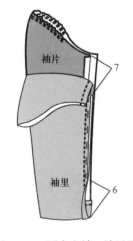

图11-50　固定衣袖、袖里子缝份

图11-51　翻烫袖子

图11-52　临时固定袖身

40. 绱衣袖

袖片和衣身袖窿正面相套，袖山对位点和袖窿对位点对齐后车缝一圈，如图11-53所示。要注意袖山前后的缩缝量要均匀，缝迹要圆顺。还可以在袖山处加一条斜料条，使袖山美观。

41. 缲里子袖窿

把衣身袖窿处的里片先固定在衣片上，再将衣袖里子的袖山与衣身里子袖窿对合好位置后用针临时固定，最后用缲针固定里片袖窿处，如图11-54所示。

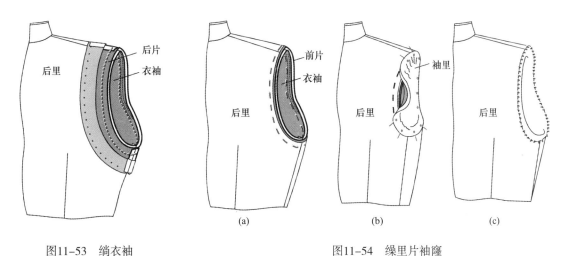

图11-53 绱衣袖　　　　　　　　　　　图11-54 缲里片袖窿

42. 开衩止点打套结

为了加固旗袍开衩止点，可用套结缝于此处。如图11-55所示的方法，套结一般控制在宽0.5cm左右，使用配色线操作。

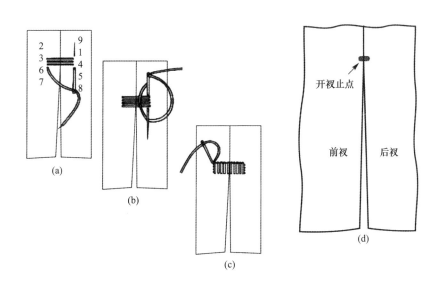

图11-55 开衩止点打套结

43. 做盘扣、钉盘扣

（1）做盘扣：用料为1.5cm×30cm的斜丝布条，如图11-56（a）所示的方法裁剪和接缝，用车缝或手针制作出圆细布绳，如图11-56（b）、（c）所示。再按图11-57所示的方法编结出盘扣结。

（2）钉盘扣：按图11-58所示定出纽头和纽袢的长度。为了防止拉扯衣料，钉扣前先用回针疏缝3～4针固定扣位，然后将纽尾毛边折回，用手针固定。钉盘扣时用与盘扣同色的线，两纽之间的大襟部分不能张开和不平服。

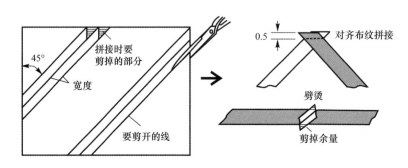

(a) 裁剪、拼接斜布条

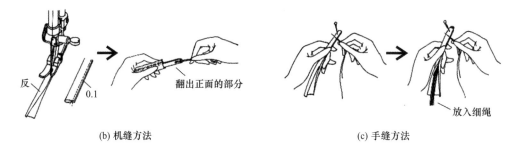

(b) 机缝方法　　　　　　　　　　(c) 手缝方法

图11-56　制作圆细布绳

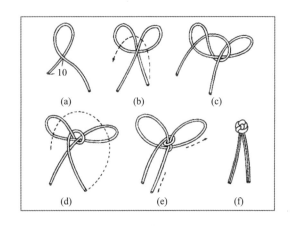

图11-57　做盘扣

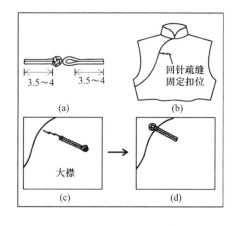

图11-58　钉盘扣

第二节　上衣类缝制

上衣类服装产品有很多，这里主要介绍男装衬衫和针织T恤衫的缝制工艺。

一、男装衬衫

衬衫由于具有优良的穿着舒适性和典雅的外观而成为人们普遍喜爱的服装之一。在类别上分有休闲衬衫、工作衬衫和礼服衬衫等。

下面主要以传统男装衬衫为例，按缝制流程说明衬衫的缝制工艺和质量要求。

（一）款式及特点说明

1. 款式

如图11-59所示为收腰男装衬衫。

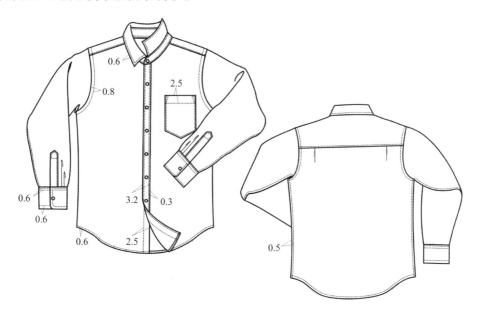

图11-59　收腰男装衬衫

2. 款式特点

腰围处略微收腰，背肩部有过肩，左胸有三尖贴袋，其他特点为贴门襟、六粒扣，圆下摆，包缝装袖，大小袖衩条，圆角袖克夫，采用包缝方式合侧缝，背后有两个褶裥。

（二）裁片与辅料

1. 裁片

该款收腰男装衬衫的裁片有前衣片、后衣片、袖片、过肩、门襟贴边、翻领和领座、贴袋、袖克夫、大小袖衩条等，如图11-60所示。当面料门幅使用114cm时，根据排料情况（单幅排料），计算出用料长度为：衣长+袖长×2+20cm。

2. **辅料**

辅料包括翻领衬、领座衬、袖克夫衬、门襟贴衬、主唛、领角插片和纽扣等如图11-61所示。

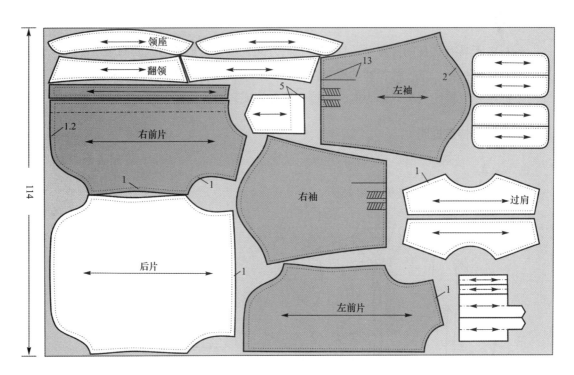

图11-60　收腰男装衬衫裁片及其排料图

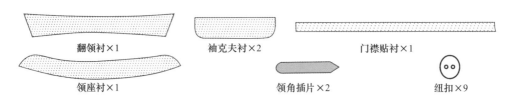

图11-61　收腰男装衬衫的辅料

（三）缝制工序流程

衬衫的缝制流程按部件（如门襟、贴袋、袖衩条、袖克夫和领子等）开始，至组装部位（如合肩、绱袖、合侧缝、合袖底缝、绱领、绱袖克夫、卷底边等）结束。衬衫缝制工序流程图如图11-62所示。

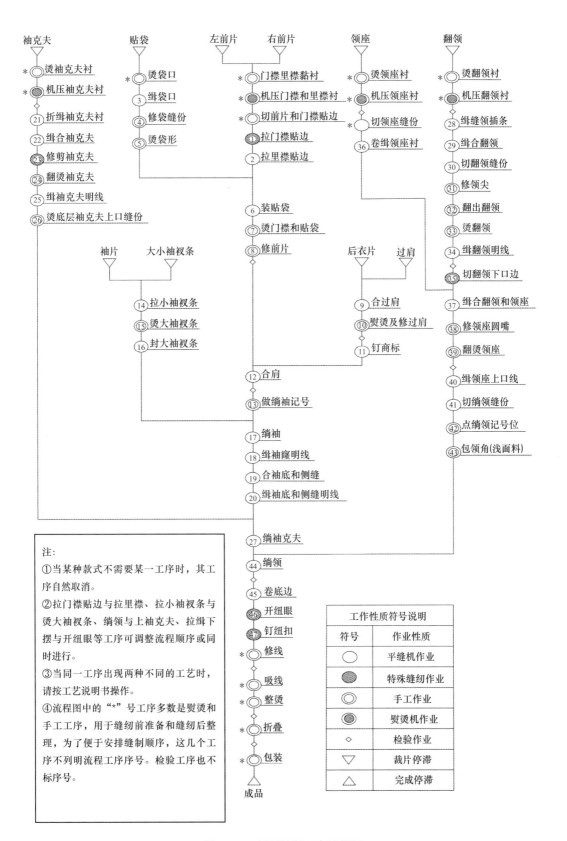

图11-62 衬衫缝制工序流程图

（四）缝制工艺与要求

缉合部位缝型规定如图11-63所示。

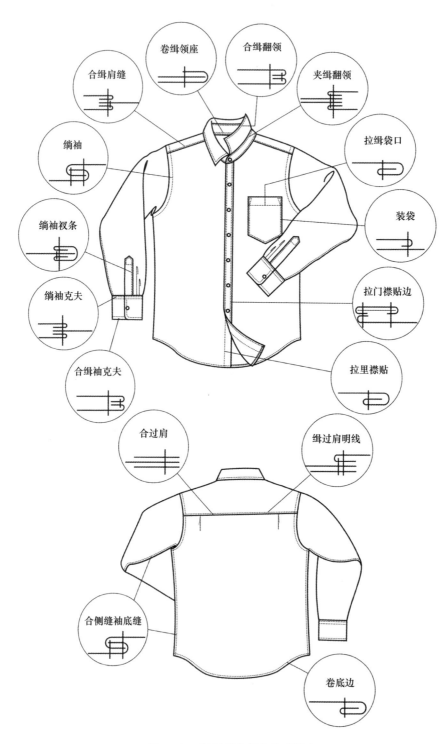

图11-63 衬衫缉合部位缝型规定

以下按缝制工序流程，说明衬衫各工序的缝制工艺与要求。

1. 拉门襟贴边

（1）门襟贴边黏衬或使用树脂衬缝于左前片上。线迹宽度如图11-64所示。

（2）在企业中通常会使用双针双链缝机并配拉筒器及滚轮拉送装置，操作时将门襟贴边及衬条放入拉筒器内，前衣片放在车台面辅平，车缝双明线。

（3）注意贴边宽度均匀、平服，线迹顺直，襟边不反吐。

2. 拉里襟贴边

（1）将里襟边按规定宽度双折后缝合。线迹宽度如图11-65所示。

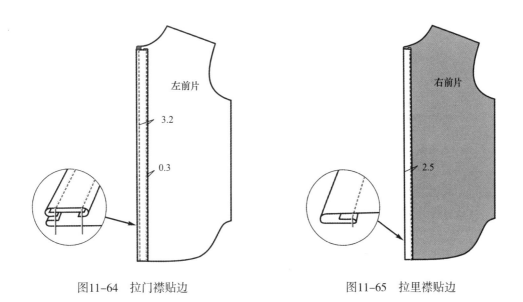

图11-64　拉门襟贴边　　　　　　　　图11-65　拉里襟贴边

（2）在企业中会使用单针平缝机配滚轮拉送装置，将里襟边放入卷边器中，车缝单明线。

（3）折边保持平整，折边宽度、线迹宽窄要一致。

3. 缉袋口

（1）将折烫好的贴袋袋口贴边用边线缉牢，如图11-66所示。

（2）在企业中会使用单针平缝机加装拉边器完成袋口的缝制。

（3）保持折边宽度与缉线的均匀和平服。

4. 修袋缝份

将贴袋的缝份进行修剪，保持宽窄均匀。

5. 烫袋形

（1）将贴袋其他三边按照净样扣烫，如图11-67所示。

（2）在企业常使用半自动或全自动烫袋形机。

（3）注意袋形四正、袋角清晰，缝边熨烫平服。

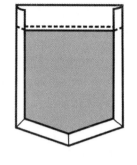

图11-66　缉袋口　　　　　　　　　　　图11-67　烫袋形

6. 装袋

（1）把贴袋置于左前片的正确位置，从左侧起针，封袋口线迹形状为直角三角形，最宽处为0.5cm，下口尖形至缉袋口线处继续下1cm重针。车缝时宜把衣身稍微拉紧些，防止衣身起皱。见图11-68。

（2）企业常使用自动装袋机，含自动对位功能，可设计多种缉线款式。

（3）注意左右袋口封口大小相等，贴袋布保持平服。

7. 烫门襟和贴袋

将门襟和贴袋进行中烫。

8. 修前片

将前片按样板修剪一次，以保证左右前片的一致性。

9. 合过肩

（1）如图11-69所示，底层过肩正面向上置于底层，后片正面向上置于中层，面层

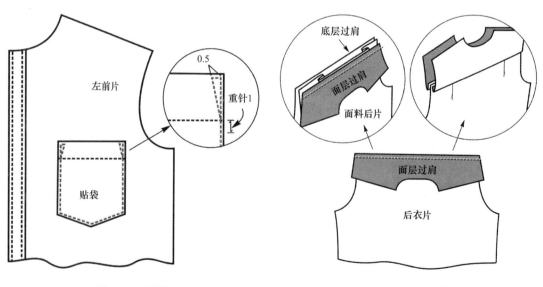

图11-68　装袋　　　　　　　　　　　图11-69　合过肩

过肩反面向上置于上层，三层平齐，一边缝合一边整理两个褶裥。如果过肩需缉明线，如图11-70（a）所示缉缝。

（2）注意对齐后中记号，褶裥倒向袖窿一方。

10. 熨烫和修过肩

将过肩熨烫平整并按样板修剪一次，以保证后衣片左右的对称性。

11. 钉商标

将商标置于底层过肩中间处，在商标上兜缝一周，如图11-70（b）所示。

12. 合肩

（1）先将面层过肩肩缝扣烫，将底层过肩与前肩对齐，领口处取齐后缉合，如图11-71（a）、（b）所示；然后将缝份都倒向过肩，面层过肩盖住过肩缝，缉明边线，如图11-71（c）所示。

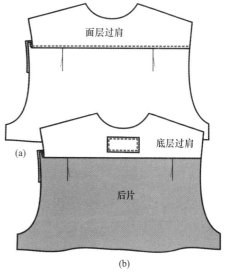

图11-70 钉商标

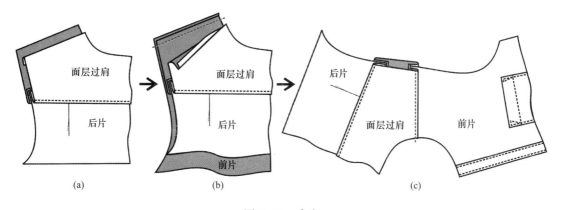

图11-71 合肩

（2）企业常使用合肩器辅助完成，有暗线缝合和明线缝合两种。

（3）注意肩缝不可拉伸，缝完后肩缝平服，领口处和袖窿两端缝边平齐。

13. 做绱袖记号

在袖窿处和袖山处确定绱袖对位记号，以使绱袖端正、位置准确。

14. 拉小袖衩条

（1）先按照袖衩的净长度在袖片的正确位置开剪，并在顶端打三角，如图11-72所示。使用拉边器将小袖衩条装在靠近后袖缝一侧，如图11-73所示。也可以采用烫夹缉缝的方法，如图11-74（a）所示。

（2）将袖开衩的缝份用尽，袖衩条超过三角底边1cm。

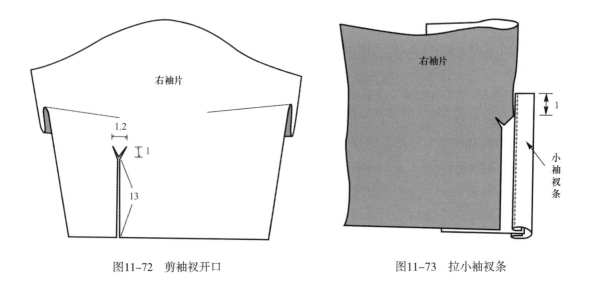

图11-72　剪袖衩开口　　　　　　　　　图11-73　拉小袖衩条

15. **烫袖衩条**

（1）按图11-74（a）所示将袖衩条的所有缝份扣净熨妥，并使衩底边比衩面边吐出约0.1cm，以保证绱合时衩底能绱牢。

（2）注意左右袖衩熨烫对称。

16. **封大袖衩条**

（1）先将小袖衩与三角底封合，如图11-74（b）所示。

（2）将大袖衩置于另一侧缝纷上，整理好位置，如图11-74（c）所示，然后沿大袖衩边用边线连续装袖衩与封袖衩，左右袖衩缝合时的始点和止点会不同，如图11-74（d）所示，缝完之后的正反面外观如图11-74（e）、（f）所示。之后将袖口褶裥用边线固定。

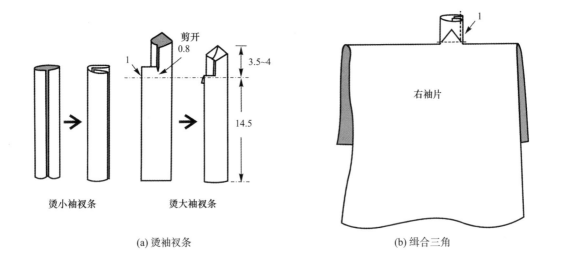

(a) 烫袖衩条　　　　　　　　　　　　　　(b) 绱合三角

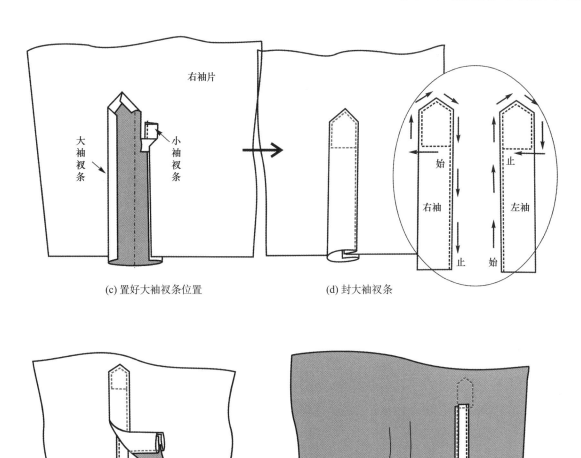

(c) 置好大袖衩条位置　　　　　　(d) 封大袖衩条

(e) 封好后的外观　　　　　　(f) 固定褶裥

图11-74　缝袖衩

17. 绱袖

（1）将袖山与袖窿正面相对，袖山在下，比袖窿移出1cm，包折袖窿并缉线宽约0.9cm，如图11-75所示。

（2）绱袖时要把袖山的缩缝量分布合理，保持折边量均匀，缝迹宽窄一致。

18. 缉袖窿明线

（1）将缝份倒向衣身，在袖窿正面衣身处缉明线宽0.8cm，如图11-76所示。

（2）要求缉线宽度一致，袖窿不起皱形。

19. 合袖底和侧缝

（1）将袖底和侧缝正面相对，前袖在下，比后袖移出0.7cm，包折袖底并缉线宽约0.6cm，如图11-77所示。

（2）注意对准袖窿十字位，并保持折边量均匀，缝迹宽窄一致。

20. 缉袖底和侧缝明线

（1）将缝份倒向前衣片，在后衣片正面缝口处缉明线宽0.5cm，如图11-78所示。

（2）要求缉线宽度一致，袖底缝和侧缝不起皱形。

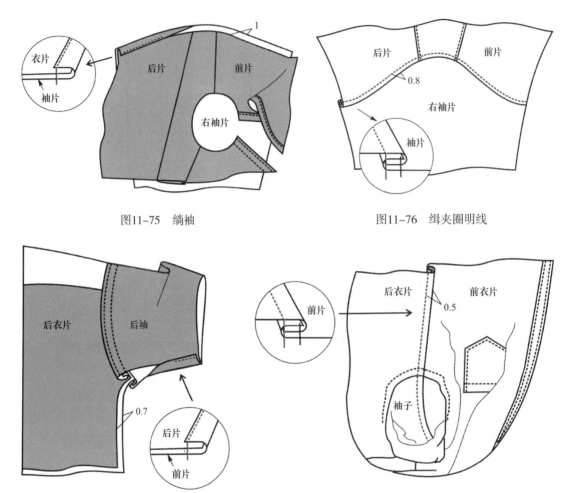

图11-75　绱袖

图11-76　缉夹圈明线

图11-77　合袖底和侧缝

图11-78　缉袖底和侧缝明线

21. 折缉袖克夫衬

（1）将黏好衬的面层袖克夫上口缝份折净，正面朝上缉0.75cm明线，如图11-79、图11-80所示。

（2）折边要均匀、平整，缉线宽窄一致。

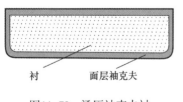

衬　　面层袖克夫

图11-79　烫压袖克夫衬

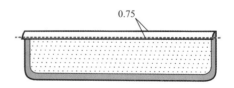

0.75

图11-80　折缉袖克夫衬

22. **缉合袖克夫**

（1）将面层袖克夫和底层袖克夫正面相对，底层袖克夫上口向上翻折，包住面层袖克夫，然后沿袖克夫净样缉合外沿，如图11-81所示。

（2）要使用袖克夫净样模板来缝合，以保证袖克夫的造型和规格。

23. **修剪袖克夫**

将袖克夫缝份修剪至0.4cm，如图11-82所示。

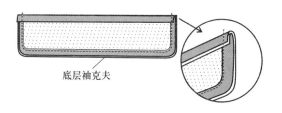

图11-81　缉合袖克夫

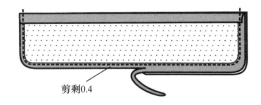

图11-82　修剪袖克夫

24. **翻烫袖克夫**

（1）将袖克夫翻出正面，熨烫平整，如图11-83所示。企业常使用翻烫袖克夫机操作。

（2）注意要将缝边翻足，里外容正确，两边对称。

25. **缉袖克夫明线**

（1）在离袖克夫上口1cm处开始，沿袖克夫边缉缝0.6cm宽的明线，如图11-84所示。

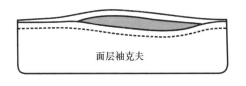

图11-83　翻烫袖克夫

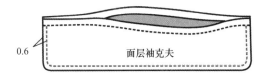

图11-84　缉袖克夫明线

（2）线迹要均匀、圆顺，两端缝回针加固。

26. **烫底层袖克夫上口缝份**

将底层袖克夫上口缝份折净，烫好后要比面层袖克夫吐出0.1cm，便于绱袖克夫操作。

27. **绱袖克夫**

（1）用夹缉法绱袖克夫。先在袖衩两端做好水平记号，再将袖口缝份塞进袖克夫，两端要塞足、塞平，沿袖克夫上口缉缝一道明边线，如图11-85所示。

（2）完成后的袖克夫两端要水平、袖衩要平服，缝边要平顺。

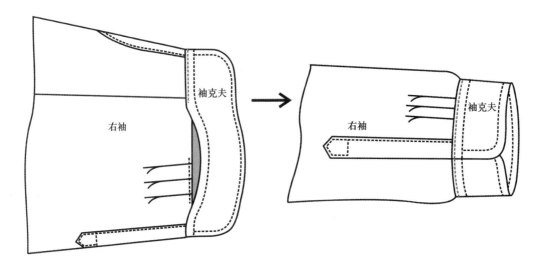

图11-85　绱袖克夫

28. 缉缝领角插片

将领插片缝于底层翻领领角的对角线上，插片端点距离领尖净线0.2cm，如图11-86所示。

29. 缉合翻领

（1）将黏好衬的面层翻领和底翻领（图11-87）正面相对，沿领净线缉合，缝合时必须将底层领拉紧，面层领略松，使其产生里外容，领角部位有里外容窝势，如图11-88所示。如果是条格面料，左右领角的条格要对称。

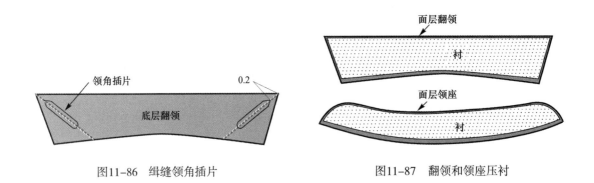

图11-86　缉缝领角插片　　　　　图11-87　翻领和领座压衬

（2）按净样缉合，领转角保持缉线清晰。

30. 切翻领缝份

将翻领缝份切剩0.4cm。企业常用切边机操作。

31. 修领尖

将领尖形状进行修整，领尖处缝份修至0.2cm。

32. **翻出翻领**

将翻领翻出正面，可借助锥子将领尖翻足、翻尖，形状左右对称。

33. **烫翻领**

将底层翻领向上，从两头向内烫平、烫贴，底领不倒吐，如图11-89所示。企业常用翻烫领机操作。

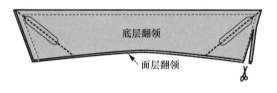

图11-88　缉合翻领

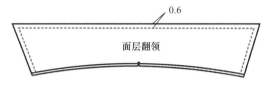

图11-89　烫翻领、缉翻领明线

34. **缉翻领明线**

（1）根据款式，翻领边缉0.6cm宽明线，如图11-89所示。

（2）注意要使面层翻领朝上缉明线，要将面层翻领略向前送，防止领面起皱，并注意缝边不可反吐，线迹均称。

35. **切翻领下口边**

将翻领下口缝份保留0.8cm，修切整齐，并在领下口中间打剪口作为缍领对位标记。

36. **卷缉领座衬**

（1）先将面层领座下口1cm的缝份沿领衬包转包紧并扣烫，然后使之正面向上，缉0.7cm明线，领上口做好中点及合翻领标记，如图11-90所示。

（2）注意卷缉边均匀，线迹宽窄一致，卷边后保持领下口弧线不变形。

37. **合缉翻领和领座**

（1）将底层领座与面层领座正面相对，在中间夹入翻领，面层翻领与面层领座同处一边。放净样于领座上并沿领座边缘缉线，如图11-91所示。

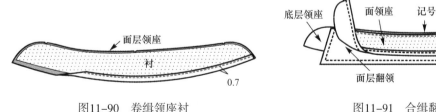

图11-90　卷缉领座衬

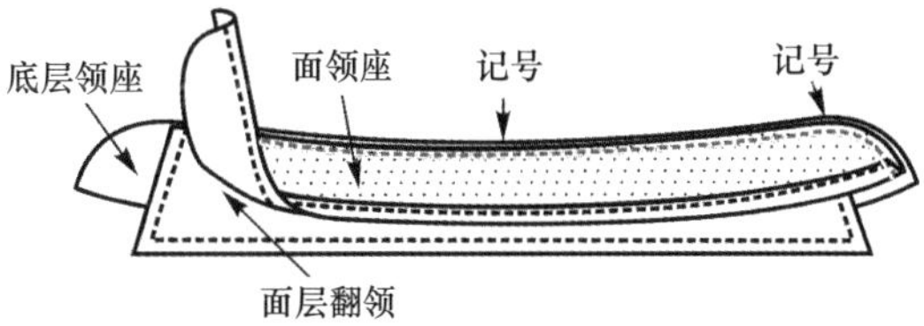

图11-91　合缉翻领领座

（2）缉线时要准确对上标记，翻领边与领座边缝份对整齐，线迹圆顺、领嘴对称。

38. **修领座圆嘴**

将领座圆嘴缝份修剪至0.3cm。

39. 翻烫领座

将领座翻出正面烫贴，缝边不倒吐，并再次检查领嘴的对称形状及大小。

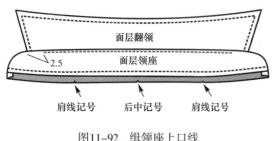

图11-92　缉领座上口线

40. 缉领座上口线

（1）将面层领座向上，离翻领边2.5cm处起，沿领座上口缉边线至另一边对称的位置，线迹头尾不需回针，如图11-92所示。

（2）注意缉线顺直，保持宽窄一致。

41. 切缉领缝份

将底层领座的缉领缝份修剪均匀，剪至0.8cm，便于缉领时操作。

42. 点缉领记号位

为了保证缉领质量及穿着时领子端正，必须在底层领座下口做上后中记号、两肩线对位记号，以便于与衣片相应的位置匹对，见图11-92。

43. 包领角（浅面料）

如果使用浅色面料制作衬衫，衬衫领角必须用白坯布或包装纸包住，以保护领角的清洁。

44. 缉领

（1）先将底层领座下口与衣片领窝正面相对，沿底层领座下口净线缉线缉领。缉缝时，使两端襟边比领边移出0.1cm，可使缉领后领座边与襟边平顺美观。缉领时注意对准相应的记号，以保证领子左右对称，如图11-93（a）所示。

（2）再将面领座朝上，将领围缝份塞进领座内整理平整，从面层领座上口缉线处开始重针1cm沿左边圆嘴、底领下口、右边圆嘴到另一边起针处重针1cm结束，如图11-93（b）所示。领子缉线后要保持领座平服、边线均匀、领嘴边平顺等。

45. 卷底边

（1）卷底边前先检查门襟、里襟的长度，门襟可比里襟长出0.2cm。下摆贴边宽1.2cm，卷边后缉线宽度为0.6cm，如图11-94所示。因该款底边是弧形，缉缝时在圆弧处应注意操作手势。如果用卷边器辅助缝制效果更佳。

（2）注意卷边宽度要均匀、外观平服，卷边不起皱。

46. 开纽眼

使用锁眼机在门襟领座处锁横纽眼一个；门襟锁直纽眼六个；左右袖克夫中间位锁横纽眼一个，如图11-95所示。

47. 钉纽扣

使用钉纽机在领口、里襟、袖克夫相对纽眼位置定出纽扣位并钉上纽扣。

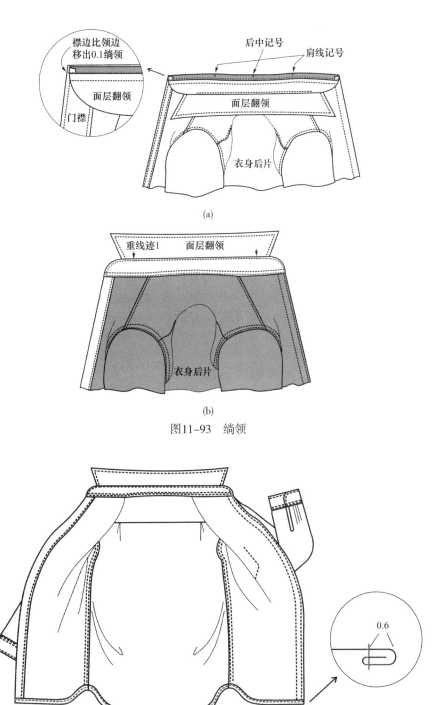

襟边比领边
移出0.1缩领

面层翻领

门襟

后中记号

肩线记号

面层翻领

衣身后片

(a)

重线迹1   面层翻领

衣身后片

(b)

图11-93 缩领

0.6

图11-94 卷底边

二、针织T恤衫

针织T恤衫因其穿着的舒适性越来越受到消费者喜爱。由于使用的是针织面料，因此

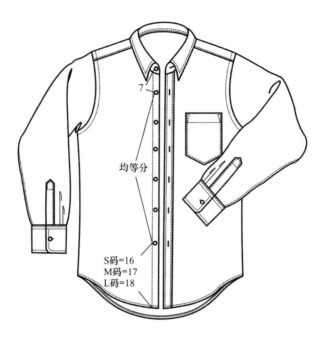

图11-95　开纽眼、钉纽扣

在工艺缝制上较多的选用弹性良好的线迹种类，如包缝线迹、绷缝线迹和链缝线迹等。

（一）款式及说明

1. 款式

T恤衫的款式如图11-96所示。

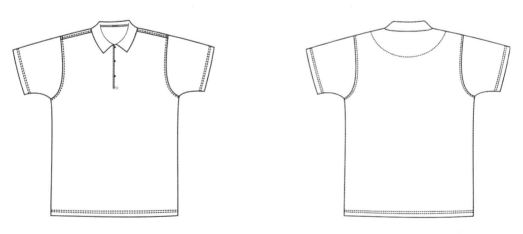

图11-96　短袖三粒扣T恤衫

2. 款式特点

该款T恤为提花扁机领，领子滚条宽1cm；三粒扣开门襟；门襟底缉3.4cm×0.6cm封结；肩和袖窿缉明线0.5cm；缉暗圆龟背（衣身料），缉0.1cm单条配色线；平短袖，袖口和下摆折边双针绷缝。领子、门襟细节如图11-97所示。

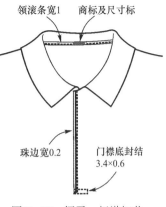

图11-97 领子、门襟细节

（二）裁片与辅料

1. 裁片

该款T恤衫的裁片有前片、后片、袖片、龟背、扁机领等，如图11-98所示。

2. 辅料

辅料包括领子滚条、门襟衬、里襟衬、商标、尺寸标和纽扣等。

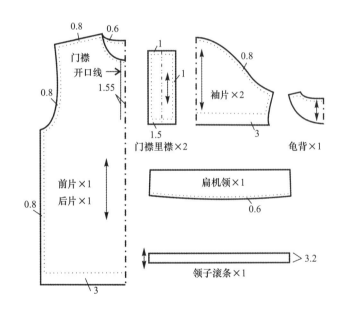

图11-98 T恤衫裁片

（三）缝制工序流程

该款T恤衫在划分缝制工序时设置了几个前置准备工序和后置整理工序，以便达到生产线工序平衡的目的，前置工序如龟背包缝、烫门襟衬里襟衬、折烫门襟里襟、折烫领子滚条等，如图11-99所示；后置工序包括了开纽眼、钉纽扣、剪线、整烫和检查等。因此，在设计缝制工序流程图时这几个工序将被省略。T恤衫的缝制工序流程如图11-100所示。

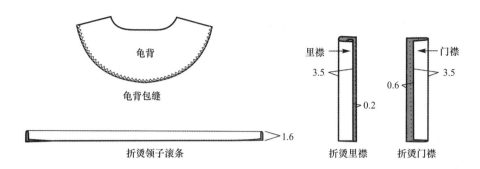

图11-99　前置准备工序

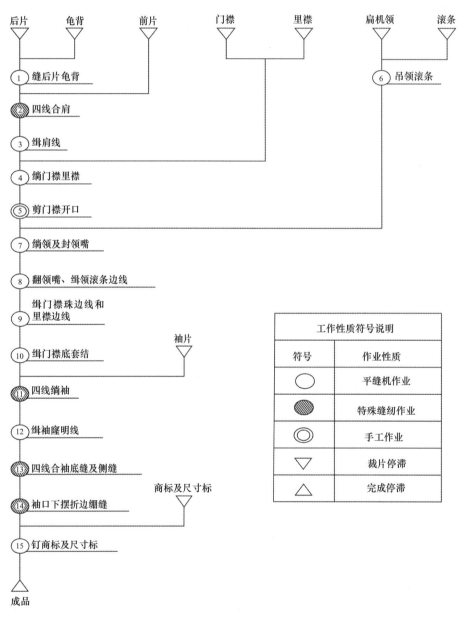

图11-100　T恤衫的缝制工序流程图

（四）缝制工艺与要求

以下按缝制工序流程，说明T恤衫各工序的缝制工艺与要求。

1. 缝后片龟背

（1）如图11-101所示，龟背反面与衣身反面相对，位置对叠准确，沿龟背弧线缉0.3cm宽线迹缝合。

（2）要求线迹圆顺，龟背不走位。

2. 四线合肩

（1）如图11-102所示，将前片肩部与后片肩部正面相对，对齐缝纷，加入0.5cm透明弹性带条同时缝合肩部。

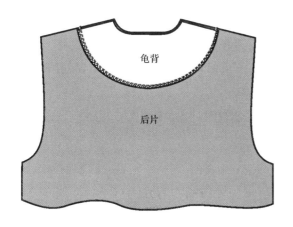

图11-101　缝后片龟背

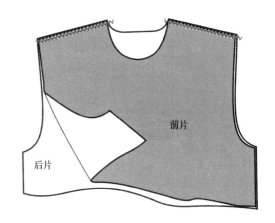

图11-102　四线合肩

（2）要求肩线顺直不变形，包缝切边光滑，左右肩宽尺寸相同。

3. 缉肩线

（1）如图11-103所示，将肩缝缝份倒向后衣片，在后肩缝上缉一道0.5cm宽的明线迹。

（2）要求线迹宽度均匀，线迹不歪斜，肩部缉线后不可被拉伸变形。

4. 绱门襟里襟

（1）如图11-104所示，将门襟、里襟正面与衣身正面相对，边缘均对准开襟线，沿门襟及里襟边缝合0.4cm宽的双线，线迹长度按剪开划位长度。

（2）要求双线尺寸标准，门襟及里襟下端确保离襟底位置有1.5~2cm的缝份量。

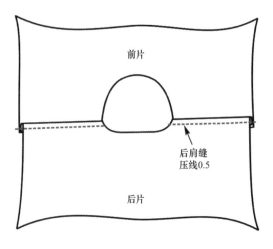

图11-103　缉肩线

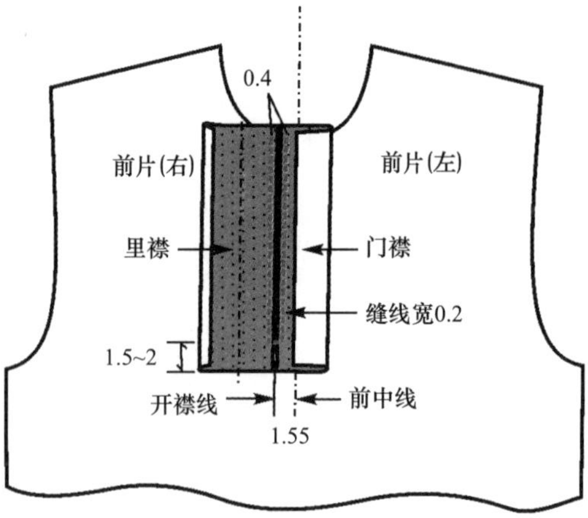

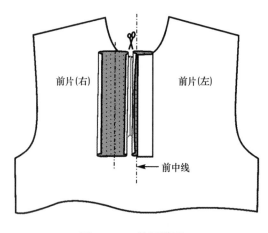

图11-104　绱门襟、里襟

5. 剪门襟开口

（1）如图11-105所示，沿开襟划位线将衣身门襟开口剪开，在开襟底部剪三角。

（2）要求门襟开剪位置准确，不可剪坏衣身，不可剪断缝线，离襟底有0.1cm距离。

6. 吊领滚条

（1）如图11-106所示，将领滚条对折后与扁机领领面对齐，距边线0.1cm缝合领滚条与扁机领，注意领条两端均留约4cm不缝合。

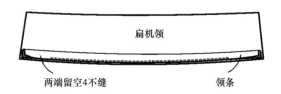

图11-105　剪门襟开口

图11-106　吊领滚条

（2）要求缝份标准，容位均匀，不可使领子拉伸变形。

7. 绱领及封领嘴

（1）如图11-107所示，将扁机领领底与衣身正面相对，领端两边被门襟、里襟覆盖重叠约1cm；领条置于门襟、里襟及领的上面；按以上衣片放置要求绱领，绱领缝份为0.6cm。

（2）要求绱领缝份标准均匀，领嘴、领尖不可有长短，注意左右肩缝对位准确。

8．**翻领嘴、缉领条边线**

（1）如图11-108所示，将领嘴翻出正面，整理好领嘴外形，沿领条缉边线宽0.1cm，将领止口封在领条内。

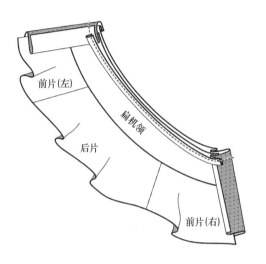

图11-107　绱领、封领嘴

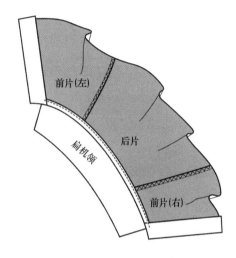

图11-108　翻领嘴、缉领条边线

（2）要求领嘴翻出后保持方正、清晰，大小一致；领条平服、圆顺，大小一致；边线均匀美观，领毛边不外露。

9．**缉门襟珠边线和里襟边线**

（1）如图11-109所示，右里襟宽3.5cm，缉边线0.1cm；左门襟珠边宽0.2cm，珠边缉边线0.1cm。

（2）要求门襟、里襟整理平服，大小适宜，线迹均匀、顺直。

10．**缉门襟底封结**

（1）如图11-110所示，整理门襟、里襟，在门襟底缉封结3.4cm×0.6cm。

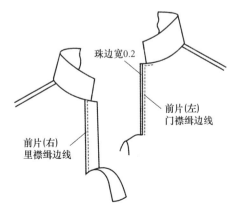

图11-109　缉门襟珠边线里襟边线

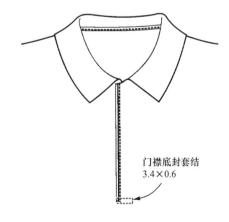

图11-110　缉门襟底方块线

（2）要求门襟底缉线后保持平整，封结方正标准。

11. **四线绱袖**

（1）如图11-111所示，将袖山对准衣片的袖窿，一般将袖子放在上层，使用四线包缝机缝合，缝合时缝份处切边0.15~0.2cm。

（2）要求包缝切边要适宜且均匀，袖山要圆顺，容位保持均匀，如是条格面料要注意对条、对格缝合。

12. **缉袖窿明线**

（1）如图11-112所示，将缝份倒向衣片，在衣片袖窿处缉0.5cm宽的单线。

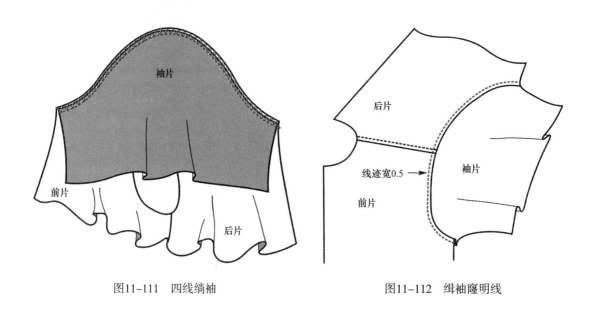

图11-111　四线绱袖　　　　　　　　　图11-112　缉袖窿明线

（2）要求不能有容缩起涟现象，线迹宽度均匀，袖窿缉线处平服不扭曲。

13. **四线合袖底缝及侧缝**

（1）如图11-113所示，将前后衣片袖底缝和侧缝正面相对，使用四线包缝机缝合，从袖口（或下摆）缝置下摆（或袖口）。

（2）要求包缝时要做切边缝合，切边宽度一般为0.15~0.2cm；侧缝要顺滑；袖窿底十字位要对准；如是条格料要注意对条、对格缝合。

14. **袖口、下摆折边绷缝**

（1）如图11-114所示，使用406线迹将衣下摆及袖口折边绷缝，折边宽度为3cm，绷缝宽度为2.5cm

（2）注意下摆折边宽度要一致，毛边不外露，左右袖对称，下摆、袖口绷缝后平复不扭曲。

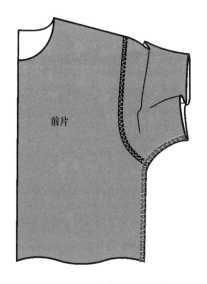

图11-113　四线合袖底缝及侧缝

图11-114　袖口、下摆折边绷缝

15. 钉商标及尺寸标

（1）如图11-115所示，商标两侧以倒回针缉暗线于后领中部，尺寸标置于商标一侧缝牢。

（2）要求底线与衣身颜色相近；完成后商标平服；商标下端与领条边平齐。

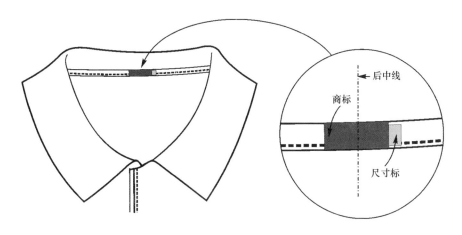

图11-115　缝商标及尺寸标

第三节　裤类缝制

裤子比裙子更易显示穿着者的体型特征，按裤型可分为锥形裤、直筒裤、紧身裤和喇叭裤等；按腰头位置可分为高腰裤、中腰裤、低腰裤、连腰裤等。

这里主要介绍牛仔裤和男装西裤的缝制工艺。

一、牛仔裤

牛仔裤属水洗产品，工艺独特。一般采用蓝色牛仔布用橘黄色棉线缝制而成，缝口明线装饰较多。工业生产中会使用各种特殊的专用设备加工牛仔裤。

（一）款式及说明

1．款式
牛仔裤的款式如图11-116所示。

2．款式特点
该款牛仔裤为传统的合体型五袋款。前片有弯形插袋，右垫袋布上设硬币袋；后片设育克，缉线状纹样贴袋；一片式腰头，腰头装五根串带襻，右后腰缉皮标牌。整条裤子在腰头、串带襻、袋口、门襟、育克、前后裆缝、下裆缝和裤脚口等部位均缉明线装饰，如图11-116所示。

图11-116 五袋款牛仔裤

（二）裁片与辅料

1. 裁片

该款牛仔裤的面料裁片有前片、后片、腰头、前垫袋布、硬币袋、育克、后贴袋、门襟、里襟、串带襻等。如图11-117所示的排料图所示，面料门幅使用150cm，根据排料情况（双幅排料），计算出用料长度为：裤长+15cm。

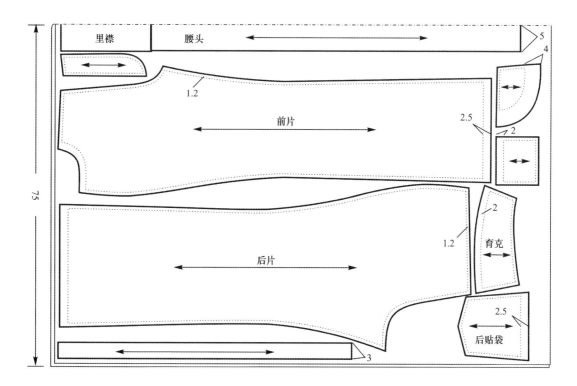

图11-117　牛仔裤面料裁片及其排料图

2. 辅料

辅料包括袋布、标签、铜拉链、铜纽扣等。

（三）缝制工序流程

牛仔裤缝制工序流程如图11-118所示。

（四）缝制工艺与要求

以下按缝制工序流程配以相应的专用设备和缝纫辅助件，并以工序卡的形式说明牛仔裤各工序的缝制工艺与要求。

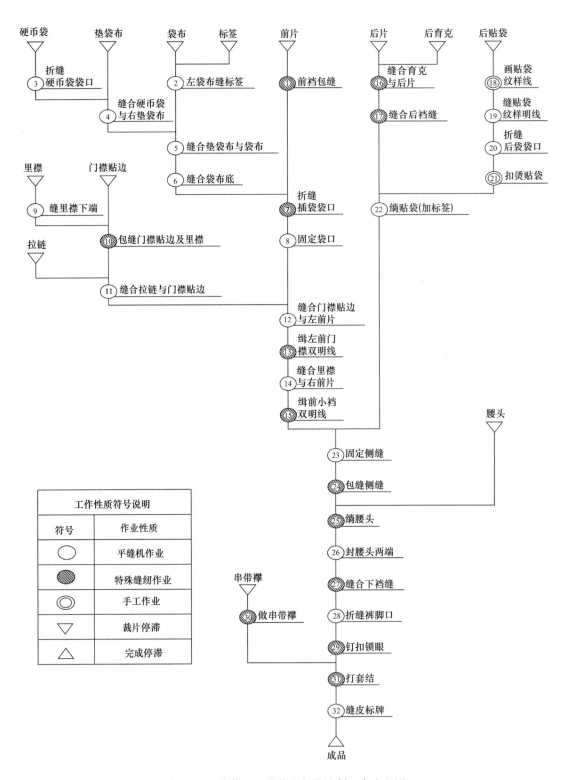

图11-118　合体型五袋款牛仔裤缝制工序流程图

工序序号	工序名称	使用设备	线迹	线迹密度	缝型图示
1	前裆包缝	三线包缝机	504	8针/2cm（10针/英寸）	

操作说明：
①左前片只包缝前裆弯处
②右前片前裆需全部包缝

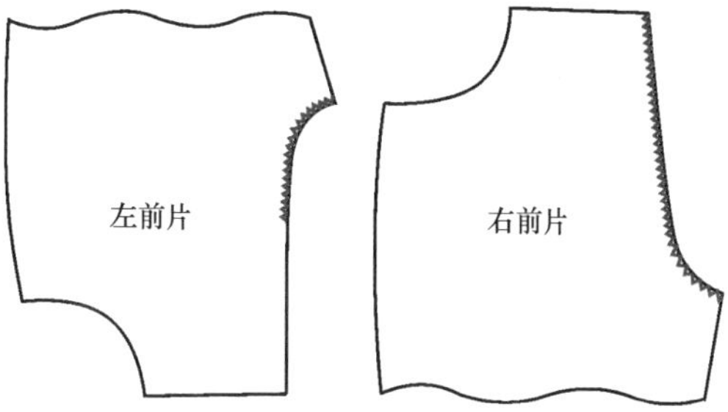

品质要求：
①线迹张力适当
②无跳针
③包缝边要光洁平顺

操作图示

左前片　　右前片

工序序号	工序名称	使用设备	线迹	线迹密度	缝型图示
2	左袋布缝标签	单针平缝机	301	9针/2cm (11针/英寸)	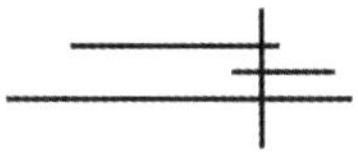

操作说明：
①沿洗涤标签边缘车缝
②注意小标签在洗涤标签下端中间位置

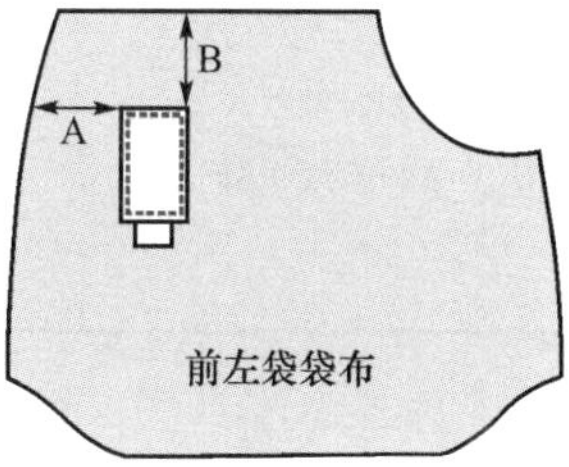

品质要求：
①洗涤标签的上沿与袋布上沿平行
②企业小标签一定在洗涤标签的正下方
③明线要平直而均匀
④A和B的允许误差为±5mm（±3/16英寸）

操作图示

B
A

前左袋袋布

工序序号	工序名称	使用设备	线迹	线迹密度	缝型图示
3	折缝硬币袋袋口	双针平缝机	301	7针/2cm（9针/英寸）	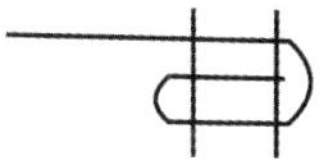

操作说明：
①将袋口缝份向里侧翻折
②缉缝袋口明线

品质要求：
①缉线宽度为6mm（1/4英寸），允许误差±1.5mm（±1/16英寸）
②缝线平直于袋口
③线迹张力适当
④无重叠线迹

操作图示

右前片硬币袋

工序序号	工序名称	使用设备	线迹	线迹密度	缝型图示
4	缝合硬币袋和右垫袋布	双针平缝机	301	7针/2cm（9针/英寸）	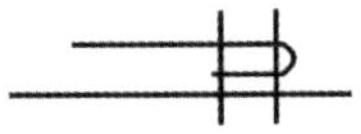

操作说明： ①根据A和B的尺寸画出硬币袋的位置 ②将硬币袋的缝份向里翻折，固定在右前垫袋布上	操作图示
品质要求： ①线迹宽度为10mm（3/8英寸），允许误差±3mm（±1/8英寸） ②硬币袋袋口平行于垫袋布上沿 ③明线平直而均匀，且不超过袋口直角 ④A和B的允许误差为±3mm(±1/8英寸)	

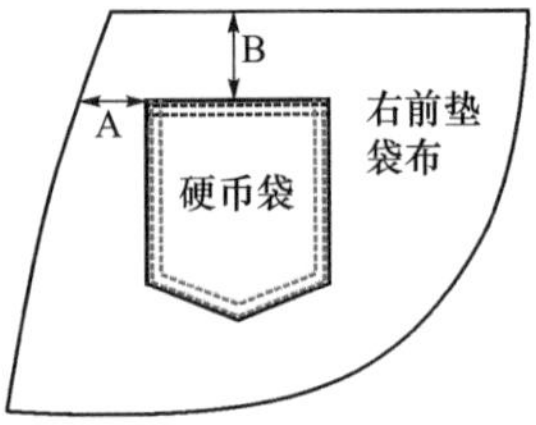

工序序号	工序名称	使用设备	线迹	线迹密度	缝型图示
5	缝合垫袋布与袋布（右侧相同）	绷缝机	408	7针/2cm（9针/英寸）	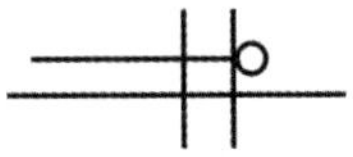

操作说明： ①将右前袋垫的上边和侧缝边与袋布对齐 ②沿右前袋垫的曲线边绷缝固定	操作图示
品质要求： ①垫袋布与袋布的位置要对准 ②绷缝线必须沿垫袋布的曲线缉缝 ③无跳针	

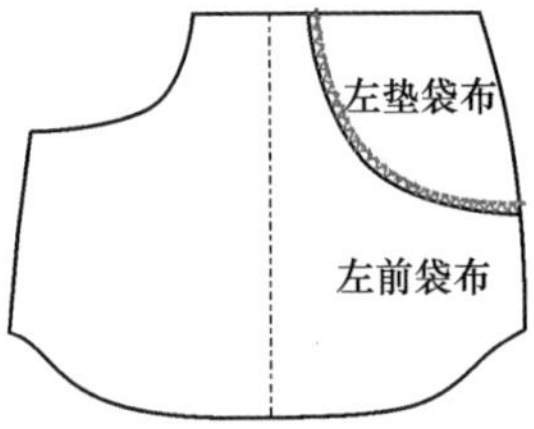

工序序号	工序名称	使用设备	线迹	线迹密度	缝型图示
6	缝合袋布底（右侧相同）	单针平缝机	301	7针/2cm（9针/英寸）	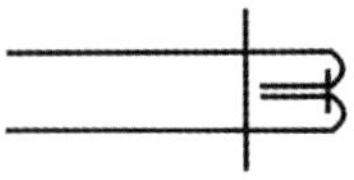

操作说明： ①对折袋布，使上沿和侧缝处重合对齐，缉缝袋底 ②反面向外翻出，缉缝袋底明线	操作图示
品质要求： ①缝份宽度为6mm（1/4英寸），允许误差±3mm（±1/8英寸） ②袋布的上沿边和侧缝边要对齐 ③缝份要宽窄均匀 ④明线要顺直，袋底缝线要圆顺	

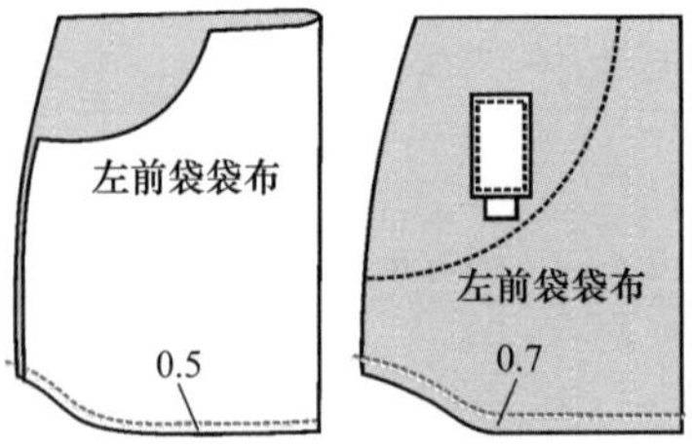

工序序号	工序名称	使用设备	线迹	线迹密度	缝型图示
7	折缝袋口 （右侧相同）	双针平缝机及 折边器	301	7针/2cm （9针/英寸）	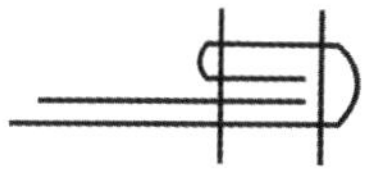

操作说明：
①将袋布的袋口曲线夹在左前片袋口处
②利用折边器将左前片袋口缝份向里翻折，车缝袋口明线

品质要求：
①线迹宽度为10mm（3/8英寸），允许误差 ± 1.5mm（± 1/16英寸）
②缝制完成后的袋口要保证不变形
③袋口不扭曲
④明线要平顺而均匀
⑤无重叠线迹，无跳针

操作图示

袋布　左前片

工序序号	工序名称	使用设备	线迹	线迹密度	缝型图示
8	固定袋口	单针平缝机	301	7针/2cm （9针/英寸）	

操作说明：
①确定A、B的距离，使袋布准确定位
②缉缝明线，将裤片、袋布在腰头和侧缝处固定

品质要求：
①准确定位
②A和B的允许误差为 ± 1.5mm(± 1/16英寸)

操作图示

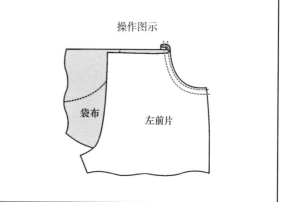

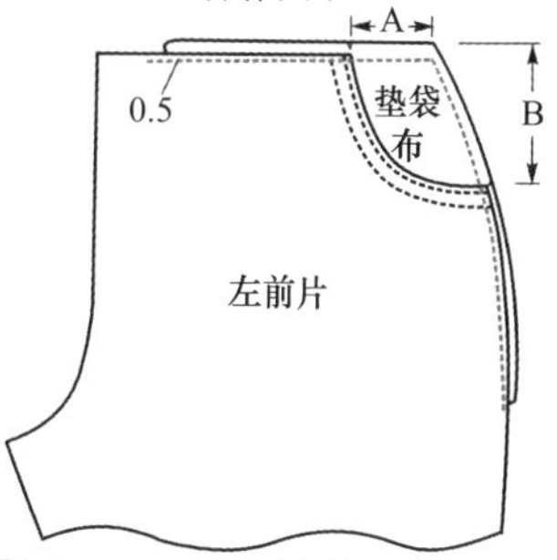

0.5　垫袋布　左前片

工序序号	工序名称	使用设备	线迹	线迹密度	缝型图示
9	缝里襟下端	单针平缝机	301	7针/2cm (9针/英寸)	

操作说明：
①里襟反面朝外对折
②按适当的角度缉缝里襟下端
③正面向外翻出

品质要求：
①准确对折
②里襟下端缝线角度适当，且保证长度可盖住拉链
③翻尽里襟下端

操作图示

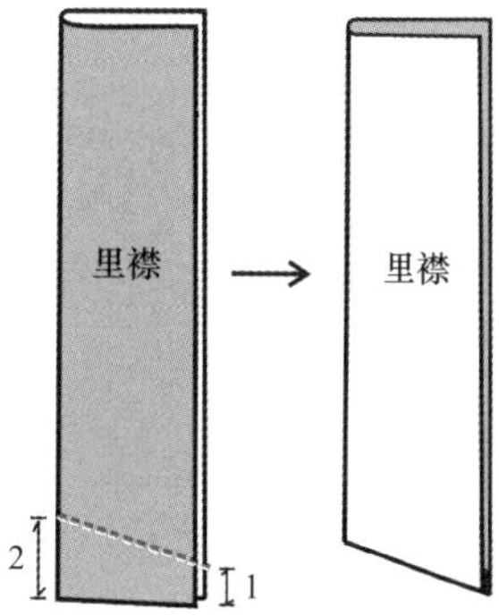

里襟　→　里襟

2　1

工序序号	工序名称	使用设备	线迹	线迹密度	缝型图示
10	包缝门襟贴边及里襟	三线包缝机	301	8针/2cm（10针/英寸）	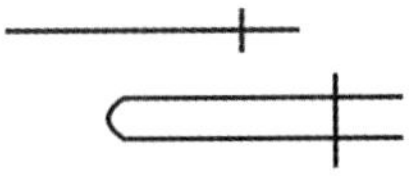

操作说明： ①门襟贴边正面向上，从圆弧位置起包缝至直边处 ②里襟只包缝长直边	操作图示
品质要求： ①线迹张力适当 ②无跳针 ③门襟贴边的边缘要圆顺	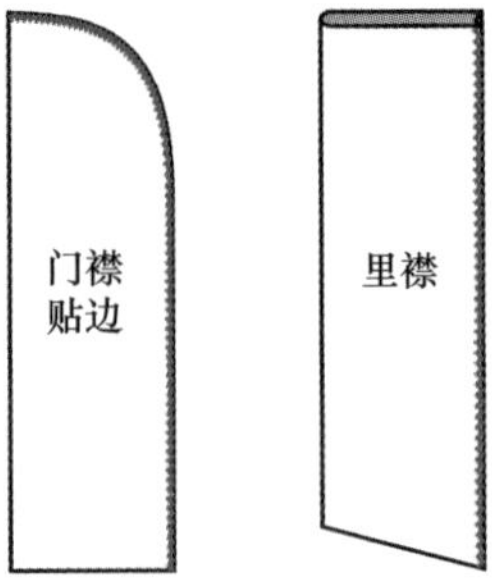 门襟贴边　　　里襟

工序序号	工序名称	使用设备	线迹	线迹密度	缝型图示
11	缝合拉链与门襟贴边	双针平缝机	301	7针/2cm（9针/英寸）	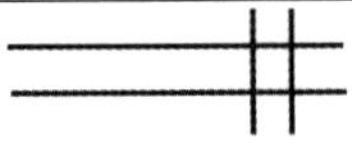

操作说明： ①将拉链反面朝上放在门襟贴边（正面朝上）上，并保证拉链的下端不超出门襟贴边 ②拉链布上端距离门襟止口边1cm，下端距离门襟止口边0.6cm ③双线车缝拉链与门襟贴边	操作图示 1 缝双线 拉链(反) 门襟贴边 0.6
品质要求： ①双线及拉链边平行 ②拉链长度规格适当，不能过长或过短	

工序序号	工序名称	使用设备	线迹	线迹密度	缝型图示
12	缝合门襟贴边与左前片	单针平缝机	301	7针/2cm（9针/英寸）	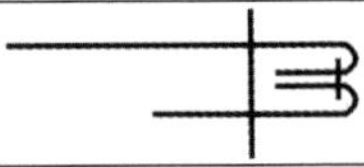

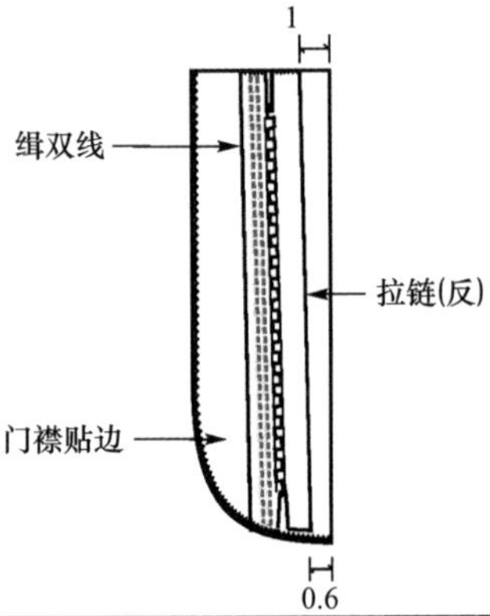

操作说明： ①门襟贴边与前门襟对齐 ②将门襟贴边与前裤片正面相对，车缝前档弯 ③将门襟贴边向前片反面翻折 ④车缝前门襟边明线，留线尾长3cm	操作图示 门襟贴边　左前片 左前片 缝明线 留线尾长约3
品质要求： ①无重复、重叠线迹，无跳针 ②向里翻折底襟贴边时注意不倒吐 ③缝缝后的前门襟不错位	

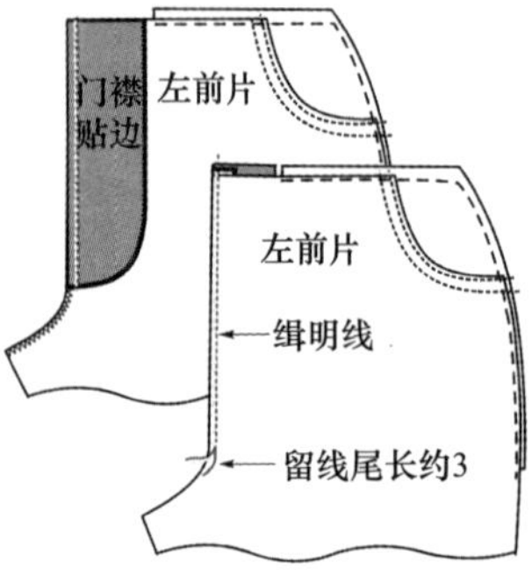

工序序号	工序名称	使用设备	线迹	线迹密度	缝型图示
13	缉左前门襟双明线	双针平缝机及门襟宽度导向尺	301	7针/2cm（9针/英寸）	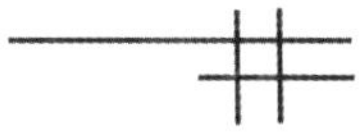

操作说明：
①将门襟宽度导向尺放在前片上
②门襟缉明双线，留线尾长3cm

品质要求：
①无重复、重叠线迹，无跳针
②明线平直而均匀
③明线宽度准确
④门襟处要平服

操作图示

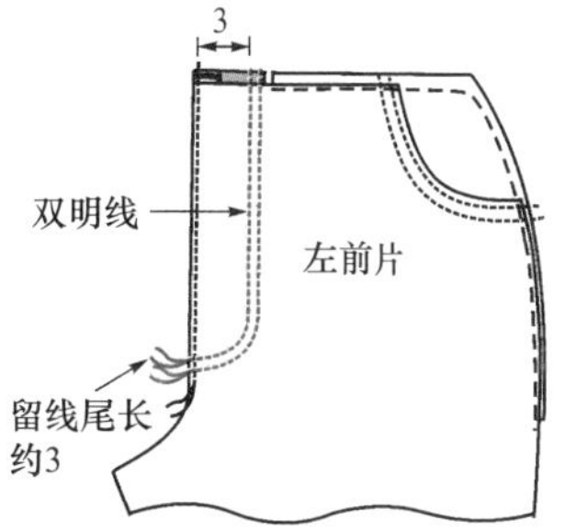

双明线
3
左前片
留线尾长约3

工序序号	工序名称	使用设备	线迹	线迹密度	缝型图示
14	缝合里襟与右前片	单针平缝机	301	7针/2cm（9针/英寸）	

操作说明：
①将拉链的右边布带与里襟对齐
②将右裤片覆在拉链上面，三层一起车缝
③将右前片正面向外翻出，缉缝双明线
④右前片缝份小裆弯展开缉缝

品质要求：
①缝份宽度为6mm（1/4英寸），允许误差±3mm(±1/8英寸)
②明线要平直而均匀
③左右腰口线要顺直

操作图示

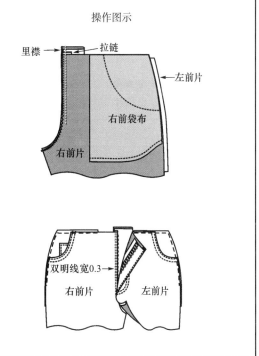

里襟 拉链
左前片
右前袋布
右前片

双明线宽0.3
右前片　左前片

工序序号	工序名称	使用设备	线迹	线迹密度	缝型图示
15	缉前小裆双明线	双针平缝机	301	7针/2cm（9针/英寸）	

操作说明： ①将左前片小裆扣折与右前片小裆相叠搭 ②明双线缉缝小裆弯处	操作图示
品质要求： ①缝份宽为10mm(3/8英寸) ②缝线顺直，无重复、重叠线迹，无跳针 ③保证缝份宽度 ④保持小裆弯势，且平服不起皱	

右前片　左前片　约1.25（1/2英寸）

工序序号	工序名称	使用设备	线迹	线迹密度	缝型图示
16	缝合后育克和后片	双针平缝机及12.7mm(1/2英寸)折边器	301	7针/2cm（9针/英寸）	

操作说明： ①将后片的缝份放入折边器的上槽中，育克的缝份放在折边器的下槽中 ②从正面缉缝	操作图示
品质要求： ①缝份宽度为12.7mm（1/2英寸） ②线迹顺直 ③后片和育克缝合后位置准确 ④无重复、重叠线迹，无跳针	育克　后片

工序序号	工序名称	使用设备	线迹	线迹密度	缝型图示
17	缝合后裆缝	双针平缝机及12.7mm(1/2英寸)折边器	301	7针/2cm(9针/英寸)	

操作说明： ①将左后片裆缝放入折边器的上槽中，右后片裆缝放在折边器的下槽中 ②由下至上从正面缉缝裆缝	操作图示
品质要求： ①缝份宽度为12.7mm（1/2英寸） ②线迹顺直 ③左后片、右后片腰口位置要准确对齐 ④缝合后，左右育克要对齐 ⑤无重复、重叠线迹，无跳针	左后片　右后片

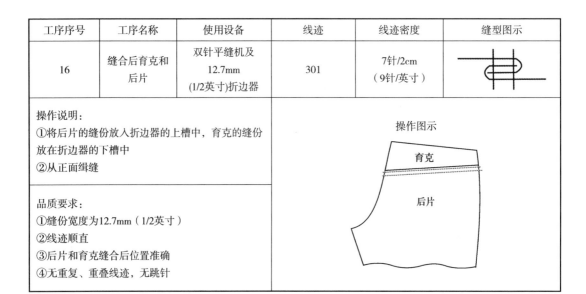

工序序号	工序名称	使用设备	线迹	线迹密度	缝型图示
18	画贴袋纹样	印模			

操作说明：
①用模板描出贴袋的准确尺寸和形状
②用印模将贴袋纹样印在贴袋的正面上

品质要求：
①印浆不要过湿
②印迹清晰准确
③缝份线要顺直

操作图示

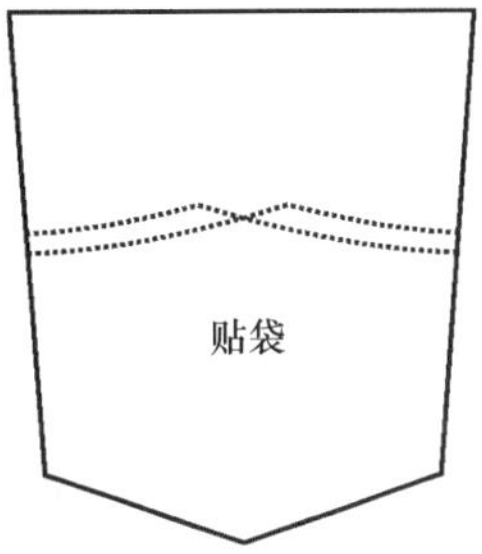

贴袋

工序序号	工序名称	使用设备	线迹	线迹密度	缝型图示
19	缉贴袋纹样明线	单针平缝机	301	7针/2cm（9针/英寸）	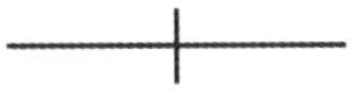

操作说明：
①按印迹准确缉缝明线
②缉缝第二条明线

品质要求：
①明线缉缝要准确
②明线要顺直而均匀
③无重复、重叠线迹，无跳针

操作图示

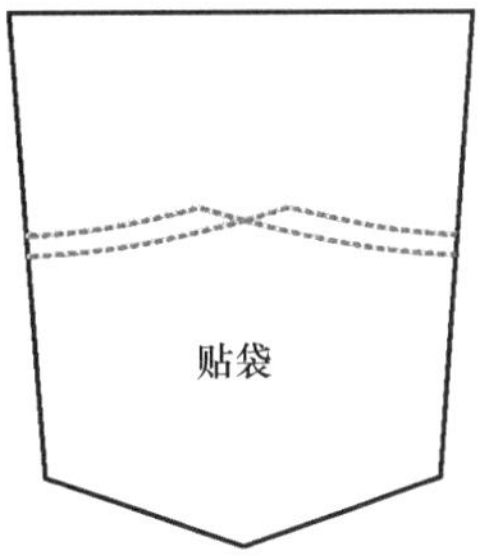

贴袋

工序序号	工序名称	使用设备	线迹	线迹密度	缝型图示
20	折缝后袋袋口	双针平缝机及宽度导向尺、卷边器	301	7针/2cm（9针/英寸）	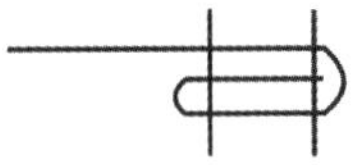

操作说明：
①按袋口印迹向里扣折袋口贴边
②从正面缉缝袋口明线，线迹宽为10mm（3/8英寸）

品质要求：
①袋口缝线宽10mm(3/8英寸)，允许误差±3mm（±1/8英寸）
②缝线顺直
③无重复、重叠线迹，无跳针

操作图示

贴袋

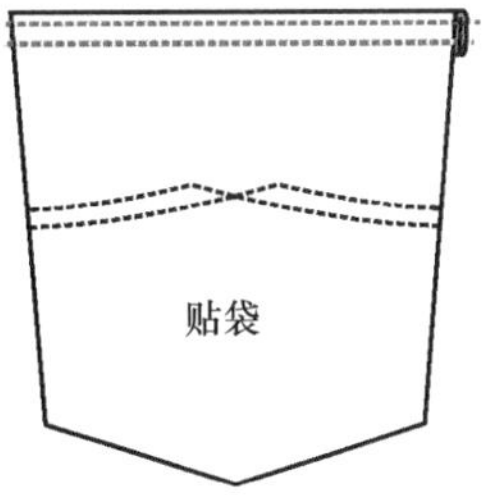

工序序号	工序名称	使用设备	线迹	线迹密度	缝型图示
21	扣烫贴袋	熨斗和口袋扣烫模具			

操作说明：
①确定模具的准确规格和形状
②将模具放在贴袋布的反面
③按模具扣烫贴袋，折边宽10mm（3/8英寸）

品质要求：
①折边宽为10mm（3/8英寸）
②贴袋尺寸准确
③左右贴袋袋形要对称
④压烫温度合适

操作图示

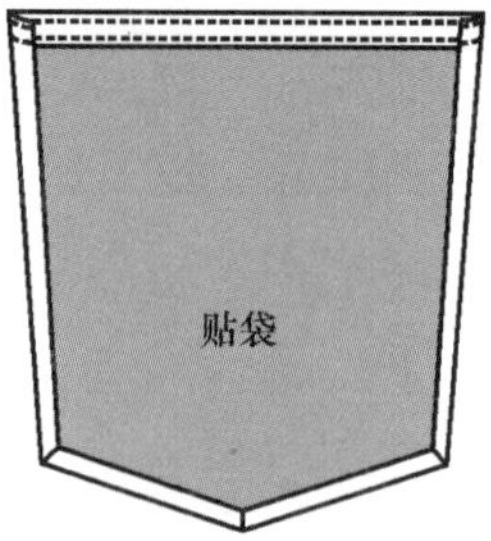

贴袋

工序序号	工序名称	使用设备	线迹	线迹密度	缝型图示
22	缉贴袋	单针平缝机或专业缉贴袋机	301	7针/2cm（9针/英寸）	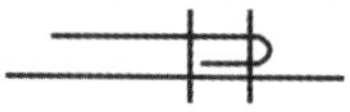

操作说明：
①在后裤片上标出贴袋的位置
②将左贴袋放在准确位置，以连续线迹车缝在左后片上
③同样的方法车缝右贴袋，同时离袋口25.4mm（1英寸）处夹缝标签

品质要求：
①线迹宽10mm（3/8英寸）线迹顺直
②左右贴袋高度一致
③标签缝在右贴袋的位置要准确
④线迹顺直
⑤无重复、重叠线迹，无跳针

操作图示

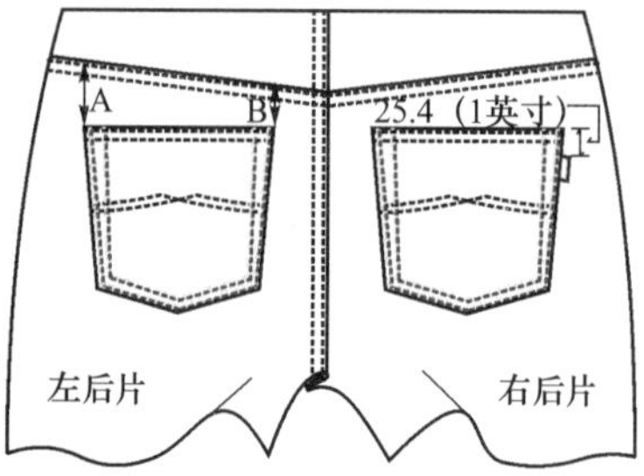

A B 25.4（1英寸）

左后片 右后片

工序序号	工序名称	使用设备	线迹	线迹密度	缝型图示
23	固定侧缝	单针平缝机	301	7针/2cm（9针/英寸）	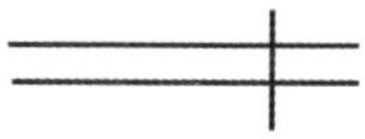

操作说明：
①用临时针法连接左后片和左前侧片，右片相同
②缉缝至侧袋袋口下端

品质要求：
①缝份宽度为10mm（3/8英寸），最宽不超过12.7mm（1/2英寸）
②前后片腰线要对齐
③线迹顺直

操作图示

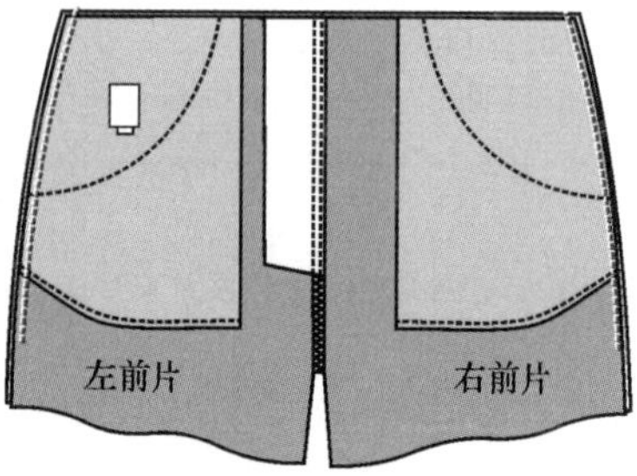

左前片 右前片

工序序号	工序名称	使用设备	线迹	线迹密度	缝型图示
24	包缝侧缝	五线包缝机	（401+504）	8针/2cm （10针/英寸）	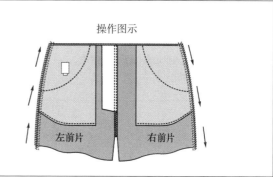

操作说明：
①前片朝上，从腰口至裤口包缝侧缝
②另一边侧缝由裤口至腰口包缝

品质要求：
①缝份宽度为12.7mm（1/2英寸）
②前后片位置准确
③包缝边要光洁
④无跳针

操作图示

左前片　右前片

工序序号	工序名称	使用设备	线迹	线迹密度	缝型图示
25	绱腰头	双针平缝机[两缝线间距32mm（1.25英寸)]折边器[宽度38mm（1.5英寸）]	301	7针/2cm （9针/英寸）	

操作说明：
①将腰头放入折边器预缝25.4～50.8mm（1～2英寸）
②然后开始将裤片夹入腰头绲缝，注意两边要对称

品质要求：
①缝份宽为12.7mm（1/2英寸），线迹顺直
②绲缝时注意按标记控制腰围尺寸
③线迹顺直
④无重复、重叠线迹，无跳针

操作图示

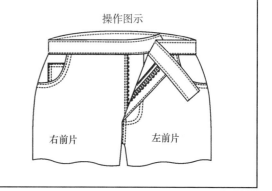

右前片　左前片

工序序号	工序名称	使用设备	线迹	线迹密度	缝型图示
26	封腰头两端	单针平缝机	301	7针/2cm （9针/英寸）	

操作说明：
①清剪腰头两端多余部分，留12.7mm（1/2英寸）
②折净腰头两端缝份，并绲缝明线固定

品质要求：
①缝份宽12.7mm（1/2英寸）
②线迹顺直
③绲缝明线后，腰头端部不倒吐
④腰头左端边明线应与门襟明线对齐

操作图示

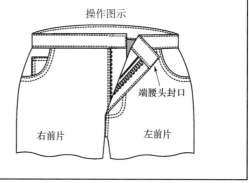

端腰头封口

右前片　左前片

工序序号	工序名称	使用设备	线迹	线迹密度	缝型图示
27	缝合下裆缝	搭接缝缝纫机及12.7mm(1/2英寸)宽折边器	（401+401）	7针/2cm（9针/英寸）	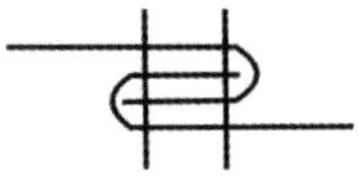

操作说明：	操作图示
①分别将前后片放入折边器的上、下槽中 ②从右裤口经过裆缝至左裤口连续缉缝下裆缝	
品质要求： ①缝份宽为12.7mm（1/2英寸） ②缝份宽度要足够 ③裆缝和下裆缝的交叉点要对齐，左右裤腿要对称 ④无重复、重叠线迹，无跳针	

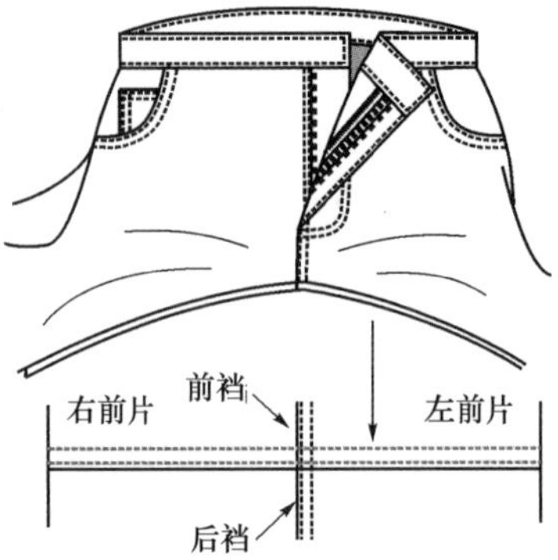

工序序号	工序名称	使用设备	线迹	线迹密度	缝型图示
28	折缝裤脚口	单针平缝机及裤脚口折边器	301	7针/2cm（9针/英寸）	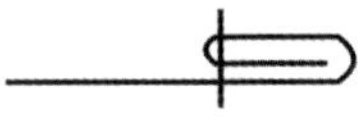

操作说明：	操作图示
从下裆缝位置开始连续缉缝裤脚口一周，到头后线迹重合缝纫12mm	
品质要求： ①缝份宽为10mm（3/8英寸），允许误差为±1.5mm（±1/16英寸） ②缉缝后缝份平整不扭曲 ③缝份均匀 ④明线顺直 ⑤无重复、重叠线迹，无跳针	

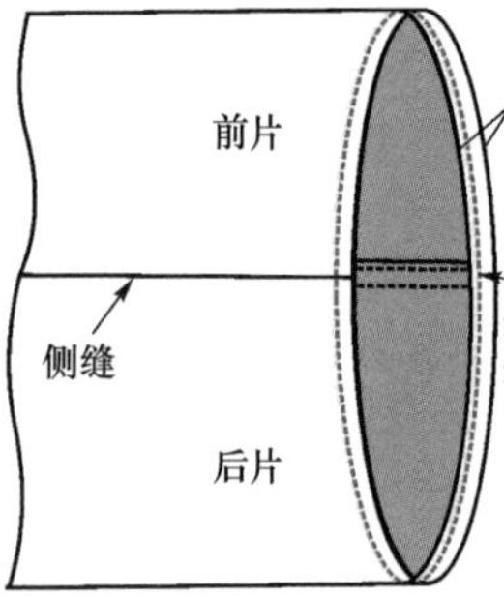

工序序号	工序名称	使用设备	线迹	线迹密度	缝型图示
29	钉扣锁眼	锁眼机钉扣机	404	16针/2cm（20针/英寸）	

操作说明：	操作图示
①拉开拉链，将左侧腰头反面翻出 ②在左门襟腰头反面，距前中边12mm居中位置锁圆形扣眼，直径为25mm ③拉上拉链，在腰头右端对应位置钉上铜扣	
品质要求： ①扣眼和钉扣位置准确 ②无跳针 ③线尾长度适当	

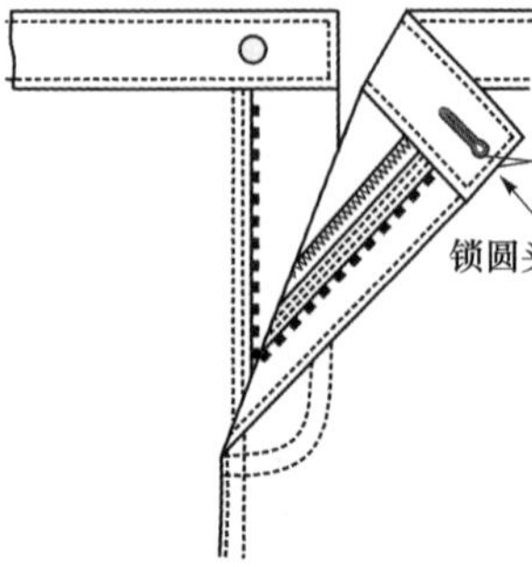

工序序号	工序名称	使用设备	线迹	线迹密度	缝型图示
30	做串带襻	串带襻机及12.7mm（1/2英寸）折边器	406	7针/2cm（9针/英寸）	

操作说明：
①将连续的布条放入折边器中制成一长条带
②按要求长度剪串带襻

品质要求：
①缝份宽8mm（5/16英寸）
②串带襻宽度要准确
③串带襻长度要符合标准
④无浮线

操作图示

串带襻

12.7（1/2英寸）

工序序号	工序名称	使用设备	线迹	线迹密度	缝型图示
31	打套结	套结机	322	20针/2cm（25针/英寸）	

操作说明：
①在距前侧袋口10mm（3/8英寸）腰头上的两只串带襻打套结
②腰头后部中间位置的串带襻及两侧对称的两只串带襻打套结
③贴袋口两端打套结加固
④门襟下端打套结加固

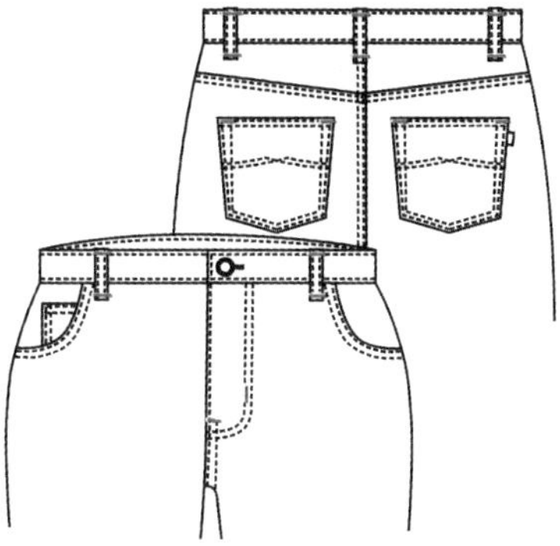

品质要求：
①套结宽12.7mm（1/2英寸）
②串带襻两端要折扣整齐
③按要求准确安置串带襻位置
④打套结后的串带襻长度要一致
⑤袋口的套结要平直

操作图示

工序序号	工序名称	使用设备	线迹	线迹密度	缝型图示
32	缝皮标牌	单针平缝机	301	7针/2cm（9针/英寸）	

操作说明：
将标牌的上下边缉缝在腰头上面

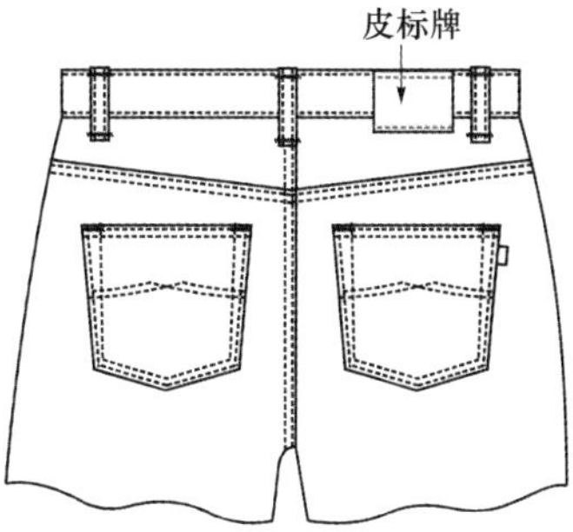

品质要求：
①标牌位置准确
②线迹平直

操作图示

皮标牌

二、男西装裤

（一）款式及说明

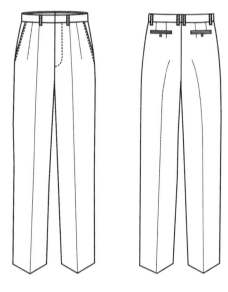

图11-119　男西装裤款式

1. 款式

男西装裤的款式如图11-119所示。其正反面组合示意见图11-120。

2. 款式特点

该款男西装裤属于直筒型两片直腰平裤脚；前裤身有两个斜插袋，左右各两个褶裥；后裤身有两个双嵌线开袋、左右各有两个省；六只裤带襻；前开口门襟装有过桥和拉链。

（二）裁片与辅料

1. 面料裁片

面料裁片有前片和后片、上嵌线布和下嵌线布、后垫袋布、前垫袋布和前袋贴边、门襟贴边和里襟贴边等。如图11-121所示的排料图，当面料门

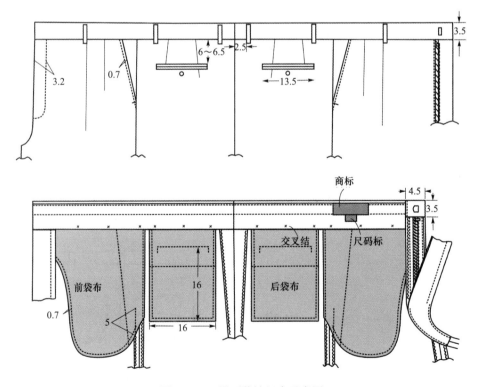

图11-120　男西装裤组合示意图

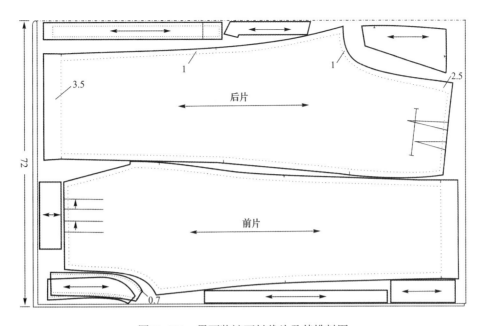

图11-121　男西装裤面料裁片及其排料图

幅使用144cm时，根据排料情况（双幅排料），计算出用料长度为：裤长+10cm。

2. **辅料**

辅料包括插袋的大袋布和小袋布、开袋袋布、里布过桥、钩扣、拉链和纽扣等，如图11-122所示。

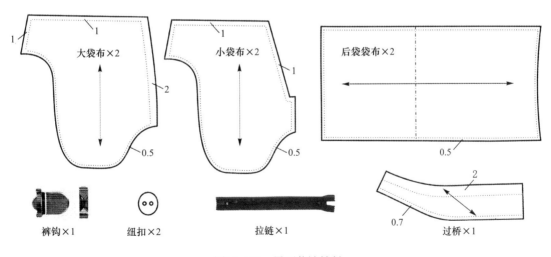

图11-122　男西装裤辅料

（三）缝制工序流程

在划分该款西裤缝制工序时，设置了几个前置准备工序和后置整理工序，以便达到生产线工序平衡的目的，前置工序如图11-123所示的衣片黏衬、图11-124所示的衣片包缝和

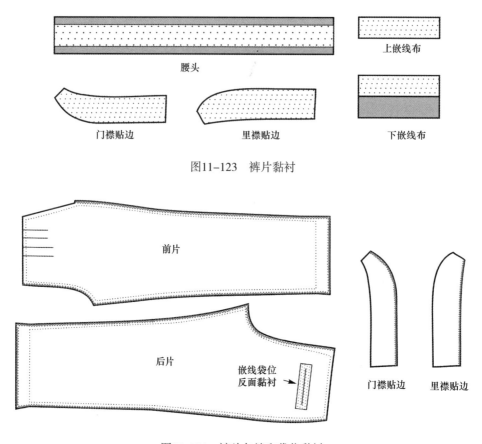

图11-123　裤片黏衬

图11-124　裤片包缝和袋位黏衬

包边、图11-125所示的腰里的制作。因此在此处设计缝制工序流程图时，这几个工序被省略。后置工序包括了修线、钉纽扣、折烫等，这些工序在流程图列出，但不说明其工艺操作。西裤的缝制工序流程如图11-126所示。

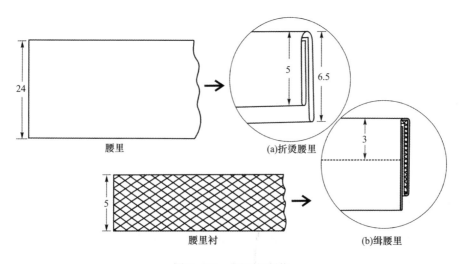

图11-125　腰里的制作

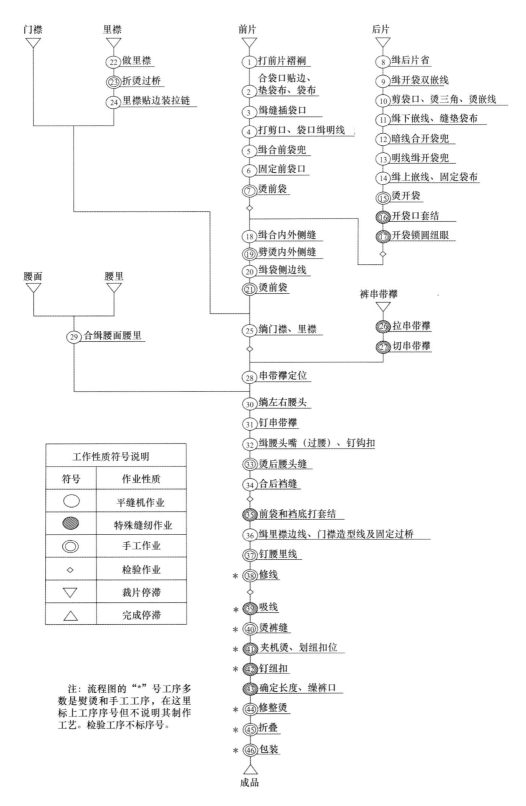

图11-126　男西装裤缝制工序流程图

（四）缝制工艺与要求

以下按缝制工序流程，说明男西装裤各工序的缝制工艺与要求。

1. 打前片褶裥

（1）如图11-127（a）所示，将褶裥按记号正面相对对折，沿褶裥宽度缉缝4cm和5cm长的两个褶裥。注意褶裥宽度和两褶裥的平行控制。

（2）将两褶裥倒向前中烫平烫顺，再用边线固定褶向，如图11-127（b）所示。

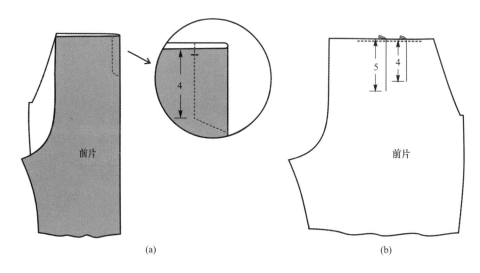

图11-127　缉前片褶裥

2. 合袋口贴边、垫袋布、袋布

（1）将袋口贴和垫袋布缝份扣烫并缝于袋布反面，其中垫袋布侧缝边距离大袋布侧缝边1cm，如图11-128（b）所示。

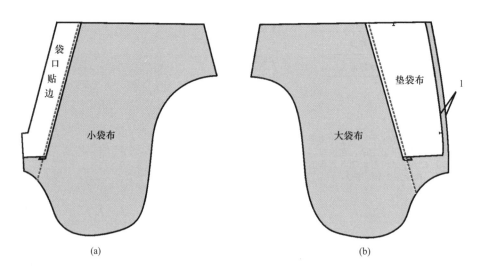

图11-128　缝袋口贴边、垫袋布、袋布

（2）要求对位准确，袋口贴边和垫袋布平服。

3. **缉缝插袋口**

（1）将袋口贴边与前片袋口位正面相对，按即定缝份缝插袋口，如图11-129（a）所示。

（2）应使缝份标准、缝迹均匀，袋口转角处清晰。

4. **打剪口、缉袋口明线**

（1）在袋口转角处剪一个剪口，将袋布翻向前片反面，沿袋口缉一道0.7cm宽明线，缉线时手势略推送，以免袋口起涟不平服，如图11-129（b）所示。

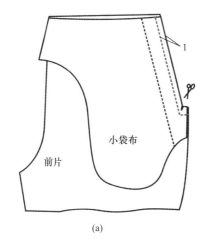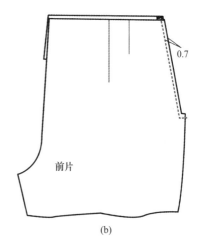

图11-129　打剪口、缉袋口明线

（2）要求袋口缉线平整、均匀，袋口边不反吐。

5. **缉合前袋兜**

（1）将小袋布和大袋布正面相对，两片布的侧缝边沿相距1cm，沿袋兜边缝合，缝份0.5cm，如图11-130（a）所示。再将袋兜翻出正面，整理出袋兜形状后，再缉明线0.7cm，如图11-130（b）所示。

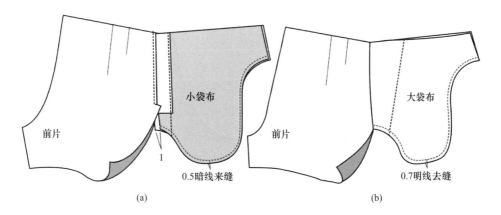

图11-130　缉合前袋兜

（2）袋兜线要保持圆顺、美观。

6. 固定前袋口

分别在腰口线处及侧缝处把前片、垫袋布和袋布在缝份以内用线迹固定。固定侧缝处时，须按图11-131(a)所示将小袋布剪一剪口，再将大袋布掀开用缝迹固定，如图11-131（b）所示。

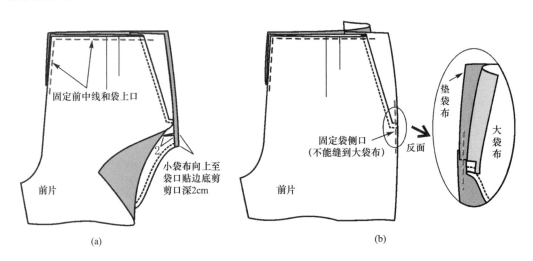

图11-131 固定前袋口

7. 烫前袋

将前袋熨烫平服，包括袋口、袋兜等处。

8. 缉后片省

（1）将后片省从省底记号缝向省尖，并在省尖处将线头打结，如图11-132（a）所示。

（2）将省份烫向后裆，把省尖胖势向腰口方向略推，如图11-132（b）所示。

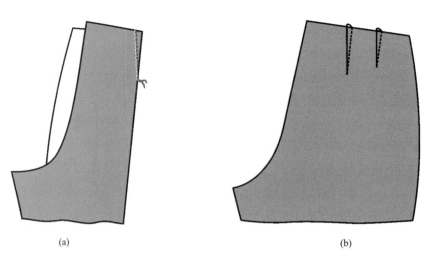

图11-132 缉后片省

9. 缉开袋双嵌线

（1）先将袋布置于后片反面合适的位置上，如图11-133（a）所示，再将上嵌线布和下嵌线布置于后片正面的袋位上，按袋口长度和宽度缉缝双线，如图11-133（b）所示。

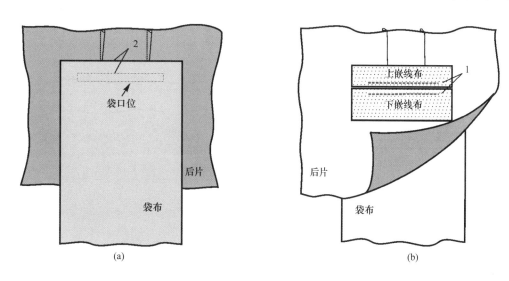

(a)　　　　　　　　　　　　(b)

图11-133　缉开袋双线

（2）注意袋布、上下嵌线布位置准确，双缉线宽窄、长短一致，缝迹两端一定用倒回针缝牢。

10. 剪袋口、烫三角、烫嵌线

（1）在袋口双线中间处将袋口剪开，在两端打三角，如图11-134（a）所示。将三角烫向后片反面，如图11-134（b）所示。再将袋口上嵌线和下嵌线部位烫好，如图11-135所示。

（2）注意剪口要剪足；上下嵌线熨烫均匀，袋角烫正。

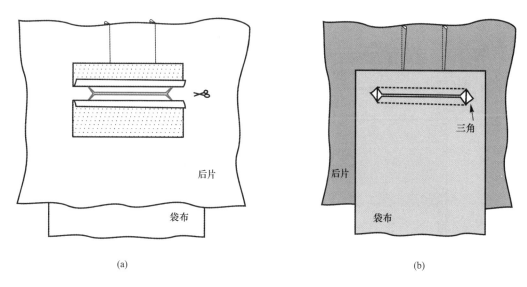

(a)　　　　　　　　　　　　(b)

图11-134　剪袋口、烫三角

11. 缉下嵌线、缝垫袋布

（1）掀起后片，车缝并固定下嵌线布缝份，如图11-136所示。再将下嵌线布另一端缝份缉线固定在袋布上，将垫袋布距离袋布腰口边5~5.5cm缝于袋布上，如图11-137所示。

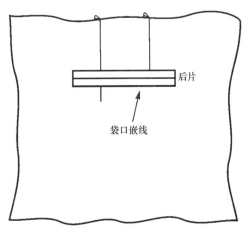

图11-135　烫袋嵌线

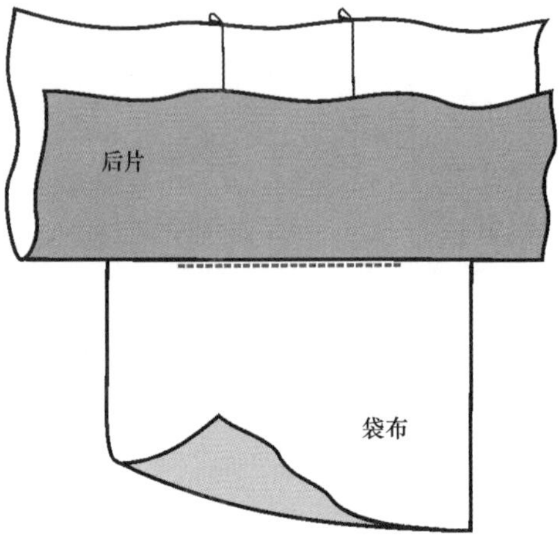

图11-136　车下嵌线

（2）要求下嵌线固定后平整均匀；垫袋布位置准确。

12. 袋兜用暗线缝合

（1）将袋兜正面相对，按对折记号以0.5cm缝份暗线缝合袋布两端，如图11-138所示。

（2）要求对位准确，缝份均匀。

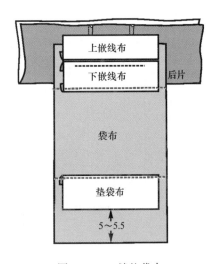

图11-137　缝垫袋布

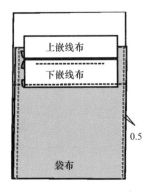

图11-138　袋兜用暗线缝合

13. 开袋兜缉明线

（1）将袋兜翻出正面，整理平整，沿边缉缝0.7cm宽缝迹，袋布上端缝份折成斜形并车缝，如图11-139所示。

（2）要求缉线均匀，保持袋布平整。

14. 缉上嵌线、固定袋布

（1）掀起后片，由一端三角处缝起，沿上嵌线缝份缝至另一端三角处。注意三角处需打三次倒回针，缝时应将嵌线拉挺，使袋口闭合，袋角方正，如图11-140（a）所示。

（2）将袋布上口整理平整，与后片腰线对齐后沿缝份边缘用缝迹固定，见图11-140（b）。

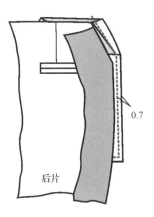

图11-139　缉开袋兜明线

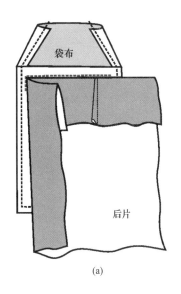

(a)

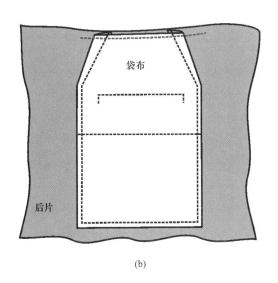

(b)

图11-140　缉上嵌线、固定袋布

15. 烫开袋

缝完后开袋后，需进行中烫，包括熨烫嵌线、袋布。

16. 缉开袋口套结

在开袋两端用套结机打上套结，使其牢固并防止袋口散边。

17. 开开袋圆纽眼

在开袋口合适位置机开纽眼。

18. 缉合内外侧缝

（1）将前片和后片的内外侧缝分别正面相对，按即定缝份缉合，如图11-141（a）所示，缝合时要对准臀围线、膝围线、裤脚口处的标记，不能拉伸直料；缝外侧缝时，注意掀开前袋布不缝。

（2）要求缝迹流畅、缝份均匀，对位准确，无长短脚出现。

19. 劈烫内外侧缝

将内外侧缝放在烫台上劈开熨烫，如图11-141（b）所示。要求将缝份熨烫平顺。

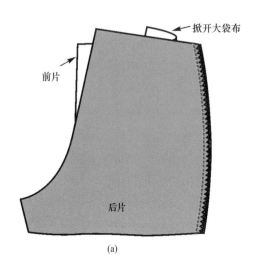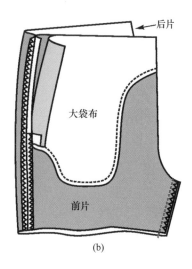

(a)　　　　　　　　　　　　　　　(b)

图11-141　缉合内外侧缝并劈烫

20. 缉袋侧边线

（1）将大袋布侧缝缝份扣折1cm后与后片外侧缝沿边叠齐平整，缉缝0.15cm宽边线；再将前片外侧缝与袋布缉缝5cm固定，如图11-142所示。

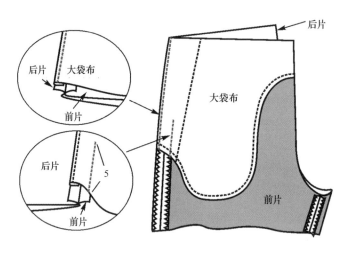

图11-142　缉袋侧边线

（2）保持侧缝平整，袋兜缝迹宽窄一致，袋兜内侧不露毛边。

21. 烫前袋

将做完的前袋再一次熨烫，包括袋口侧缝处及袋兜处。

22. 做里襟

将里襟与过桥正面相对缝合，然后在里襟贴边缝线一道，如图11-143（a）、（b）所示。

23. **折烫过桥**

将过桥2cm的缝份沿里襟贴边扣净压倒，弯势处可适当开几个剪口，使之烫顺烫平，如图11-143（c）所示。

24. **里襟贴边装拉链**

如图11-143（d）所示，将拉链正面向上，左侧距里襟包缝处0.5cm，顶部对齐，掀开过桥，以0.5cm缝份将拉链固定。

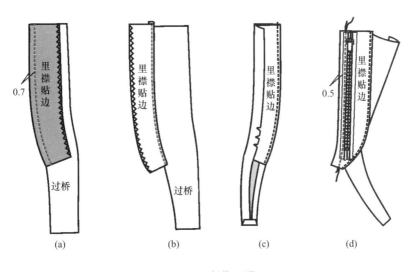

图11-143　制作里襟

25. **绱门襟、里襟**

（1）绱门襟。将门襟贴边与左前片正面相对，以0.8cm缝份沿边缉缝，缉至拉链尾记号下1cm，缉缝时略推送布，如图11-144（a）所示。再在门襟贴边处缉边线一道，如图11-144（b）所示。将门襟贴边翻向反面，门襟向里坐倒0.2cm并熨烫平整，如图11-144（c）所示。

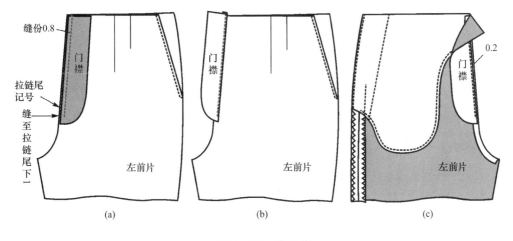

图11-144　绱门襟

（2）绱里襟。将里襟贴边与右前片正面相对，沿边缉缝，从腰头开始向拉链尾缉缝时，右前中缝份从1cm减至0.8cm，缝至拉链尾，打剪口深0.8cm，如图11-145所示。缉缝时右手在下，略拉里襟贴边，左手向前推送右前裤片，否则易引起前裆线变形拉长。

（3）绱门襟拉链。将门襟边盖住里襟边0.3～0.4cm，在门襟上标记拉链对应的位置，拉开拉链，按标记位置将拉链缝于门襟贴处，如图11-146所示。

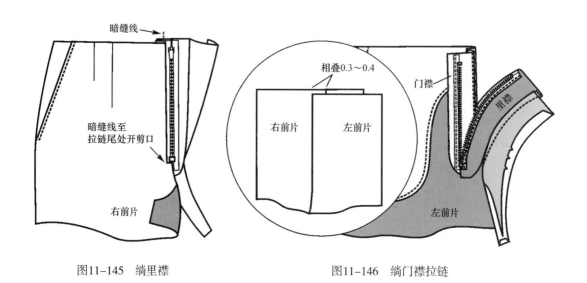

图11-145 绱里襟　　　　　　图11-146 绱门襟拉链

26. 缝串带襻

将串带襻条放入串带襻机折边器（宽1cm）中缝出一长带襻，以备使用。

27. 切串带襻

均匀切出6个长度为8.2cm的串带襻，以备使用。

28. 串带襻定位

将串带襻与裤片正面相对，上端与腰口平齐，距边0.5cm缉线固定，再在离边2cm处来回缉封4道暗缝。缉缝位置参照图11-147所示。

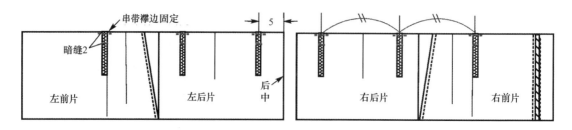

图11-147 串带襻定位

29. 合缉腰面、腰里

（1）使做好的腰里上口距离腰面上口折边0.5cm处搭缝缉合一道边线，注意平整均匀，如图11-148（a）所示。

（2）按腰面上口折边并将腰面折烫，使腰面保持0.5cm的坐势。将腰面另一端缝份也进行扣烫，以便绱腰头时操作。注意腰面宽窄要一致，如图11-148（b）所示。

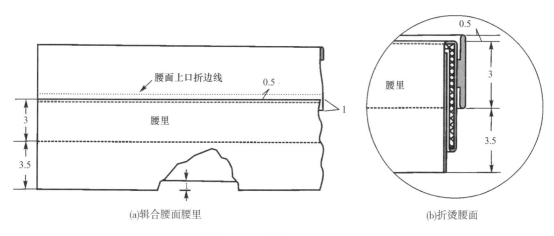

图11-148　合缉腰面及腰里

30. 绱左右腰头

（1）将左右腰头与裤片正面相对，使对位记号对准相应的位置，缉缝缝份1cm，腰面均比门襟里襟贴边外移出1cm，如图11-149所示。

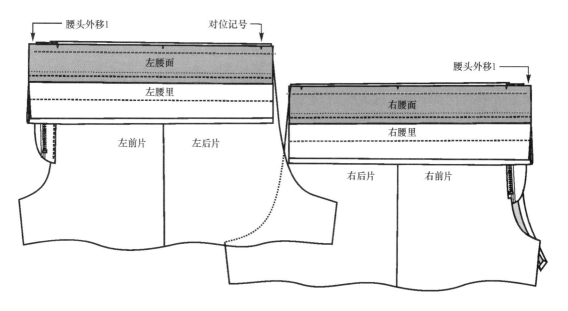

图11-149　绱左右腰头

（2）注意对位准确，上下层平服、无严重缩皱。

31．**钉串带襻**

（1）将腰面、腰里展平，如图11-150所示，将串带襻向上翻正，上口离腰面上口线0.3cm用缝线固定。缉第一道线时缝份用0.4cm，缉第二道线时缝份用0.6cm，将毛边压住，两道缝迹均需缉缝4道，将带襻上口封牢。

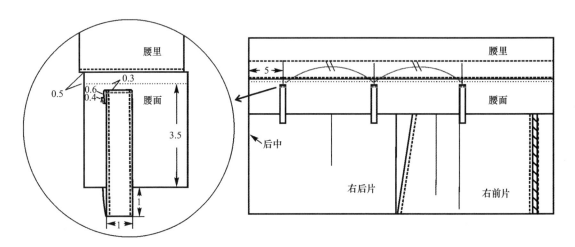

图11-150　钉串带襻

（2）缉缝时应保持上下一致、松紧适宜，平服不变形，腰里正面无线迹。

32．**缉过腰（腰头嘴）、钉钩扣**

（1）缉左过腰。如图11-151（a）、（b）所示，按"左过腰对折线"将过腰翻折，与腰头正面相对，沿腰面上口对折线车缝，与门襟相连的腰里部分可以清剪掉，以免过腰处太厚，影响工艺效果。然后翻出正面，将过腰整理平整后缝于腰里上，正面不露线迹，如图11-151（c）所示。

（2）缉右过腰。如图11-151（d）、（e）所示，按右腰面的"对折边"将腰面与腰里正面相对折好，顺沿里襟贴边位缉缝右过腰，修剪缝份后翻出正面。完成后注意搭门上下平直，高低一致。

（3）钉钩扣。门襟腰头钉阔面钩，居腰头经向中部，比前端进1cm为宜，如图11-151（c）所示；里襟腰头钉棒形扣，与阔面钩位置相对应，如图11-151（f）所示。

33．**烫后腰头缝**

将后腰头缝熨烫帖服，以便下一道工序的操作。

34．**合后裆缝**

（1）将左后片及右后片正面相对，对齐左右腰头和后裆缝份，沿后裆净线缝至前裆剪口处，如图11-152所示。缝时要将后裆弯拉直缉线。为增加缝线牢度，使用双线链缝效果更好。

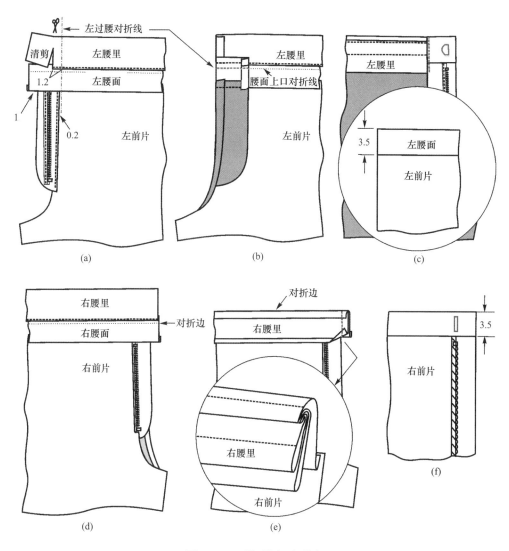

图11-151 缉过腰、钉钩扣

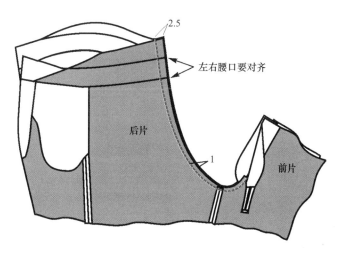

图11-152 合后裆缝

（2）注意左右腰里、腰面和后裆缝上口使用2.5cm缝份，前裆要用足1cm缝份；注意左右腰线和裆底十字缝要对准。

35. 前袋和裆底打套结

在距插袋口上下终点1cm处打套结，裆底缝迹处打套结，使之牢固，如图11-153所示。

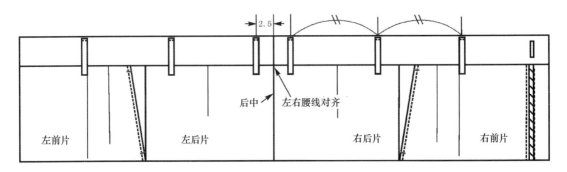

图11-153 前袋口打套结

36. 缉里襟边线、门襟造型线及固定过桥

（1）缉里襟边线。将里襟贴边和过桥整理平整，里襟边线从腰线处缝起至拉链尾剪口处，如图11-154所示。注意保持上下层平服。

（2）缉门襟造型线、打三角。将左前片和门襟贴边整理平整，里襟掀开一边，用门襟造型模板（宽3.2cm）将门襟线缉缝出来，从腰线处起缝至拉链尾下1cm处打倒回针；然后将里襟与门襟相叠整理平整，在门襟下端缉高1cm宽0.8cm的三角，如图11-154所示。

（3）固定过桥。如图11-155所示，将过桥尾的缝份对齐小裆缝份，缉缝线迹宽0.15cm固定，使之平服固定。

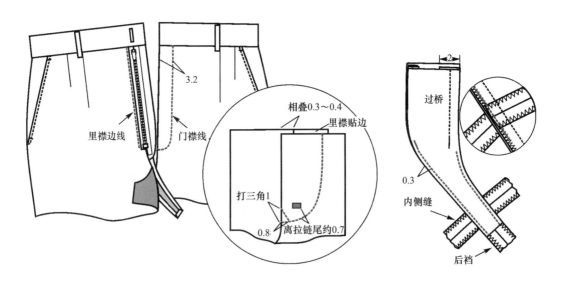

图11-154 缉里襟边线、门襟造型线   图11-155 固定过桥

37.固定腰里

掀开腰里上层,将腰里下层与裤身若干位置用交叉线固定;将腰里中位与后裆缝份缲缝固定,如图11-156所示。

38.缲裤口

如图11-157所示的缲裤口图,其余工序按流程图顺序操作,不做另外说明。

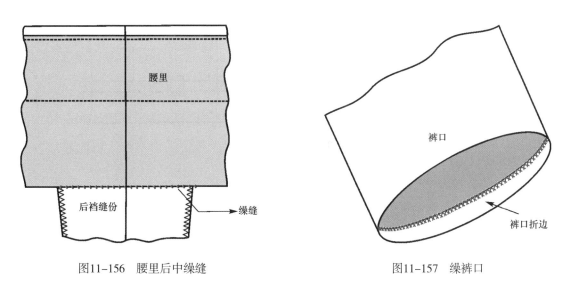

图11-156 腰里后中缲缝   图11-157 缲裤口

第四节 西式上装的缝制

西式上装通常是指西服和马甲,是具有规范形式的西式男套装。西服产生于西欧,清末民初传入我国。现代西服已流行于于全世界,成为男士的国际性服装。经过历史的演变,西服现已形成了比较固定的样式与穿着习惯,可单件穿着、两件套(上下装)穿着和三件套(上、下装和马甲)穿着。男西式马甲是男西服的配套成品,通常,其前衣身面料与西服面料相同,后衣身用西服的里料制作。

一、男西式马甲

男装西式马甲具有短装、无袖、侧缝开衩、紧身的特点,后背缝弯度较大、腰节处收量比西装大,肩部较窄,适合贴身穿着,工艺上多采用暗线缝制。

(一)款式及说明

1.款式

马甲的款式如图11-158所示。

图11-158　马甲

2．款式特点

该款马甲前衣身采用西服面料，后衣身用西服的里料制作，门襟贴边使用面料，用全里子；衣领为"V"字领，单排四粒扣，两个开袋，前后衣身收省，后腰束腰带。

（二）裁片与辅料

1．面料与里料裁片

马甲面料裁片有前片、门襟贴边、袋嵌线布等，前片使用的面料门幅为90cm，如图11-159所示的排料图排料情况（双幅排料），计算出用料长度为：前衣长+10cm。

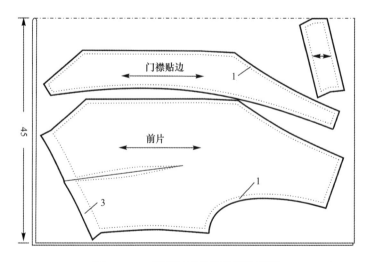

图11-159　马甲面料裁片及其排料图

马甲里料裁片有前里、后片面层、后片里层、左后腰带、右后腰带等，里料使用门幅为120cm的缎料，如图11-160所示的排料图排料情况（双幅排料），计算出用料长度为：后衣长+30cm。

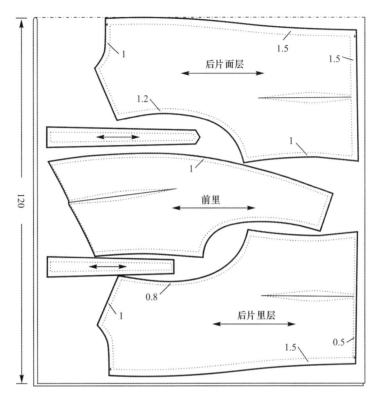

图11-160　马甲里料裁片及其排料图

2. 辅料

辅料包括前片衬、门襟贴边衬、腰带衬、袋嵌线布衬、袋布、松紧扣和纽扣等，如图11-161所示。

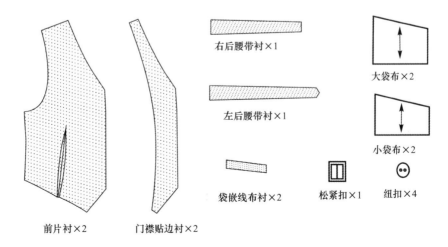

图11-161　马甲辅料

（三）缝制工序流程

马甲的缝纫工序流程如图11-162所示。

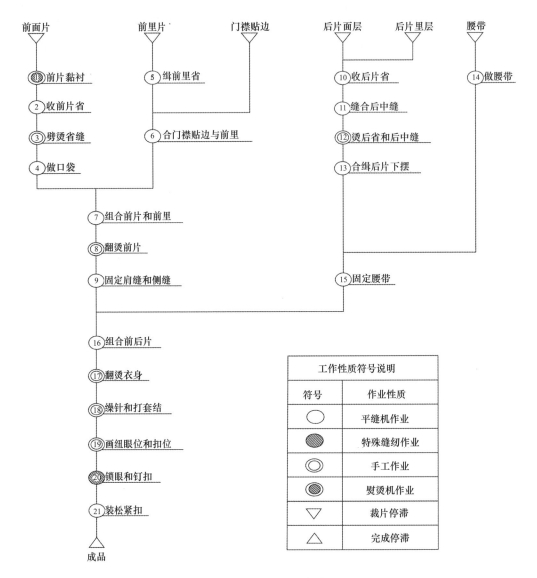

图11-162　马甲缝纫工序流程图

（四）缝制工艺与要求

以下按缝制工序流程说明马甲各工序的缝制工艺与要求。

1. 前片黏衬

（1）如图11-163所示，将织造衬先用熨斗预黏于前片，再用黏衬机压烫，门襟边、下摆及袖窿处去缝份。

（2）要求黏接位置准确、强度牢固、不起泡。

2. **缉前片省**

（1）如图11-164所示，将衣片正面相对，按省位记号缝合，省底倒回针，省尖处线尾打结。

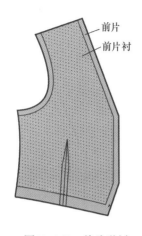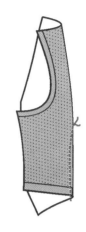

图11-163 前片黏衬 　　　　　　　图11-164 收前片省

（2）要求省道要缉顺，省尖要缉尖。

3. **劈烫省缝**

（1）先将省剪开至离省尖约2cm处，并在省中剪一小缺口，然后将省缝劈开熨烫。见图11-165。

（2）要将省烫平服、省尖烫圆润。

4. **做口袋**

（1）袋嵌线布黏衬及扣烫缝份。

① 如图11-166所示，在袋嵌线布的反面黏上黏合衬；再扣烫袋嵌线布两边缝份，把折痕处三角剪去，如图11-167所示。

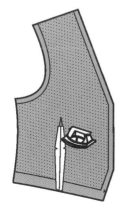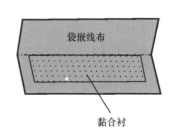

图11-165 劈烫省缝 　　　　　　　图11-166 袋牙黏衬

② 要求黏衬位置准确，黏接牢固，扣烫平整。

（2）缉合袋嵌线布和小袋布。

① 如图11-167所示，按缝份将里层袋嵌线布与小袋布正面相对缉合。

② 注意嵌线布要处在小袋布上端的居中位置。

（3）缝袋口双线。

① 如图11-168所示的袋位位置，将面层嵌线布与前片正面相对，缉袋口下线；离袋

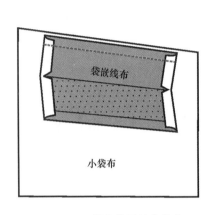

图11-167　缉合袋牙及小袋布

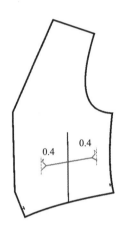

图11-168　划袋位

口下线1.4cm处缉合大袋布与衣片为袋口上线。为了避免袋口露毛边，上线两端比下线两端各收进0.4cm，如图11-169所示。

② 注意两条缉线要保持平行，缝迹两端必须以倒回针缉牢。

（4）剪开袋口。

① 如图11-170所示，在两条缉线中间开剪，两端打三角，三角剪至距缉线止点0.1cm处。

② 注意开剪位置准确。

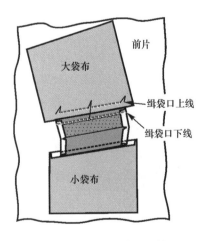

图11-169　缝袋口双线

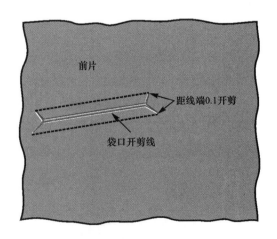

图11-170　剪开袋口

（5）分缝缝份。

① 将袋嵌线布、衣片缝份分缝烫平，把小袋布拉平、摆正，并与袋嵌线布一起用双面黏合衬黏牢以便于缝制，如图11-171所示。

② 缝份劈烫平服，黏衬位置准确。

（6）袋口缉明线。

① 如图11-172所示，在袋口两端缉缝0.15cm×0.5cm双明线。

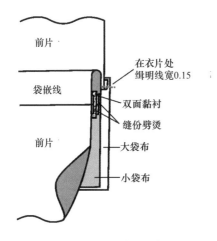

图11-171　分缝缝份

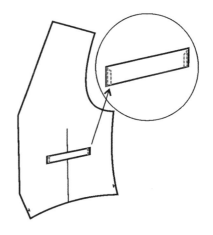

图11-172　袋口压明线

② 注意使袋口纱向顺直，四角方正，牢固美观。

（7）缉合袋布。

① 将大小袋布沿缝份缉缝一周。

② 注意袋布对叠平服，缉线牢固。

5. **收前里省**

（1）将前里省按省位缉合，省底倒回针，省尖处打结，如图11-173所示。

（2）将省缝缝份烫倒一边，保持平服，如图11-174所示。

图11-173　收前里省

图11-174　烫里省

6. 合门襟贴边与前里

（1）如图11-175所示，将已黏上衬的门襟贴边与前里正面相对绲合，下摆处留1cm不缝，并在贴边处打一剪口，剪口以上的缝份倒向里子一边，剪口以下的缝份扣向贴边反面烫平，便于手缝时操作。

（2）要求使用缝份标准，两层面料缝合时不松不紧，下端留量准确，缝份熨烫平服。

7. 组合前片和前里

（1）先绲缝下摆边，将前面片和前里片正面相对，对齐下摆边位缝合，如图11-176所示。

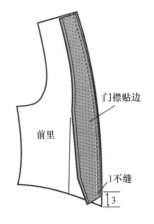

图11-175 合门襟贴边与前里

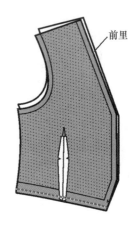

图11-176 合前片下摆

（2）绲合门襟、袖窿和侧缝衩，衩位长2cm，缝合时先将前片面片下摆净样线对折烫平，里布松量烫出，其余缝边对齐绲缝，如图11-177所示。

（3）绲缝时注意用手势推出前片各部位造型，并使线迹圆顺、缝份均匀。

8. 翻烫前片

（1）将门襟、袖窿位缝份修剪至0.5cm并在弯位处打剪口，再翻出正面，用熨斗烫平，见图11-178。

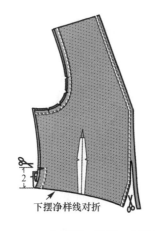

图11-177 合门襟、袖窿、侧缝衩

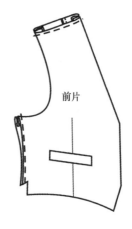

图11-178 翻烫前片

（2）要求缝份要翻尽，袖窿要熨烫圆顺，门襟平顺，边缘平薄，缝边不反吐。

9. 固定肩缝和侧缝

（1）将前面片和前里片在肩缝和侧缝处用线迹固定在一起，以便后道工序的操作。

（2）注意，缉合前要将面层衣片和底层衣片整理平整再操作。

10. 收后片省

（1）如图11-179所示，将后衣片按省位记号正面相对缝省，省底倒回针，省尖处线尾打结。

（2）要求省道要缉顺，省尖要缉尖。

11. 缝合后中缝

（1）将后里面层正面相对，按既定缝份合缉。后里底层同样操作。

（2）要求缝迹平顺，缝份使用均匀。因里料较轻薄，缝制时要注意防止缩皱及抽纱。

12. 烫后省及后中缝

（1）将后里面层省份倒向后中缝熨烫，后里底层省份倒向侧缝烫平，如图11-179、图11-180所示。

（2）要求将省道烫贴、烫平，省尖烫圆。

13. 合缉后片下摆

（1）将后里面层与后里底层正面相对，对齐下摆边，按缝份缝合下摆。

（2）注意缝份要均匀，后里面层与后里底层的省缝、后中缝缝道要对准。

14. 做腰带

（1）后腰带黏上衬后，左右两条正面相对，左腰带按30cm×3.0cm缝制，右腰带按20cm×3.0cm缝制，修剪缝份至0.5cm后，翻出正面并熨烫平服。

（2）其中左腰带一端缉出宝剑头，右腰带两侧不缉线。要求左右腰带宽窄一致。

15. 固定腰带

（1）将腰带固定在后里面层上正确的腰线位置，在靠近省位处缉缝方形交叉式封结，如图11-181所示。

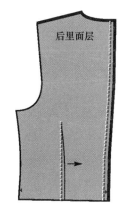

图11-179 收后片省合后中缝

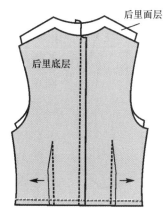

图11-180 合缉后片下摆

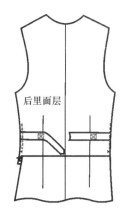

图11-181 固定腰带

（2）腰带位置要准确，明线均匀美观。

16. **组合前后片**

（1）固定前片。先将前片与后里面层正面相对，肩缝对齐，后里面层的肩缝两端留缝份1cm，侧缝对齐、后里面层的侧缝上端留缝份1cm，用0.5cm宽的线迹将前片肩缝和侧缝固定于后里面层上，如图11-182所示。要求位置准确，固定平服。

（2）缉合前后片。将后里底层翻起与后里面层正面相对，按即定缝份沿着侧缝、袖窿、肩缝、后领窝等处缝合，其中一边侧缝的中间位置要留8.0~10cm不缝，以便可以从此开口处将衣服翻出正面，如图11-183所示。要求缉缝时缝份要均匀、弯位缉线要圆顺、缝迹端点处要用倒回针缝牢。

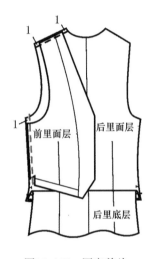

图11-182　固定前片

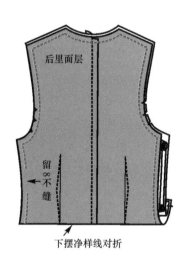

图11-183　缉合前后片

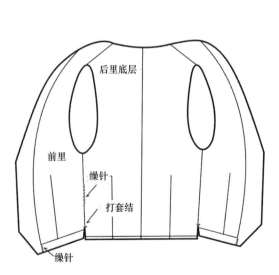

图11-184　翻烫衣身、缲针和打结

17. **翻烫衣身**

将衣身翻出正面之前，需将缝份修剪剩0.5cm并在弯位处打剪口，再翻出正面用熨斗烫平。要求缝份要翻尽，领窝和袖窿要烫圆顺、方角清晰、门襟平顺、边缘平薄、缝边不反吐，如图11-183、图11-184所示。

18. **缲针和套结**

（1）如图11-184所示，在侧缝开口处和下摆贴边处用缲针封口；下摆开衩处手针打结0.5cm长或机器打套结，以增强牢度和美观。

（2）针迹要求细密、均匀，套结线迹松紧适宜。

19. 画纽眼位和扣位

（1）在门襟处画纽眼位和扣位。距离襟边1.5cm画4个等距眼位和扣位。

（2）需在门襟上端和袋位之间均匀分配眼位，如图11-185所示。

20. 锁眼和钉扣

在左门襟处锁长1.8cm圆眼；在右门襟处钉直径1.5cm纽扣。

21. 装松紧扣

将松紧扣装在右腰带处，如图11-186所示。

图11-185　锁眼和钉扣

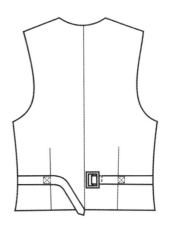

图11-186　装腰带扣

二、男西服

男西装的款式很多，但总的造型大同小异。常见的有单排扣圆下摆西装和双排扣直下摆西装，领型有平驳领、戗驳领和青果领等。西装在制作方面较复杂，工艺难度大。这里主要以单排扣圆下摆西装为例介绍男西装的缝制流程与工艺。

（一）款式及说明

1. 款式

男西服的款式如图11-187所示。

2. 款式特点

该款西服为平驳领，门襟下摆圆角，两粒扣；左前片及右前衣片各有一个装圆角袋盖双嵌线口袋，左胸手巾袋一个；后身做背缝，两侧有侧片；袖子为圆装袖，袖口处做假开衩并有3粒装饰纽扣；全里，左前里及右前里各有一个装三角袋盖的双嵌线口袋。

图11-187 男西服款式

（二）裁片与辅料

1. 面料与里料裁片

面料裁片有前片、后片、侧片、过面、大袖和小袖、领面、腰袋袋盖、腰袋嵌线布和垫袋布、里袋嵌线布和垫袋布、胸袋嵌线布和垫袋布，如图11-188所示。里料裁片有前里、后里、侧里、大袖里和小袖里、胸袋大小袋布、腰袋大小袋布、里袋大小袋布、三角袋盖布、领底用领底呢等，如图11-189所示。

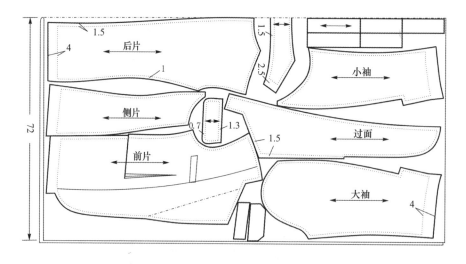

图11-188 面料裁片及其排料图

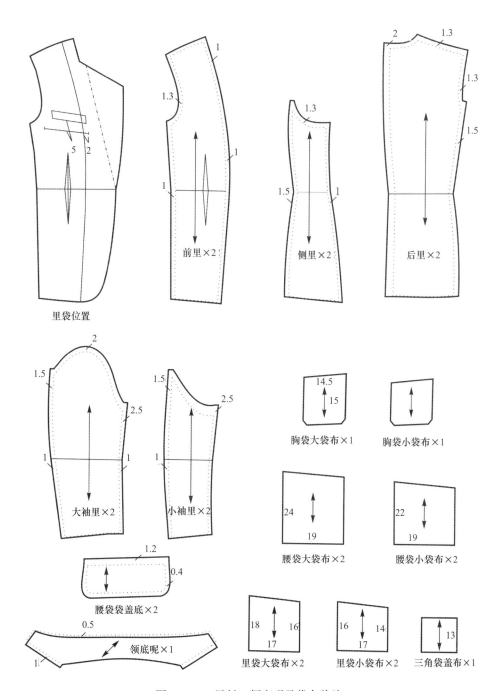

图11-189 里料、领底呢及袋布裁片

2. 辅料

有纺黏合衬有：前片衬、过面衬、侧片腋下衬、领面衬、袋盖衬、各种袋口嵌条衬、袖口衬、腰袋侧片衬等，如图11-190所示。还包括若干长的牵条衬。

毛衬有：前胸黑炭衬和胸绒、肩部加强衬（马尾衬）等，如图11-191所示。

其他辅料还有前襟两粒纽扣和袖口6粒纽扣。

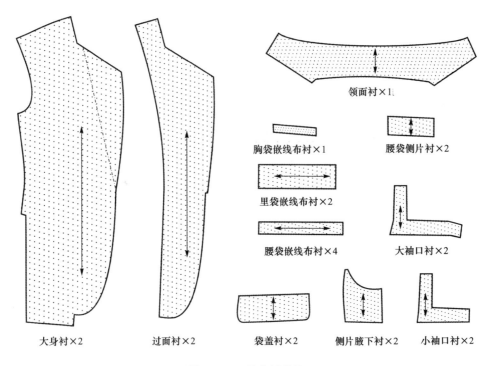

大身衬×2　　　过面衬×2　　　胸袋嵌线布衬×1　　　腰袋侧片衬×2　　　里袋嵌线布衬×2　　　腰袋嵌线布衬×4　　　大袖口衬×2

袋盖衬×2　　　侧片腋下衬×2　　　小袖口衬×2

图11-190　黏合衬裁片

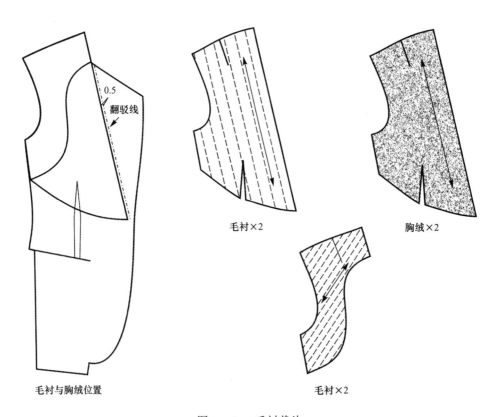

毛衬与胸绒位置　　　毛衬×2　　　胸绒×2　　　毛衬×2

图11-191　毛衬裁片

（三）缝制工序流程

在缝制西服前，可先进行衣片黏衬工序，如图11-192所示，待衣片冷却后才开始缝制操作。

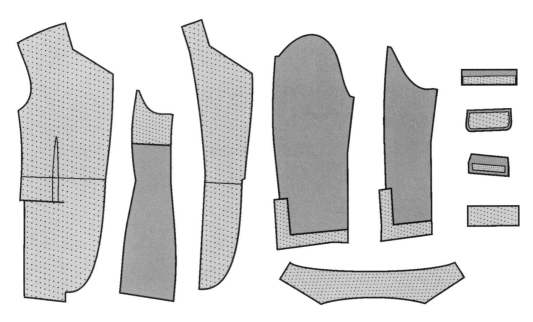

图11-192 衣片黏衬

在工厂大货生产过程中，一律采用黏合机黏衬，对不同的面料，调整压力、温度和速度，黏合均匀牢固。为防止黏胶黏在黏合机上，与衣片相比，黏合衬四周缩进0.3cm。

手工黏衬时可采用以下方法：烫衬前要预缩黏合衬，熨烫时不能喷蒸汽。将有胶粒的一面与衣片反面相对，四周与衣片对齐位置，注意黏合衬略松些（黏合衬虽已预缩，但熨烫过程中遇高热仍会略微收缩）。用熨斗自衣片中部开始向四周先粗烫一遍，使衣片与衬初步贴合平服，然后自下而上按顺序压烫，不能推烫。熨斗温度适当高一点，熨烫压力大一点，停留时间略长，以保证黏合面胶粒完全熔合，不起泡。注意在衬完全黏合以前，不能用熨斗来回磨烫，以免引起黏合衬松紧不一。烫好的衣片应平放，待自然冷却后再缝纫。该款西服的缝制工序流程如图11-193所示。

（四）缝制工艺与要求

以下按缝制工序流程说明西服各工序的缝制工艺与要求。

1. 前片收胸省

（1）剪胸省。按省位标记线在腰袋口位将肚省剪开，剪到出胸省1cm止。然后将胸省剪开，剪至省尖下4cm止，如图11-194（a）所示。

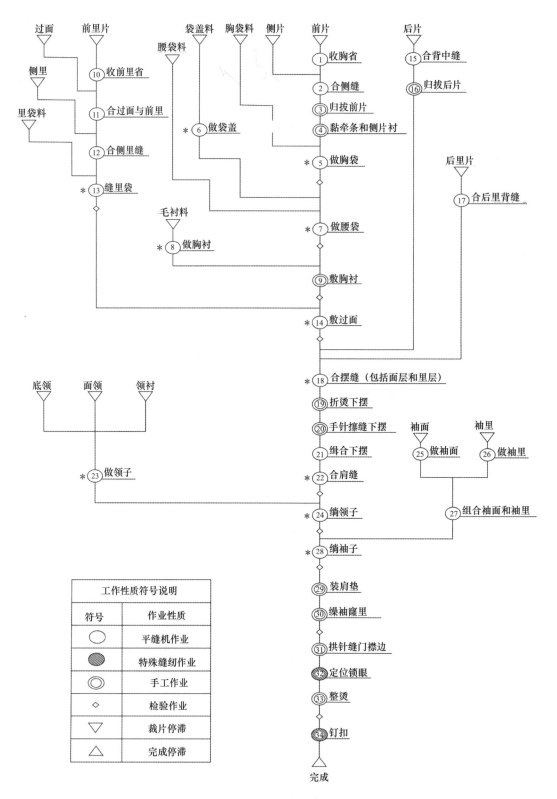

图11-193 西服缝制工序流程图

注 图中的检验工序不设序号。图中带"*"号的工序属合成单元工序，可以根据分工及生产需要再进行细分，在后文中的"缝制工艺与要求"里有详细说明。

（2）缉胸省。缉省时上下层平缉不能有吃量，省尖一定要缉尖。省尖端留5cm长线头打结，缉至袋口处需回针打牢，如图11-194（b）所示。

需要强调的是在大货生产流程中，胸省通常采用填省做法，有省尖部垫布片和全省垫布片两种，如图11-195所示。

（3）分烫胸省。把胸省置于"烫馒"上劈缝，为防止省尖坐倒，可用锥子尖插入省尖熨烫，如图11-194（c）所示。

（4）收胸省要求位置准确，左右对称，省缝平服，省尖平顺无泡形。

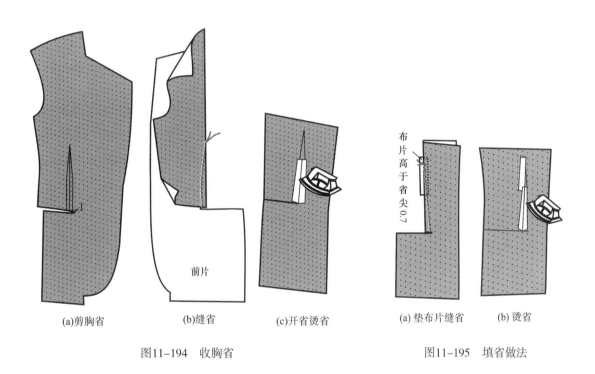

| (a)剪胸省 | (b)缝省 | (c)开省烫省 | (a) 垫布片缝省 | (b) 烫省 |

图11-194　收胸省　　　　　　　　　　图11-195　填省做法

2. 合侧缝

（1）将侧片与前片正面相对，腰节记号对准，按缝份合缉。要求在侧片腋下10～14cm内吃松量0.3cm，以满足胸部胖势需要。袋口以下直丝缉直。缝合时从下摆向上缉，确保合缝顺直、平服，使聚量能恰好在腋下处。

（2）分烫侧缝。将侧缝劈缝，烫贴烫实。

3. 归拔前片

（1）利用熨斗热塑型手段塑造出胸部、腰、腹、胯等形体造型状态，要求胸部隆起，腰部拔开吸进，驳头和袖窿处归烫等，如图11-196所示。

（2）注意衣片归拔后左右对称、一致。

4. 黏牵条和侧片衬

（1）衣片归拔塑型后，在袖窿处沿净线黏上牵条，黏牵条时略拉紧，防止缝制时拉伸袖窿；另外，将腰袋侧片衬黏在侧片的腰袋位上，如图11-197所示。

（2）要求黏合位置准确、牢固。

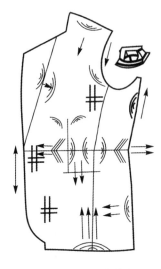

图11-196　归拔前片

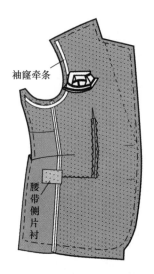

图11-197　黏牵条和侧片衬

5. 做胸袋

在缝制胸袋之前，应在左前片正面画好袋位，并折烫好胸袋嵌线布，如图11-198（a）～（c）所示。

（1）合胸袋嵌线布与小袋布，合垫袋布与大袋布，如图11-198（d）、（e）所示。

（2）缝袋口双线。将胸袋嵌线布置于袋位处与左前片正面相对，按袋位线缉袋口下线；再将垫袋布置于袋口上端，与左前片正面相对，离袋口下线1.4cm处缉袋口上线，如图11-198（f）所示。为了避免袋口两端毛露，上线的两端要比下线的两端各收进0.4cm，起止针位置准确，缉线两端止点均需注意回针，如图11-198（h）所示。

（3）开剪袋口。在两条缉线中间开剪，两端打三角，三角剪至距缉线端点0.1cm处，以防袋角爆纱线，如图11-19（g）、（h）所示。

（4）将胸袋嵌线布与衣片缝份分开烫平，把小袋布整理平整，然后将衣片翻起，沿胸袋嵌线布原缉线再暗缉一道，将小袋布缉住，如图11-198（i）所示。

（5）袋口上线缉明线。将袋口上线缝份劈开熨烫，分别在缝上缉两道明边线，如图11-198（j）所示。

（6）固定袋口上端缝份。将袋口上端缝份与大袋布上端固定，如图11-198（k）所示。

（7）缉合袋布。将大袋布和小袋布对叠整齐平服后一起缉合，如图11-198（l）所示。

（8）袋口两侧缉明线。先将袋口两端的三角插入袋嵌线中，明边线缉袋口两侧，线迹宽0.15cm。注意胸袋嵌线纱向顺直、四角方正，牢固美观，如图11-198（m）所示。

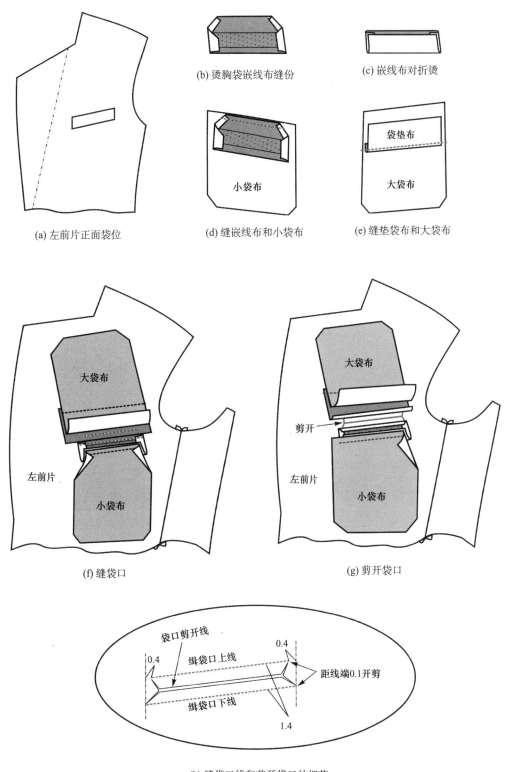

(a) 左前片正面袋位

(b) 烫胸袋嵌线布缝份

(c) 嵌线布对折烫

(d) 缝嵌线布和小袋布

(e) 缝垫袋布和大袋布

(f) 缝袋口

(g) 剪开袋口

(h) 缝袋口线和剪开袋口的细节

图11-198

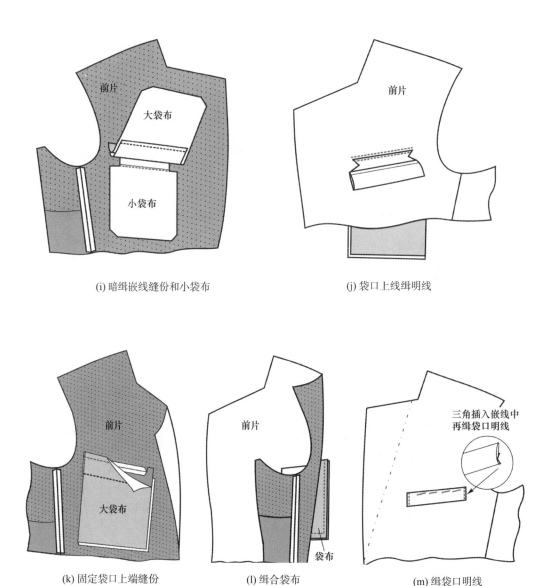

(i) 暗缉嵌线缝份和小袋布　　　　　　(j) 袋口上线缉明线

(k) 固定袋口上端缝份　　　(l) 缉合袋布　　　(m) 缉袋口明线

图11-198　做胸袋

6. 做袋盖

（1）缉合袋盖。将袋盖面和袋盖底正面相对，操作时面在下、底在上，沿净缝线合缉。缉缝时注意两侧袋盖角带紧袋盖底，给袋盖面0.2～0.3cm容量，以保证翻出正面后袋盖角圆顺、窝服。角位要缉得圆顺，如图11-199（a）所示。

（2）修剪缝份，翻烫袋盖。将缝份净剪成0.5cm，圆角处净剪成0.3cm，翻出正面，烫直烫顺，并将袋盖底烫进0.1cm，如图11-199（b）所示。

（3）缉袋盖底边线。只在袋盖底的底边处缉一道边线加以固定，如图11-199（c）所示。

（4）合缉袋盖上口。用一道固定线缉合袋盖上口，以便下道工序操作，如图11-199（d）所示。

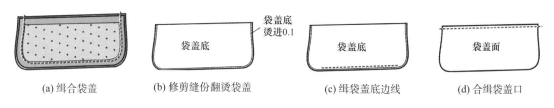

| (a)缉合袋盖 | (b)修剪缝份翻烫袋盖 | (c)缉袋盖底边线 | (d)合缉袋盖口 |

图11-199　做袋盖

7. 做腰袋

（1）缉合大袋布和垫袋布，并固定袋盖于袋垫上，如图11-200（a）、（b）所示。

（2）缉袋口嵌线。先将小袋布置于前片反面袋位合适的位置，如图11-200（c）所示；再将嵌线布居中置于前片正面的袋位线上，在距嵌线边沿0.5cm处分别缝缉上嵌线和下嵌线，注意缉线长短、间距一致，起止点回针缝牢，如图11-200（d）所示。

（3）开剪袋口。将前片袋位在缉双线的中间位置将袋口剪开，两端剪三角，如图11-200（e）所示。要保证剪口位正确、三角大小适合。

（4）烫三角、劈烫缝份和烫出嵌线。将嵌线布翻入衣身反面，两端三角折向反面烫倒，如图11-200（f）、（g）所示；然后将袋口处的缝份分开熨烫，并折烫出袋口双嵌线，如图11-200（h）所示。双嵌线要烫顺、烫直、烫均匀。

（5）暗线缉袋口下嵌线。将下嵌线缝份与小袋布用暗线缉合起来，如图11-200（i）所示。

（6）固定垫袋布。将垫袋布缝份扣烫后平整地与小袋布缉合固定，如图11-200（j）所示。

（7）固定袋盖。将已与大袋布缉合在一起的袋盖置于嵌线袋口上，调整好位置和袋盖的净宽尺寸，用缝迹固定在袋口上嵌线上，如图11-200（k）所示。

（8）暗线缉袋口上嵌线。将前片向下翻转，在反面沿上嵌线原缉线将上嵌线、袋盖、垫袋布一起缉位，如图11-200（l）所示。

（9）检查袋口。检查袋口嵌线是否均匀、角位是否清晰、袋盖净宽是否符合要求、袋盖是否将袋口塞得饱满等外观要求，如图11-200（m）所示。

（10）封三角和合袋布。把上下嵌线拉挺，使袋口闭合，在反面封三角。三角要封足，以保证袋角方正不露毛，如图11-200（n）所示。将大袋布和小袋布整理平整，按缝份兜缝一周，如图11-200（o）所示。

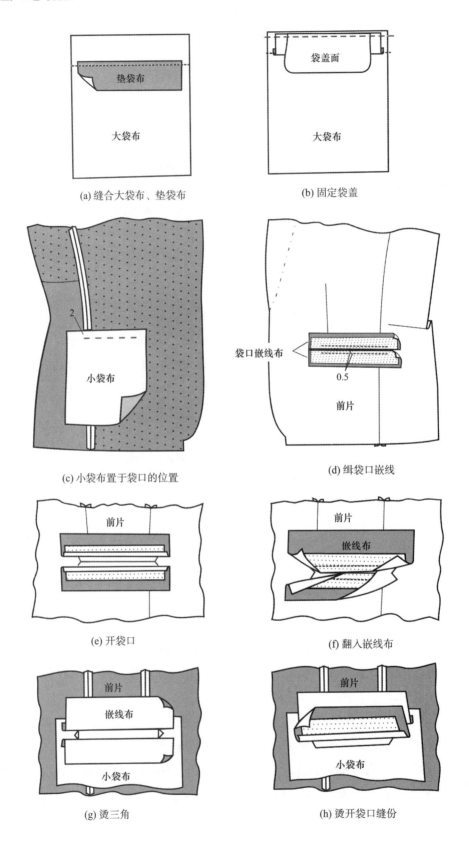

(a) 缝合大袋布、垫袋布

(b) 固定袋盖

(c) 小袋布置于袋口的位置

(d) 缉袋口嵌线

(e) 开袋口

(f) 翻入嵌线布

(g) 烫三角

(h) 烫开袋口缝份

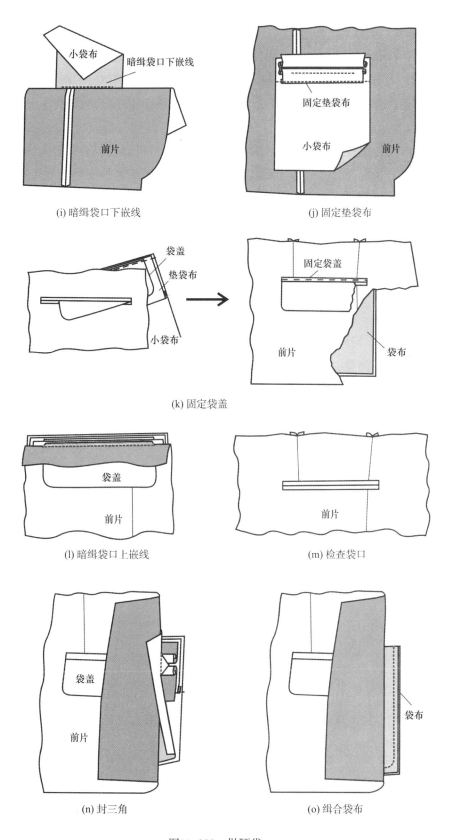

(i) 暗缉袋口下嵌线

(j) 固定垫袋布

(k) 固定袋盖

(l) 暗缉袋口上嵌线

(m) 检查袋口

(n) 封三角

(o) 缉合袋布

图11-200 做腰袋

8. 做胸衬

胸衬贴合在衣片前胸的位置，可使胸部饱满、挺括，塑造男性胸部曲线。通常，胸衬分为3~4层：毛衬、马尾衬、加强衬、胸绒（拉绒）等。也有5层的胸衬，适合较厚重的面料，所以选择胸衬时要参照面料的厚薄来决定。这里介绍3层胸衬的制作工艺。

（1）缉省。毛衬肩省打开1cm，方向朝向袖窿，其省与翻驳线平行，省尖有拐角，做出弯势，以避免把省打开后起皱。缉省时通常垫一块同质地的毛衬固定。开省后在肩部会多出一些量，来符合男性肩部骨骼造型的需要。（肩省做弯势并朝向袖窿的作用，一是易于打开省，二是当省被掰开时驳口仍能保持顺直）此外，还要将胸省收去0.8cm，以使胸衬符合胸部的造型，如图11-201（a）所示。

（2）合肩衬与毛衬。将肩衬与毛衬沿肩衬边缘合缉在起，如图11-201（b）所示。肩衬通常用的马尾衬弹性大，不易变形，有很强的支撑作用，可以强调饱满、挺括的肩部线条，其中纬纱马尾是关键。肩衬较小，一般不开省以保持其完整性，如果开省会降低其弹性。肩衬纱向设计一般为25°。

（3）合胸绒。将胸绒与其他两层衬组合在一起，可用人字线迹缉合，缉合时要轻拽毛衬，使胸衬形成窝势，塑造立体造型，如图11-201（c）所示。胸绒手感饱满，比毛衬柔软，适合接触人体。胸绒把毛衬都覆盖上并拉开层次，以免层叠在一起，导致边缘过厚。同时胸绒不要进入扣位，避免锁扣眼时露出胸绒，影响外观。

（4）归拔胸衬、缝牵条。合好胸衬后，还要用较高的温度磨烫胸衬，归拔外肩、袖窿、驳口线，烫出胸部的凸量，并将肩省转至袖窿使其隆起，如图11-201（d）所示。

（5）缝牵条。利用牵条将胸衬的驳口线固定在衣片的翻驳线上。通常使用2cm宽直条黏衬，其中1/2黏压在胸衬上，在距驳口线上部0.5cm、距下部1.0cm处黏烫，在上部5~

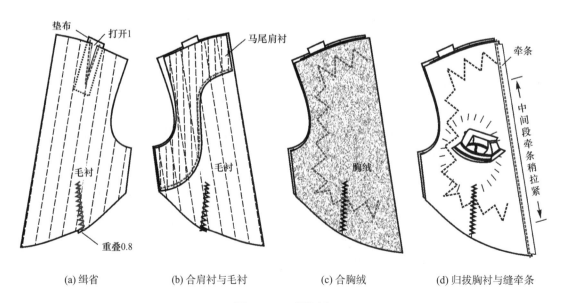

(a) 缉省 (b) 合肩衬与毛衬 (c) 合胸绒 (d) 归拔胸衬与缝牵条

图11-201 做胸衬

6cm处平敷，在中间部分聚量容缩0.5～1.0cm（成衣号型小、面料薄时，聚量0.5cm，成衣号型大、面料厚时，聚量1.0cm），来确保足够的量留在驳头上部，形成驳口线呈内弧型立体感，之后用线迹缝牢固定。

（6）介绍组合衬。

①新时代组合衬已采用计算机控制的综合缝制法。一台计算机可以一次性缝成12片（6组）组合衬。优点是能避免用三角针和缲缝机操作而造成的衬片吊皱、起波浪等缺陷，能保持整个组合衬的平整、帖服。

②作为优质组合成型衬，还要经过特殊的防缩整理：首先是浸泡：将缝成组合衬置于45℃的水中浸泡2小时，然后进行脱水处理，可以消除树脂游离甲醛、并使衬片变得更柔软。然后将衬用烘干机烘干，分两次加热（温度分别是85℃和100℃），共约6min烘干，由此，完成后的组合衬片不会再收缩。

9. 敷胸衬

（1）确定胸衬位置。将制作好的胸衬置于前衣片胸部反面合适的位置，胸绒露外，距驳口线0.5～1cm，在保证驳头翻折后的大小、形状和位置正确后，就将领围处衬的缝份净剪掉，以减薄该处的厚度，如图11-202（a）所示。然后在前衣片正面用手针擦缝敷衬，擦缝时注意衣片与胸衬要尽可能吻合，针距一致，胸部平顺，如图11-202（b）所示。

（2）手针敷牵条。使用本色线及三角针将胸衬的牵条敷于衣片的驳口线上（正面不露线迹），针距为0.5cm，针迹透到面料下面时，面料只透出一两根纱，针迹呈点状，越小越好，目的是确保在整烫和拆除定衬线后牵条仍保证其固定胸衬的作用，如图11-202（c）所示。

（3）粘贴门襟牵条。沿着前领口、门襟及下摆的净线内侧，距净线0.2cm处粘贴牵条，在下摆圆角处将牵条略带紧一点，达到下圆下扣的效果，如图11-202（d）所示。

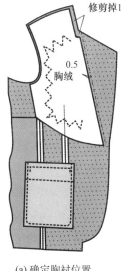

(a) 确定胸衬位置

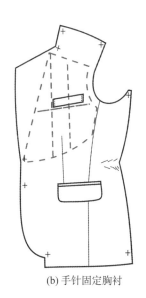

(b) 手针固定胸衬

图11-202

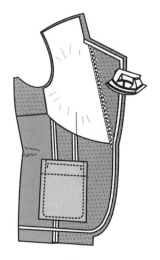

(c) 敷胸衬牵条   (d) 黏门襟牵条

图11-202 敷胸衬

10. 收前里省

按普通的缝省工艺将前里省缝合，然后烫倒一边，如图11-203（a）所示。

11. 合过面与前里

将过面与前里正面相对，按即定缝份绱合，至下端时，预留3cm不缝合，以方便后道工序处理底边。绱缝时，注意对准对位记号，线迹头尾回针，如图11-203（b）所示。

12. 合里侧缝

将前里片与侧里片正面相对缝合侧缝，注意对准腰节处记号，缝合平服，缝后将缝份烫倒一边即可，如图11-203（c）所示。

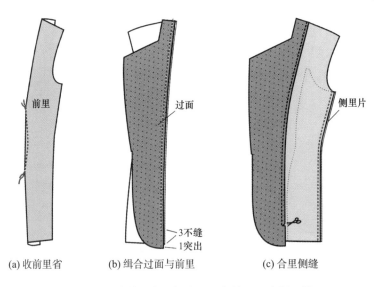

(a) 收前里省   (b) 绱合过面与前里   (c) 合里侧缝

图11-203 收前里省、绱合过面与前里、合侧里缝

13. 缝里袋

西服的里袋有多种开袋工艺，这里介绍的里袋款式如图11-204（a）所示，使用三角袋盖。

（1）做三角袋盖。三角袋盖布可以使用里料，在开扣眼处黏上一片衬布，以加强该处的强度，袋盖扣眼长为1.5cm。制作工艺如图11-204（b）所示。

（2）在大袋布上缝合垫袋布。将垫袋布一边缝份扣烫后与大袋布缝合，如图11-204（c）所示。

（3）兜绱袋口。将袋口嵌线布与前里片正面相对，对准袋口中间位，按袋口大小及造型绱缝一周，缝迹头尾倒回针。要求绱线宽度均匀，造型清晰，如图11-204（d）所示。

（4）剪开袋口。在两绱线的中间将袋口剪开，再将嵌线布的两端外侧分别剪开，注意不能剪断缝迹，如图11-204（e）所示。

（5）翻烫袋口嵌线。将嵌线布翻入袋口反面，并整烫出袋口的上嵌线和下嵌线，袋口角按绱线造型折出，嵌线宽度大小一致，如图11-204（f）所示。

（6）明绱袋口下嵌线。当袋口双嵌线整烫出来后，先将下嵌线用边线绱住，如图11-204（g）所示。

（7）绱合小袋布。将小袋布与下嵌线布正面相对绱合，如图11-204（h）所示。

（8）明绱袋口上嵌线。绱袋口上嵌之前，需将大袋布置于小袋布下，对齐位置，按上嵌线造型绱边线固定，如图11-204（i）所示。

（9）绱合袋布。将大、小袋布对齐平整，沿边绱缝一周。

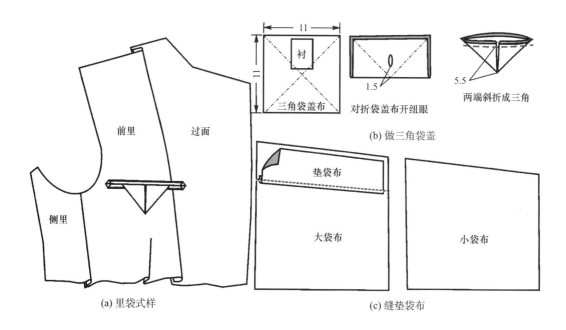

(a) 里袋式样   (b) 做三角袋盖   (c) 缝垫袋布

图11-204

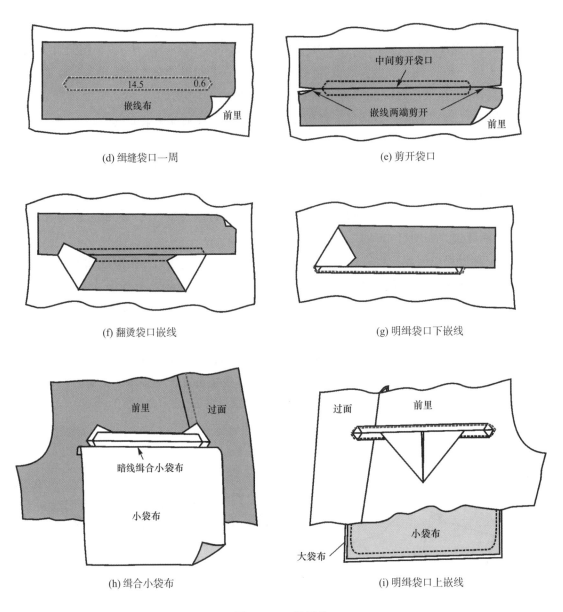

(d) 缉缝袋口一周

(e) 剪开袋口

(f) 翻烫袋口嵌线

(g) 明缉袋口下嵌线

(h) 缉合小袋布

(i) 明缉袋口上嵌线

图11-204　缝里袋

14. 敷过面

（1）手针钩过面。将前片和过面正面相对，在驳领处过面比前片吐出预留翻折松量0.5cm，过面下脚比衣身下脚提高0.5cm，然后由翻驳点往下沿缝份疏缝固定，至下摆时，过面向图中箭号方向拉出缝完，使过面达到里外均的要求。将过面驳领处捏成反驳形状，把预留出的0.5cm在疏缝时推进去。操作时，驳头上段和纽位上段的过面要有吃势，使驳头也达到里外均的造型要求，如图11-205（a）所示。

（2）覆缝过面。按照以上的要求，将过面放在下面、衣片放在上面，左前片从领口位开始，沿着襟边净线向下摆缝合；右前片从下摆开始缝向领口，如图11-205（b）所示。

（3）烫开襟边缝份，修剪缝份。将衣片放平，在领缺嘴处打一剪口，用熨斗顺此开始将缝份分缝烫至底边下摆；然后过面从领缺嘴开始将缝纷剔剪掉0.7cm，并熨烫平整，如图11-205（c）所示。

（4）翻烫前片。把前片翻出正面熨烫，熨烫时必须使翻驳点以上的过面边烫出0.2cm，而翻驳点以下就要烫进0.2cm，如图11-205（d）所示。

（5）手针固定里子与过面。将前里掀起，用手针攘缝固定里子，包括过面的缝份、里袋及胸衬等部位，注意要保持平服、位置合适，如图11-205（e）所示。

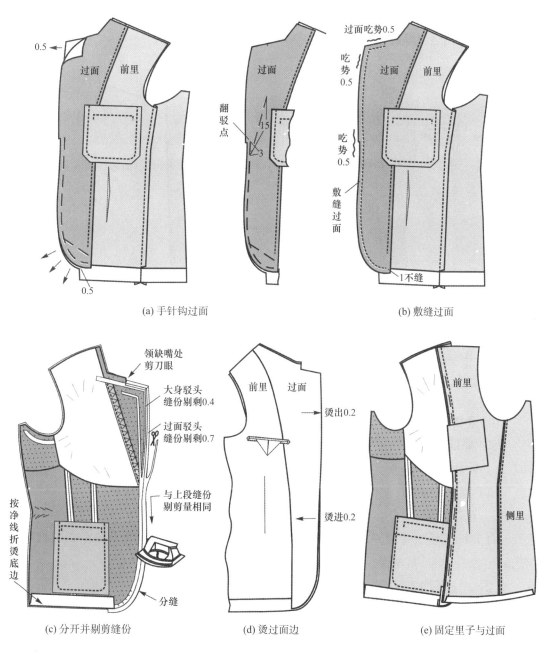

(a) 手针钩过面　　　　　　　　　　　　(b) 敷缝过面

(c) 分开并剔剪缝份　　　　　(d) 烫过面边　　　　　(e) 固定里子与过面

图11-205　敷过面

15. **合背中缝**

将后片背缝对齐缝合，注意使缝份均匀，线迹圆顺，如图11-206（a）所示。

16. **归拔后片**

用熨斗归拔出后背上部外弧量，拔出腰节部位的内弧量，袖窿稍归，侧缝胯部稍归拢，腰部拔开，使之塑造出人体后背的立体曲面造型。后背缝劈开烫平，在袖窿及领口处黏斜丝牵条，如图11-206（b）所示。

17. **合后里背缝**

将后里片背缝对齐，按1.0cm缝份缉缝，注意缝合时上下片松紧一致、平服，烫倒缝份，用熨斗烫出后背缝的松量，如图11-206（c）、（d）所示。

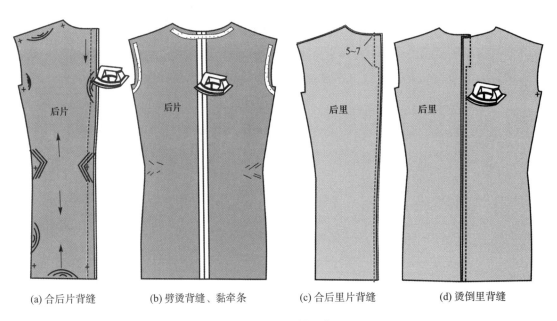

(a) 合后片背缝   (b) 劈烫背缝、黏牵条   (c) 合后里片背缝   (d) 烫倒里背缝

图11-206　缝制后片

18. **合摆缝（包括面层和里层）**

（1）将前后片侧摆缝对齐，并对准腰节刀眼，按即定缝份车缝后劈开烫平，如图11-207（a）所示。

（2）将里子前后片侧摆缝对齐，缝合后烫倒一边，如图11-207（b）所示。

19. **折烫下摆**

（1）将前后衣片放平，里和面下摆折边烫平，里子折边坐势1cm，如图11-208所示。

（2）注意下摆要按既定的折边量熨烫，应前后顺直、衔接自然。

20. **手针撩缝下摆**

（1）衣片放平，从领口处开始，沿过面至下摆用手针撩缝固定。

（2）注意里子下摆与衣片下摆撩缝平顺、松紧适宜、对位准确。

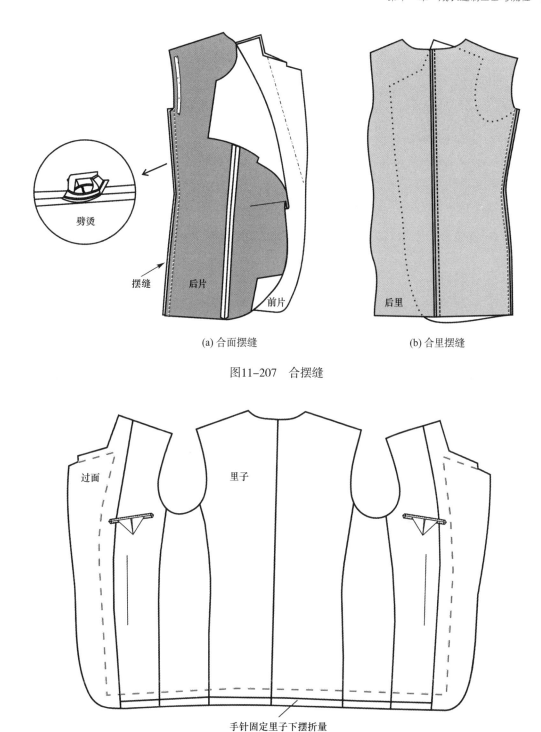

劈烫

摆缝　后片　前片

(a) 合面摆缝

后里

(b) 合里摆缝

图11-207　合摆缝

过面　里子

手针固定里子下摆折量

图11-208　折烫下摆、手针撬缝下摆

21. 合缉下摆

（1）将里下摆和面下摆正面相对，里子两端折进缝份，从一边缝至另一边；然后将里子折边与面下摆用三角针缲牢，如图11-209所示。

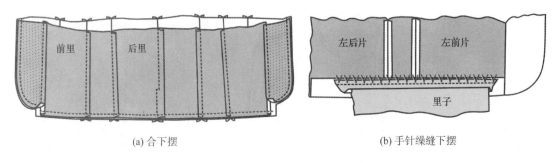

(a) 合下摆   (b) 手针缲缝下摆

图11-209　缲合下摆

（2）注意缝份要均匀，里子接缝与面衣片接缝要对准；手针正面不露线迹，缲缝松紧适宜。

22. **合肩缝**

（1）缝合面肩缝。缝合面肩缝是西装制作的重要环节，肩缝要平服，不起涟形，同时要有自然朝前弯曲的造型（俗称鹅毛翘）。缲缝肩缝时，后片小肩置于前片小肩的下面，并自然吃进0.7cm，以达到肩型的要求，如图11-210（a）所示。

（2）烫开肩缝，固定胸衬部位的肩缝。将肩缝劈开烫平烫顺，并将胸衬部位的肩缝用手针固定于后片的肩缝上烫平，如图11-210（b）、（c）所示。

（3）缝合里肩缝。缝合里肩缝后，将衣身翻出正面再熨烫一次，如图11-210（d）所示。

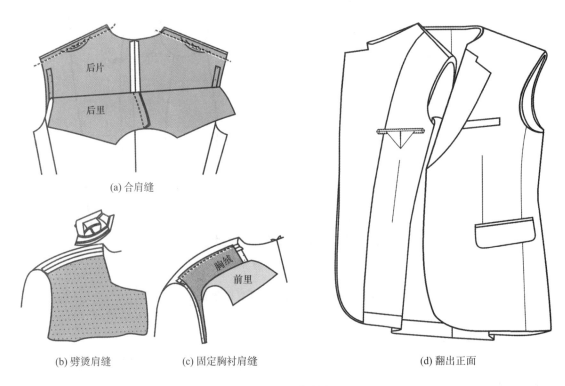

(a) 合肩缝

(b) 劈烫肩缝   (c) 固定胸衬肩缝   (d) 翻出正面

图11-210　合肩缝

23. 做领子

（1）拔烫领面。将领面折成成品状并烫弯，顺势将领外口拔开一些，使领子有足够的翻折松量，如图11-211（a）所示。拔烫后左右领要对称一致。

（2）手针合领面和领底呢。在领底呢上口与领面外口用距离领面净线0.5cm处用三角针缲合并烫整平顺，针迹约为0.5cm宽，如图11-211（b）所示。缲针应均匀、平整、牢固。

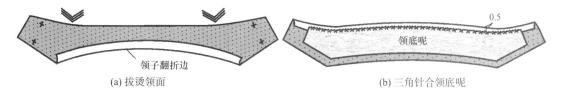

领子翻折边

(a) 拔烫领面　　　　　　　　　　　　　　　(b) 三角针合领底呢

图11-211　做领子

24. 缲领子

（1）缲领面。将领面下口与串口线及后领口正面相对缝合，一边缝合一边对准缲领记号，缲领应平整、缝份均匀、转角清晰，如图11-212（a）所示。

（2）劈烫领口缝份。将缲领缝份劈开熨烫，在正反面均要烫贴烫平，如图11-212（b）所示。

（3）缉合固定面衣身领口缝份与面领缝份。将面衣身领口缝份与面领缝份平服对齐后用缝线缝牢固定，便于下道工序的操作，如图11-212（c）所示中圆圈内所示的结构。

（4）三角针固定领底呢。将领底呢下口与衣身领口平服对齐并盖住串口、领口缝份，用三角针沿领窝处缲合固定。注意要平服，松紧合适。

（5）熨烫定型。将驳领与领子按驳口线、领折线自然翻折于衣身上后用熨斗熨烫，使之自然翻折于前身与肩部。注意驳头下部不要烫死，要有自然弯折曲度，如图11-212（d）所示。

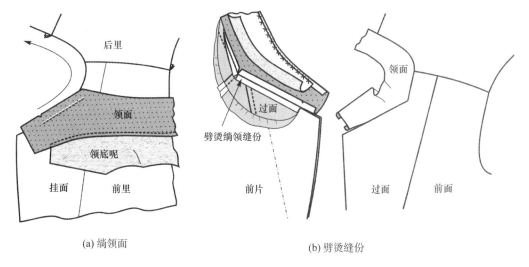

(a) 缲领面　　　　　　　　　　　　　　　　(b) 劈烫缝份

图11-212

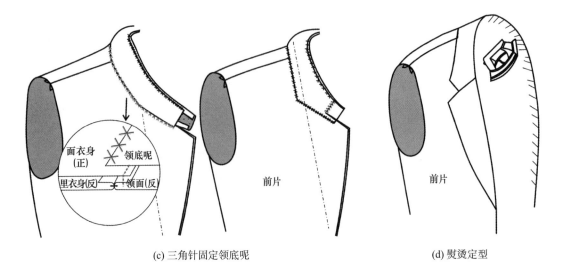

面衣身（正）　领底呢
里衣身（反）　领面（反）

（c）三角针固定领底呢　　　　　　　　　　　　　前片　　　　　　　　　　　　　前片　　　　　（d）熨烫定型

图11-212　绱领子

25. 做面袖

（1）归拔大袖片。将大袖片偏袖线外侧中段拔开，注意不要拔过偏袖线。靠近袖山的上段10cm处略归，靠袖口的下段部分略平，顺便将外袖缝上部略作归拢，如图11-213（a）所示。

拔大袖的目的是为使袖子在缝制后有弧度，袖子顺弧线走，符合人体胳膊在自然悬垂状态下的造型。整烫后要使袖子造型流畅，依顺衣身。

（2）缝合前袖缝。将大、小袖片的前袖缝正面相对，剪口对齐，上下不能错位，小袖缝在手肘位附近有缩缝量0.5cm，如图11-213（b）所示。缝合时将小袖放下面，便于缝出吃量。然后劈缝烫平，如图11-213（c）所示。

（3）缝合后袖缝。如图11-213（d）所示，将大小袖片的后袖缝正面相对，剪口对齐，缝合后袖缝及袖开衩。大袖置于小袖下面缝合，在手肘附近带吃量0.5cm。注意开衩处要缝出袖口贴边宽的转口位。

（4）后袖缝劈烫。在袖开衩顶点处开剪，将后袖缝劈开烫平，袖开衩倒向大袖熨烫，袖口贴边翻折后熨烫平服，如图11-213（e）所示。

（5）收拢袖山。把衣身袖窿归拢好，修圆顺。在距袖山缝边0.8cm处，从前袖山绱袖记号点起到后袖缝下6cm止，调松线迹缉线（也可用手针拱缝），然后拉紧缝线收拢袖山，如图11-214（a）、（b）所示，使袖山拱起。收拢袖山时，后袖山收拢量最多、前袖山渐少、袖山顶部最少，如图11-214（c）所示，以符合袖造型的需要。注意使袖山收拢量均匀、不打褶皱。

工业化生产在流水线中不用收拢袖山，直接用绱袖机绱袖以提高绱袖的效率和质量。

（6）烫袖山。检查并度量袖山周长尺寸是否与袖窿的符合，然后将袖山反面朝外扣在圆形烫凳模上，用蒸汽熨斗将容缩量烫匀烫圆，如图11-214（d）所示。

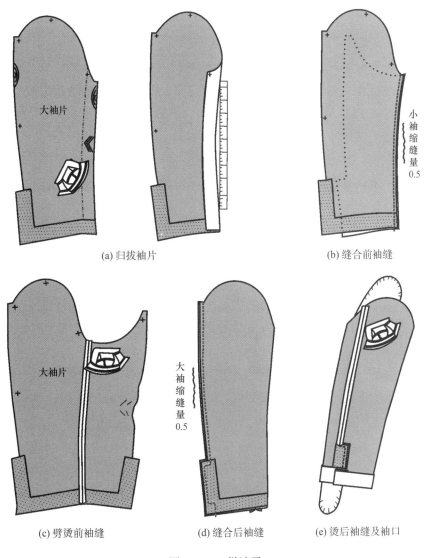

(a) 归拔袖片

(b) 缝合前袖缝

(c) 劈烫前袖缝

(d) 缝合后袖缝

(e) 烫后袖缝及袖口

图11-213 做袖子

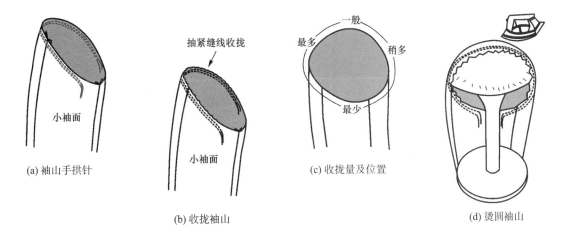

(a) 袖山手拱针

(b) 收拢袖山

(c) 收拢量及位置

(d) 烫圆袖山

图11-214 收拢袖山

26. 做袖里

将袖里的前后袖缝正面相对绱合，同时将袖缝倒向大袖烫平，如图11-215（a）所示。

27. 组合袖面和袖里

（1）缝合袖口。将袖面与袖里正面相对合套在一起（注意分清左右袖），如图11-215（b）所示，对齐袖口、袖面缝和袖里缝后，合绱袖口一周，如图11-215（c）所示。

（2）手针固定袖口折边。将袖口折边翻折整理好，用三角针操缝固定，如图11-215（d）所示。

在工业生产中，常采用在袖口加绱双面胶熨烫固定，然后机攘袖缝与折边缝份的方法，以提高工作效率。

（3）手针攘缝袖缝。将袖面和袖里的袖缝对合好后，用手针攘缝固定，上下各留约10cm不缝，攘缝时袖里缝留松量1.0cm，如图11-215（e）所示。

（4）烫袖子与袖里袖山缝份。将袖子翻出，熨烫平服，同时，将袖里的袖山收拢后扣烫1.0cm缝份，并在弯位处打剪口，使之平顺，便于后道工序的手针缲缝操作，如图11-215（f）、（g）、（h）所示。缝制好的袖子应统一悬挂，以免压出褶皱而破坏袖弧造型。

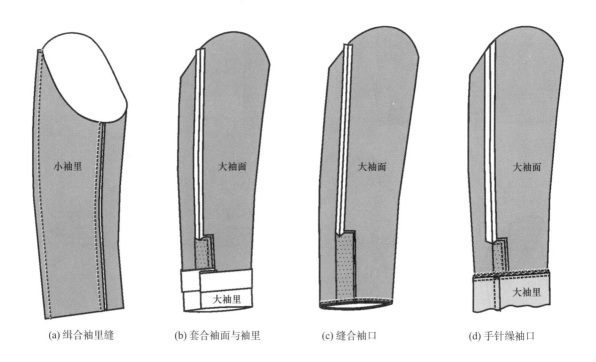

| (a) 绱合袖里缝 | (b) 套合袖面与袖里 | (c) 缝合袖口 | (d) 手针缲袖口 |

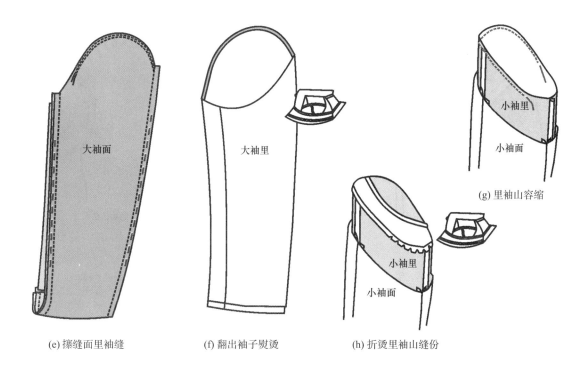

(e) 摱缝面里袖缝　　(f) 翻出袖子熨烫　　(h) 折烫里袖山缝份

图11-215　组合袖面和袖里

28. 绱袖子

（1）绱面袖。袖窿用倒勾针固定好，先绱左袖，从袖下对位点开始依次先用手针绷缝，如图11-216（a）所示。绷袖时应注意摆正袖子和大身，按缝份0.8cm绷顺，以保证袖子绷线整体圆顺，不能有死褶。

绷好左袖后上架检查：吃聚量是否均匀，袖山是否圆顺，袖子前后是否合适（袖子以盖住口袋1/2为准）。满意后再绷缝右袖，绷缝右袖时以左袖为基准，待两袖对称一致，方可绱袖。

调整好袖子位置后机缝，操作时机器要慢及稳，不得使劲拉伸，要用以直取圆的操作方法缝合袖山头部分，袖窿后弯处要随衣身自然弯势缝合，如图11-216（b）所示。

（2）烫袖山。缝好袖面后，将手针绷线拆掉，在绱袖缝上用熨斗尖将缝份从里面烫平压死。如果是袖山顶端是劈缝的袖型，要在肩点处的袖山前后共5cm的部分打剪口进行劈烫。

（3）绱袖山条。将袖山条置于袖子一边，对齐袖窿边，前袖山条略长于后袖山条，在原绱袖的缝迹上重复缉缝袖山条，缝制时要让袖山条带着袖山走，使袖山处自然圆顺，如图11-217所示。应使带量位置准确，松紧适宜。

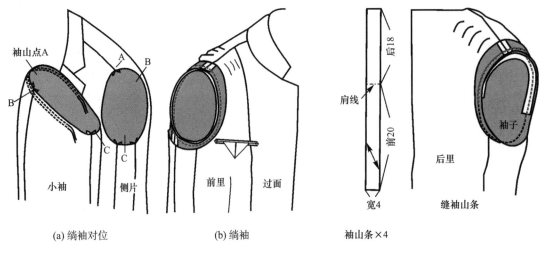

(a) 绱袖对位　　　　　　(b) 绱袖

图11-216　绱袖面

袖山条×4

图11-217　绱袖山条

29. 装肩垫

将肩垫上的肩线标记与肩缝对齐，使前后位置准确，如图11-218（a）所示。肩垫厚缘边处与袖窿边对齐，沿绱袖线用倒勾针将肩垫缝于袖窿处，前肩部肩垫用三角针缝于胸绒上，如图11-218（b）、（c）所示。

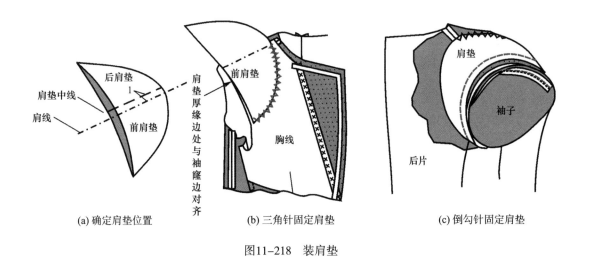

(a) 确定肩垫位置　　　　(b) 三角针固定肩垫　　　　(c) 倒勾针固定肩垫

图11-218　装肩垫

30. 绱袖窿夹里

（1）手针固定里片袖窿。将衣身翻转到里面，先在袖窿处将里袖窿、面片袖窿、衬及肩垫用倒勾针㩐缝，针距为3cm，使之自然吻合、服帖。注意使线迹松紧适宜，如图11-219（a）所示。

（2）手针绱袖窿夹里。对准标记，将扣烫好的袖里盖在里片袖窿里上，然后用本色线按0.5cm的针距绱缝袖窿。注意袖山容量均匀，如图11-219（b）所示。

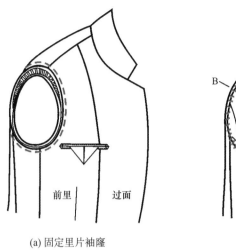

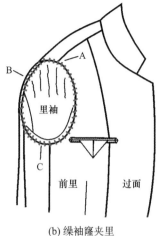

(a) 固定里片袖窿　　　　　　　　　　　(b) 缲袖窿夹里

图11-219　缲袖窿夹里

31. 拱针缝门襟边

如果有更精细的工艺要求，可在门襟处沿边用手缝拱针，使襟边更窝服、美观，也可使用机械撬缝，如图11-220所示。

32. 定位锁眼

根据扣眼记号，在左门襟锁圆头扣眼两个，扣眼尺寸根据纽扣大小定，一般扣眼比纽扣大0.2cm，本例的门襟扣眼为2.2cm；袖开衩扣眼为2.0cm；左驳头看眼为1.8cm；扣眼离边距离如图11-221所示。

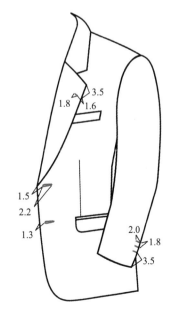

图11-220　拱针缝门襟　　　　　　　　　　图11-221　锁眼

锁眼可用手锁或机锁。用圆头锁眼机锁眼时，眼位粉印应划在襟边一侧（内侧），并注意眼位与襟边垂直。锁完后，眼尾用打结机打套结封牢。

33. 整烫

整烫是西服缝制过程中的最后一道工序，它能使西服平挺而富有立体感，更加符合形体，并能弥补缝制过程中的不足之处。整烫时应按一定的步骤进行。

（1）烫下摆折边。将下摆折边烫顺烫实，并将里子底边松量的坐势烫平，使之与下摆平行，如图11-222所示。

（2）烫门襟边。先将过面朝上熨烫，再烫门襟正面，如图11-223所示。注意门襟边及下摆圆角要烫顺、烫薄，做出窝势。

图11-222　烫下摆折边

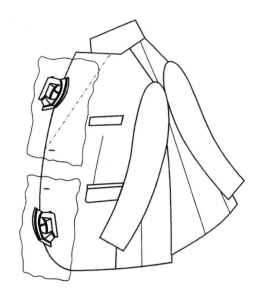

图11-223　烫门襟边

（3）烫驳头。下垫布馒，先将过面驳头处正面朝上，用湿布烫平，驳头边缘烫顺、烫薄，再按驳口线将驳头折转烫平、烫实，注意驳头下1/3不能烫实，如图11-224所示。

（4）烫领子。下垫布馒，领子正面朝上，用湿布将后领烫平，再按翻领线将领子折转烫平。然后将翻领线与驳口线拉直连顺，把前领与驳口一起烫顺烫实，做好驳领窝势，如图11-225所示。

（5）烫领圈。在铁凳烫模上将后领圈周围烫平，如图11-226所示。

（6）烫肩头。在铁凳烫模上按肩膀圆形将肩部内外及邻近的前胸、后背烫平，如图11-227所示。

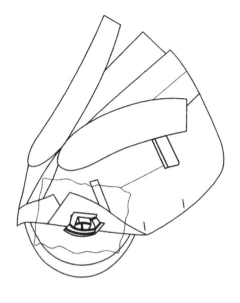

图11-224　烫驳头

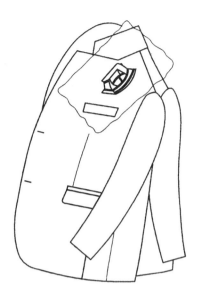

图11-225　烫领子

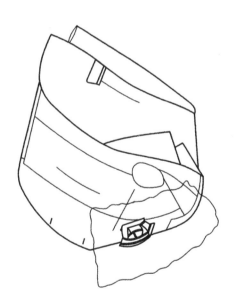

图11-226　烫领圈

图11-227　烫肩头

（7）烫胸部。在布馒上按胸部的形状烫圆顺，保持胸部的胖势。同时将胸袋纱向烫顺，如图11-228所示。

（8）烫腰袋口。腰胁放平熨烫，腰袋口要放在布馒上一半一半地烫，要烫出窝势，袋盖纱向要与大身纱向一致，如图11-229所示。

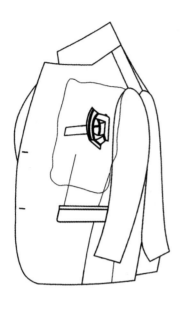

图11-228　烫胸部

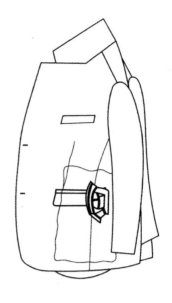

图11-229　烫腰袋口

（9）烫后背。在布馒上将背部袖窿处略归，腰节处略拔，并将背缝烫直、烫顺，如图11-230所示。

（10）烫摆缝。将摆缝摆直，从底边处沿摆缝朝上熨烫，将摆缝归直烫平，如图11-231所示。

图11-230　烫后背

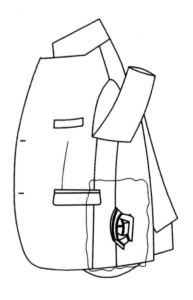

图11-231　烫摆缝

（11）烫里子。西服反面朝上，用熨斗将后里子起皱部位轻轻烫平。

34. 钉纽扣

钉扣时，要按照布料的厚度绕出扣脚，使用同色双股粗丝线，以"‖"钉法上下各钉两针，绕扣脚5圈，扣脚的高低应以布的厚薄决定。绕脚的目的，是使纽扣扣合后，扣眼底处平服不起皱，使门襟平挺。

实践操作题

1. 按要求完成一条A字裙的缝制。

2. 按要求完成一件旗袍的缝制。

3. 按要求完成一件针织T恤衫的缝制。

4. 按要求完成一件男装衬衫的缝制。

5. 按要求完成一条牛仔裤的缝制。

6. 按要求完成一条男装西裤的缝制。

7. 按要求完成一件西式男马甲的缝制。

8. 按要求完成一件全里男西装的缝制。

注：以上的服装成品在制作过程中可以有所创新，但要保证工艺方法的合理性和流程设计的科学性。在完成每一件成品后，均要求随其有质量检验报告、缝制工序流程图的纸质作业一同上交老师。教师安排学生分组讨论完成情况。

参考文献

[1] 吴铭, 张小良, 陶钧. 成衣工艺学[M]. 北京: 中国纺织出版社, 2002.

[2] 姜蕾. 服装生产工艺与设备[M]. 2版. 北京: 中国纺织出版社, 2008.

[3] 李世波, 金惠琴. 针织缝纫工艺[M]. 3版. 北京: 中国纺织出版社, 2006.

[4] 万志琴, 宋惠景. 服装生产管理[M]. 3版. 北京: 中国纺织出版社, 2008.

[5] 万志琴, 宋惠景, 张小良. 服装品质管理[M]. 2版. 北京: 中国纺织出版社, 2009.

[6] 黄喜蔚. 服装生产管理[M]. 北京: 中国纺织出版社, 2002.

[7] 王树林. 服装衬布与应用技术大全[M]. 北京: 中国纺织出版社, 2007.

[8] 范福军. 服装生产工艺[M]. 北京: 中国轻工业出版社, 2001.

[9] 孙兆全. 服装缝制工艺与成衣纸样[M]. 北京: 中国纺织出版社, 2002.

[10] 张文斌. 成衣工艺学[M]. 2版. 北京: 中国纺织出版社, 2008.

[11] 宁俊. 服装企业信息化[M]. 北京: 中国纺织出版社, 2005.

[12] 吴卫刚. 服装办厂指南[M]. 北京: 化学工业出版社, 2007.

[13] 陈东生, 甘应进. 新编服装生产工艺学[M]. 北京: 中国纺织出版社, 2008.

[14] 刘胜军. 男裤工业技术手册[M]. 北京: 中国纺织出版社, 2008.

[15] 余泳文, 庄秋霖, 忻浩忠等. 牛仔服装的设计加工与后整理[M]. 北京: 中国纺织出版社, 2002.

[16] 周邦桢. 服装熨烫原理及技术[M]. 北京: 中国纺织出版社, 1999.

[17] 印建荣. 内衣纸样设计原理与技巧[M]. 上海: 上海科学技术出版社, 2004.

[18] 陈继红, 肖军. 服装面辅料及服饰[M]. 上海: 东华大学出版社, 2003.

[19] 童晓晖. 服装生产工艺学[M]. 上海: 东华大学出版社, 2008.

[20] 赵旭堃, 姜峰. 服装工艺设计[M]. 北京: 化学工业出版社, 2007.